从古典中寻新义·从旧籍里找时潮

古玉图考
营造法式
天工开物

【李敖主编国学精要㉓】

李敖 ◎主编

天津出版传媒集团

天津古籍出版社

图书在版编目（CIP）数据

古玉图考·营造法式·天工开物 / 李敖主编 -- 天津：天津古籍出版社，2016.11
（李敖主编国学精要）
ISBN 978-7-5528-0461-4

Ⅰ.①古… Ⅱ.①李… Ⅲ.①古玉器—研究—中国②建筑史—中国—宋代③农业史—中国—古代④手工业史—中国—古代 Ⅳ.①K876.84②TU-092.44③N092

中国版本图书馆CIP数据核字（2016）第275562号

责任编辑：孙　兰　　装帧设计：尚世视觉

本书简体中文版权由远流出版事业股份有限公司，经北京麦士达版权代理有限公司，授予天津古籍出版社出版发行，非经书面同意，不得以任何形式任意重制转载。本书限于中国内地发行。
著作权合同登记号 图字：02-2016-84

李敖主编国学精要 23
古玉图考·营造法式·天工开物
出版人 / 张玮

天津古籍出版社
（天津市西康路35号　邮编300051）
http://www.tjabc.net
三河市九洲财鑫印刷有限公司
全国新华书店发行
开本 700mm×1000mm　1/16　印张 31.75
2016 年 11 月第 1 版　2016 年 11 月第 1 次印刷
ISBN 978-7-5528-0461-4
定价：66.00元

序

谈中国名著，得先谈中国书；谈中国书，得先谈中国的文字历史。

中国历史从地下挖出的"北京人"起算，已远在五十万年以前；从地下挖出的"山顶洞人"起算，已远在两万五千年以前；从地下挖出的彩陶文化起算，已远在四千五百年以前；从地下挖出的黑陶文化起算，已远在三千五百年以前。这时候，已经跟地下挖出的商朝文化接龙，史实开始明确；从周朝共和元年（前841年）起，中国人有了每一年都查得出来的记录；从周平王四十九年（前722年）起，中国人有了每一月都查得出来的记录。中国人有排排坐的文字历史，已长达两千八百多年。

从何处说起

在自有纪年起长达两千一百多年之后，一位殉道者文天祥，被带到抓殉道者的元朝博罗丞相面前，他告诉博罗："自古有兴有废，帝王将相，挨杀的多了，请你早点杀我算了。"博罗说："你说有兴有废，请问从盘古开天辟地到今天，有几帝几王？我弄不清楚，你给我说说看。"文天祥说："一部'十七史'，从何处说起？"

三百多年过去了，"十七史"变成了"二十一史"。一位不同黑暗统治者合作的大思想家黄宗羲，回忆说："我十九、二十岁的时候看'二十一史'，每天清早看一本，看了两年。可是我很笨，常常一篇还没看完，已经搞不清那些人名了。"一部"二十一史"，从何处说起？

三百多年又过去了，"二十一史"变成了"二十五史"。书更多了，人更忙了，历史更长了。一部"二十五史"，从何处说起？

何况，中国历史又不只"二十五史"。"二十五史"只是史部书中的正史。正史以外，还有其他十四类历史书。最有名的《资治通鉴》，就是一个例子。司马光写《资治通鉴》，在参考正史以外，还参考了三百二十二种其他的历史书，写成两百九十四卷，前后花了十九年。大功告成以后，他回忆，只有他一个朋友王胜之看了一遍，别的人看了一页，就犯困了。

一部中国史，从何处说起？

古书有多少呢？

何况，中国书又不只历史书，历史书只是经、史、子、集四部分类中的一部分，清朝的史学家主张"六经皆史"，这下子经书又变成了历史书。其实凡书皆史才对，中国人面对的，已不是历史书的问题，而是古书的问题。

古书有多少呢？

古书多得吓人。

古书不只什么《古文观止》《唐诗三百首》，它们只不过占两种；古书不只什么"四书""五经"，它们只不过占九种；古书不只什么"二十五史"，它们只不过占二十五种。古书远超过这些，超过十倍、一百倍、一千倍，也超过两千倍、三千倍，古书有——十万种！

吓人吧？

这还是客气的。本来有二十五万三千种呢！幸亏历代战乱，把五分之三的古书给弄丢了，只剩下十万种了，不然的话，更给中国人好看！

又何况，还不止于古书呢！还有古物和古迹，有书本以外的大量残碑断简、大量手泽宗卷、大量玉器石鼓、大量故垒孤坟和陆续不断的大量文物出土……要面对起来，更难上加难了。

又何况，一个人想一辈子献身这种"皓首穷经"的工作，也不见得有好成绩。多少学究花一辈子时间在古书里打滚，写出来的，不过是"断烂朝报"；了解的，不过是"瞎子摸象"。古书太难了解了。

你不配做中国人

于是，中国人的办法便是：口口声声说复兴中华文化，但事实上，他们却对古书敬而远之，思念起来，未免惭愧。

说你不配做中国人，你一定从心里不服气；但研究一下配做中国人的条件，你一定从心里惭愧。

做中国人，总不能不看中国书吧？你看了多少中国书呢？"四书"、

《古文观止》、《唐诗三百首》，一数之下，不过几种而已，这就叫惭愧。

面对十万种的古书，面对这一庞大遗产，中国的子孙们到底该怎么办？不看吗？说不过去。看吗？从何看起？又多么难看？这的确是一个令人痛苦的问题。

为了解决这个令人痛苦的问题，有心人便出来，想法子做种种选本，来喂中国人。可叹的是，这些选本都失败了。失败的原因，最主要的，是大家太注重以"文章"为检定标准了，太注重"文章"挂帅，并且这种"文章"，又太局限在僵化的模式里头了。

好坏标准

以中国"文章"的大家而论，中国人评判"文章"，缺乏一种像样的标准。行家论"唐宋八大家"，说韩愈文章"如崇山大海"、柳宗元文章"如幽岩怪壑"、欧阳修文章"如秋山平远"、苏轼文章"如长江大河"、王安石文章"如断岸千尺"、曾巩文章"如波泽春涨"……说得玄之又玄，除了使我们知道水到处流、山一大堆以外，实在摸不清文章好在哪里？好的标准是什么？

又如林纾说他的文章是"史（记）汉（书）之遗"，章炳麟却大骂林纾吹牛，说林纾的文章，乃从唐人传奇剽窃衍演而来。章炳麟又说"当世之文，惟王闿运为能尽雅，马通伯为能尽俗"。其实一切摊开，有何史汉传奇雅俗之分？文章只有好坏问题，并无史汉传奇雅俗问题。文章的好坏标准，根本不在这里。

作为新时代的中国人，我们评判文章，实在该用一种新的标准，我们必须放弃什么山水标准、什么雅俗标准、什么气骨标准、什么文白标准。我们看文章，要问的只是两个问题：一、要表达什么？二、表达得好不好？有了这种新的标准，一切错打的笔墨官司，都可以去它的；一切不敢说它不好的所谓名家之作，都可以叫它狗屁。

从对对子到古文

古往今来，中国的文章特多，可是好文章不多的原因，就在没能将这二合一的问题摆平。中国人一谈写文章排名，韩愈就是老大，他是"唐宋八大家"的头牌，又是"文起八代（魏晋六朝）之衰"的大将，承前启后，代表性特强。可是你去读读他的全集，你会发现读不下去。你用上面两个问题一套。一、他要表达什么？答案是：他思路不清，头脑很混，他主张"非圣人之志，不敢存"，但什么是圣人之志？他自己也不知道。二、他表达得好不好？答案是：他好用古文奇字，作气势奔放状，文言文在他手下，变成了抽象名词排列组合，用一大堆废话，来说三句话就可说清楚的小意思，表达得实在不好。

虽然这样，韩愈却还算是进步分子呢！中国文章自魏晋以后，就有话不好好说，一定要配成了对儿才说话，一作起文来，就是"四六体"。"四六体"是四句、六句对偶而成的骈体文，是纯粹的中国字一字一形一音一义的大排队。中国人这时候，一写文章就要对对子，写满篇文章就是写满篇春联，满篇堆砌，矫揉造作，非常讨厌。到了唐朝，韩愈出来，主张秦汉古文，"师其意而不师其词"，"唯陈言之务去"，虽然韩愈文章也一样令人讨厌，但比起以前的八代的来，总是一种进步。

从古文到解放

这种进步，转变到北宋的"古文"。"古文"一方面说复古，一方面也创新，虽然南宋以后，有"语体"出现，把白话和文言合流，但以"文章"正宗论，还是"古文"的天下。于是，从韩愈到曾国藩，中国的能文之士都是古文家，"古文"就是我们一般指的文言文。

文言文的大缺点是它不能作为好的表达的工具，它跟白话分裂，写出来，是活人说死话，说得再好也是"古文辞类撰"。到了19、20世纪，有人开始突破，最成功的是梁启超，梁启超说他文章"解放，务为平易畅达，时杂以俚语、韵语及外国语法；纵笔所至不检束……老辈则痛恨，诋为野狐"。

梁启超虽被老辈"痛恨，诋为野狐"，但他在中国文章史上，和司马迁、韩愈等一样，是十足划时代的人物。梁启超风靡文坛一二十年，最后由白话文接替了文言文的位置，中国古书的时代，就告一段落了。

我们现在谈古书，就是以这一段落做标准的。这一段落以前的书，就是古书。读它们，无从读起；不读它们，又愧为中国人。我们遭遇了"两难式"。

分类的荒唐

对古书做选本，失败在"文章"挂帅以外。另外的失败，是分类笼统。

中国古书的分类，最流行的，是四部（经、史、子、集）分类。四部分类从东晋以后通吃，变成了典型的图书分类规范。但是稍一留心，就知道这种分类是相当荒唐的。以四部中第一部"经部"为例，"经部"的一部分，近于百科全书式的总集，应分入总类、文学类、历史类，其他部分（像《论语》《孟子》），应分入"集部"（个人集子）；以第二部"史部"为例，体裁上分正史、编年、别史、杂史、载记等，全无道理与必要，其他如诏令应入法律类，时令应分入天文类，目录应分入总类；以第三部"子部"为例，老、庄、申、韩等家，其实与《论语》《孟子》无别，都应分入"集部"，其他如谱录中草木、虫鱼应分入植物类、动物类，类书应分入总类，小说应分入文学类；以第四部"集部"为例，"经部""子部"分过来的书，多可分入哲学类、法律类、文学类……总之，四部分类，大体上说，"经""子""集"多是一类，"史"是另一类，四部分类实在只是两部分类。分类、分类，分了半天类，最后只分了两类。所谓分类，分了等于没分，这叫什么分类！（并且若按前面所提"六经皆史"之说，甚至连两类都没有呢！）

虽然这样，四部分类却还算是进步的分类呢！其他像《永乐大典》以韵来分类、《文渊阁书目》以"千字文"来分类、朱彝尊《竹垞行笈书目》以"心事数茎白发，生涯一片青山。空林有雪相待，古道无人独还"六绝一首来分类，其荒唐程度，比四部分类就尤有过之了。

所谓书目指导

从分类的笼统中,我们可以看到,它的毛病发生在古书内容上面,即古书内容的笼统。因为中国思想独尊儒家,思想失之一元化,所以常常古书一翻开,就犯了千篇一律的通病。乍看起来,经常一部书中,什么都包括;但细看之下,所包括的又极有限,在儒家框框里的同类作品太多太多,而异类的有个性有创见的作品太少太少。在这种情形下,要去做分类,尤其有现代眼光的分类,就非常困难了。

正因为古书众多而又分类困难,所以有心人就开始想法子,使中国人能够知所选择。这些有心人的做法是列举书目,例如:

一、龙启瑞《经籍举要》,列举书籍二百八十九种;

二、张之洞《书目答问》,列举书籍二千二百六十六种;

三、胡适《一个最低限度的国学书目》,列举书籍一百八十五种;

四、梁启超《国学入门书要目》,列举书籍一百六十种;

五、李笠《国学用书撰要》,列举书籍三百七十八种;

六、陈钟凡《治国学书目》,列举书籍四百八十八种;

七、支伟成《国学用书类述》,列举书籍三千二百种;

八、章炳麟《中学国文书目》,列举书籍五十一种;

九、徐敬修《国学常识书目》,列举书籍二百六十二种;

一〇、傅屯艮《中学适用之文学研究法》,列举书籍七十九种;

一一、沈信卿《国文自修书辑要》,列举书籍五十种;

一二、汤济沧《中小学国学书目》,列举书籍一百零六种;

一三、吴虞《中国文学选读书目》,列举书籍一百四十二种。

但是，看了这些列举的书目，我仍旧不得不感到：它们没有太多的用处，它们的毛病在于不该有的有了，该有的却又没有。它们无法把古书予以现代分类，无法从现代分类里透视古书的推陈出新的意义。同时，它们只提出书目，没有书本，虽然告诉人可以按图索骥，但是骥在哪儿，也要大费周章啊！

新的版本观念

由于时代的转变、由于"知识的爆炸"、由于传播知识的方法，等等，都有了不同，所以今天的有心人，从事这一努力的时候，就要采取现代的观点，来处理古书。以版本（板本）为例，现代印刷术的进步，尤其是影印技术的进步，使刊布图书的方法根本改变，同时也改变了"珍本""秘本""孤本"等古董观念，使古书不复成为某一阶层人的独得之秘。当然，对古书，并非不可讲究版本，但为一二校勘之便或几个异文讹漏，就把一部书的功能和流传性绞杀，则显然是旧式藏书楼主的行为；同样的，为了讲究版本之说，整天光刊些无甚价值的僻书，或一刊再刊些"版本竞赛"的常见经史之类，也不能不说是旧式版本学家的流毒，对鉴古知今的文化出版事业，为功究属狭窄。

当年黄荛圃的学生，曾有过"书无庸讲本子"的议论；俞樾的学生（章炳麟）也提过"读书何必讲究版本"的疑问。这些见解，都是从"取其大者"的角度，来从古书选材的，他们并不斤斤于"舆薪之不见"的癖好，当然也反对先以偏为务、再以偏盖全的专家孔见。

现代处理古书的标准，不该以古董式的版本为尚，也不该以鉴赏、校勘的用度为足，而该以配合新知的研究，定其去取。例如商务印书馆的宋本《资治通鉴》，当然没有胡三省的音注，在鉴赏和校勘上，虽然有它的价值，可是在普及和实用上，就远不如它的重排本《资治通鉴》；商务印书馆的"四部丛刊"本无疏单注"五经"，在普及和实用上，也远不及艺文印书馆的阮刻《十三经注疏》；同样的，仁寿本《二十五史》中的南宋印北宋监本《史记》，在普及和实用上，也远不如黄善夫本或殿本或泷川会注本。这些例子，都说明了版本的考究，并不就是弘扬了古书①。

出土带来了新收获

除了现有的古书以外，从汲冢到敦煌，历代也偶有古书的出土，值得我们特别重视。近十年来，古书的出土，更达到"汉唐以来所未有也"的地步。新出土的古书，带给我们前所未有的新发现，使我们在处理古书上，有了古人所没有的收获。例如，1972年4月，在山东临沂银雀山的一号、二号汉墓里，发现了一批竹简，由于竹简中有汉武帝元光元年（前134年）的历谱，可以断定这批竹简是两千一百年前就已流传的文献；又由于竹简中用字不避汉朝皇帝的讳，又可以断定竹简的古书，都早于汉朝。再

---

① 这套"中国名著精华全集"又注意版本又注意内容的特色，我举一个例。我收进了顾炎武的《日知录》，但我用的《日知录》版本，却是1932年张继搜集得到的何义门批校精抄本，其中有"胡服"等文字，这是一般《日知录》所没有的。所以这套"中国名著精华全集"所用的版本，是注意版本又注意内容的。这类特色，是很不容易的。为了达到这些好效果，有的版本，我甚至商请所有者特别同意我使用，桂冠图书公司的"中国古典文学名著"中的几种书，就是赖阿胜特别同意的。我要谢谢他。

往上推，秦二世在位三年，秦始皇在位三十七年，上距战国，不过四十多年，四十多年又值秦始皇统一思想，没人有闲工夫造假书，所以竹简中的古书，都是战国以前的原装货，应无疑义。

例如这批竹简中，有古书《尉缭子》。《尉缭子》一直被许多大牌学者如钱穆等人怀疑是后代假造的书，是伪书，并且说得头头是道。但是这批竹简一出土，证明了真金不怕众口铄，大牌学者也者，不过大言欺人而已。

如今《尉缭子》出土了，我们当然要恢复它在古书中的应有地位。

帛书也出现了

又如，1973年11月到1974年初，在湖南长沙马王堆第二、三号汉墓，出土了大批珍贵文物，最难得的是，其中有十二万字以上的帛书（因为那时纸还没发明，只能写在帛上，故叫帛书）。帛书中有一部分是失传了的古代医书。有一部包括了五十二种病名和治疗它们的二百八十个医方（每个都没有方名）。每个病的医方，从一个到二十七个不等，专家们把这部书定名为《五十二病方》。

《五十二病方》是中国最古的医学文献，它显示出来的病名，在内科方面，有肌肉痉挛、精神异常、往来寒热、小便不利、小便异常、阴囊肿大、肠道寄生虫和中蛊毒；在外科方面，有外伤、化脓、体表溃疡、动物咬螫、肛门、皮肤、肿瘤；在妇科方面，有产时子痫；在儿科方面，有小儿惊风；在五官科方面，有眼疾。用现代的观点来看这些医学材料——看这些早于《内经》等现有医书的材料，它们值得研究的意义，自然非比寻常。

又如同时出土的《相马经》，这是中国动物学、畜牧学的重要文献。

春秋战国时代，由于已从车战演变到骑兵，马的身价，也就越来越高。传说中的相马专家是伯乐，事实上，这种专家是很多的，《吕氏春秋·观表篇》就提到十个相马家，《史记·日者列传》也提到"以相马立名天下"的人氏，这些都可证明古人对相马的重视。这部《相马经》竟用来给死人陪葬，说明它在当时，必然是流行的一部名著。读了这部书，我们不得不惊讶：古人对马，原来是这样不马虎！

搜寻亡佚

另一个现代的观点是使被埋没的古书广为流传。中国历代的战乱不断，图书上的损失，早已无法细计，不论无意的被焚于兵祸，还是有意的聚毁于七塔，对文化而言，自属有害无益。今天我们得现代印刷术之便，实在应该把这些被埋没了的古书，尽量予以亮相，以免及身而绝。过去有心人处理这个问题的方法，就是出版丛书。

丛书在中国历史上，最早的是宋代俞鼎孙、俞经的《儒学警悟》，这部书成于宋宁宗嘉泰元年（1201年），距离今天，足足七百八十多年了。

七百八十多年来，从事文化出版的人，辑印丛书的种类很多，但是专辑近著搜寻亡佚的，除了光绪年间潘祖荫的"功顺堂丛书"、赵之谦的"仰视千七百二十九鹤斋丛书"外，实不多见。尤其赵之谦的丛书中，收有七弦河上钓叟的《英吉利广东人城始末》一卷，更可看出辑刊者的历史眼光。

宋朝以来，因为受印刷技术的限制，不能影印，至多只能影刻，直到清末,还是如此。陈三立的《黄山谷集》、端方的《东坡七集》,都是最有名的影刻本。但因影刻太贵,且产生窜易首尾节略翻刻的缺点,给了人们不良的印象。现在印刷术进步了,并且超过了商务印书馆"四部丛刊""古逸丛书""四库全书珍本初集"的影印水准,所以现在为被埋没了的古书,做亮相的工作、做搜寻亡佚的工作,自然也就责无旁贷了。

现代分类

由于过去的通病是儒家挂帅下的四部分类,古书所遭遇的摧残是相当严重的,这种挂帅和分类不打破,中国的古书情况必将永远陷在不均衡的畸形里,陷在比例不对的悬殊里。所以,用现代的观点处理古书,必须首先把儒家挂帅四部分类的错误予以矫正,把所有古书重新估定,该拉平的拉平、该扶起的扶起、该缩小的缩小、该放大的放大、该恢复的补足、该重视的给它地位①。这样重新估定之下,整个中国文化遗产,才能均衡地、成比例地重新呈现在我们眼前。我们再用现代方法去"新瓶装旧酒",古书才不止是古书,才有现代的意义②。在现代意义的光照下,许

---

① 这套"中国名著精华全集",尽量表扬被压扁的异类思想,特别注重中国古书中的多样性、独创性与个性。因此,作者群中,入狱的、杀头的比例也颇大,这是一个必要的义举——点燃旧日的火种,加添今后的光明,这本就是我多年的一个心愿。至于纯属个人的一些感情泛滥的集部书,我有意缩小它们的比例。

② 把难以分类的古书,纳入现代分类,是这套"中国名著精华全集"的一大特色。为了使中国人对中国书有鸟瞰式的了解,所以在总类方面,特别加强(我为加强中国人对图书分类的认识,特别以《四库全书》作为分类的总代表,当然在体积上,"长虫吞不了象",是不能收入的);又因为中国人读书,缺乏方法上的讲究,所以在方法学方面,特别着力。

多古书,古人所贵者,如今看来已是"断烂朝报";又许多古书,古人所贱者,如今看来却余味无穷。如今我们处理古书,并不是止于把它们进一步分类(如刘国钧"中国图书分类法"或杜定友"杜氏图书分类法"),或就古人之所重者重印一阵就算完事,而该大力发掘并认定真正值得现代学术"獭祭"的典籍。否则的话,只是引今泥古而已,离玩物丧志,也就不很远了,"学术"云乎哉!

解决难读的问题

除了现代分类外,如何解决读懂古书的问题①,也是现代的观点中不能忽视的事。中国古今语文上的变化,差距很大,《尚书》中的文告,在当时是口语,现在是很难的文言了;《论语》中的对话,在当时是口语,现在是很斯文的典故了。所以古书的文字语言,对现代的中国人来说,有时比外国文还恐怖。这一现象,早在半个世纪前就被提出来讨论了。梁启超在1925年写《要籍解题及其读法自序》,就指出:

> 诸君对于中国旧书,不可因"无用"或"难读"这两个观念便废止不读。有用无用的标准本来很难确定,何以见得横文书都

---

① 俞樾是中国有史以来最能读古书的人,他在《古书疑义举例》里,却描写了古书是多么难读。他说:"夫自周秦两汉,至于今远矣,执今人寻行数墨之文法,而以读周秦两汉之书,譬如犹执山野之夫,而与言甘泉建章之巨丽也!夫自大小篆而隶书、而真书,自竹简而缣素、而纸,其为变也屡矣。执今日传刻之书,而以为是古人之真本,譬如闻人言笋可食,归而煎其箦也!嗟夫,此古书疑义所以日滋也欤?"

有用，线装书都无用？依我看，著述有带时代性的，有不带时代性的。不带时代性的书，无论何时都有用。旧书里头属于此类者确不少。至于难读易读的问题呢，不错，未经整理之书，确是难读，读起来没有兴味或不得要领，像是枉费我们的时光。但是，从别方面看，读这类书，要自己用刻苦工夫，披荆斩棘，寻出一条路来，因此可以磨练自己的读书能力，比专吃现成饭的得益较多。所以我希望好学的青年们最好找一两部自己认为难读的书，偏要拼命一读，而且应用最新的方法去读它，读通之后，所得益处，在本书以内的不算，在本书以外的还多着哩。

现在，半个世纪过去了，中国人读古书的能力更不如前，时间也不如前了。所以，有心人处理古书给现代的中国人，必须兼顾到现代人的读书能力，精挑细选之后，必要的解题、注释、翻译，也该尽量齐备①。

"中国名著精华全集"

基于上面所说的一些有关古书的重点、基于上面所说的一些心得和认识，王荣文和我经过多次的交换意见和反复讨论，决定在《中国历史演义全集》成功后第四年，推出一部"中国名著精华全集"②。

---

① 这套"中国名著精华全集"尽量以实用的解题、注释、翻译为原则，酌量收入。现代人每以注释为读古书的要件，其实注释不一定全对读者有益。像《论语》《孟子》，读了朱熹的注释，反会堕入宋儒理学的魔障，这说明了注释不当，反倒有害。

② 所谓名著，除了一般的意义外，也包括特定的意义：凡是推定可成为（转下页）

"中国名著精华全集"的构想，部分接近美国哈佛大学校长伊利鹗（Charles W. Eliot）的"哈佛丛书"（The Harvard Classics）。"哈佛丛书"长五英尺，又名"五呎丛书"（Five Foot Shelf of Books），是用五英尺长度的精装书，把西方古典名著的精华收入。由于中国古书太多，在性质上也与西方互异，这部"中国名著精华全集"，在编选方面，自然独有它的特色。我们决定按照现代图书分类，精选出两百种古书①，每种"加

（接上页）名著的，也酌量选入。这是因为古书中，有的的确被埋没了，被不合理地埋没了。清朝李慈铭说得好："网罗散逸，裒拾丛残，几于无隐之不搜，无微之不续，而其事遂为天壤间学术之所系，前哲之心力，其一二存者得以不坠。"为了使"一二存者得以不坠"，所以用的名著标准，比较有弹性。还有，在名著的去取上，我有大刀阔斧的气魄，去取之间，不受传统的名著的认定方式。例如我选深的书，所以浅的《三字经》等名著不选；我选原本的书，所以选本的《唐诗三百首》《古文观止》等名著不选；我选精审的书（如《呻吟语》），所以粗劣的《菜根谭》等名著不选。有的书，在去取上，也有割爱的，例如徐光启的《农政全书》，我终于嫌它缺乏独立见解，还是不选了。总之，这些去取之间的苦心与调济，只有全面的、非常的专家才能识货、才能惊叹。一般对中国古书似知非知的人，难免会有点议论，我是不重视的。至于古书真伪问题，我虽然选入胡应麟《少室山房全集》、姚际恒《庸言录》中辨伪的文献来提醒大家注意，但对一些可疑的书，能够取其内容而不取其时代，把它们看成"反正是古代中国人写的"，倒也圆通自在。因此我选《晏子春秋》《列子》等，都有反对因噎废食的意思。

① 古书入选标准，以1912年为下限（偶有例外，也是记事在1912年前的，像吴永的《庚子西狩丛谈》是），以一人一书为原则（所以只能说是割爱，不能说是遗漏。此外，也有两人"共家"的书出现，如程颢、程颐的《二程全书》；也有以辑佚刊印者挂名的一堆书出现，如叶德辉的"双梅景暗丛书"。所以，这套"中国名著精华全集"，作者不止二百人，书也不止二百种）。作者不明确的，从俗标注（当然过分荒谬的，如黄帝作《内经》等，也只好以佚名处理）。作者有时不明确，也是古书的一大特色。古人没有著作权观念，不但没有，还喜欢把自己的作品，射在别人头上，这种作者，叫"箭垛式作者"。"箭垛式作者"有时以一个人代表一个学派（像管仲之于《管子》），有时以一个人代表集体创作（像施耐庵之于《水浒传》），都不可拘泥就是；作者明确的，书名有时采用作者死后的总集名目；但是生前有总集性质的书名，虽然包罗不全，我也尽量把以后的出版品来个总归户，归到这个书名下（像康有为"万木草堂丛书"等是）。

工"以后,也以五英尺的长度①,精装起来②,配上图片③,贡献给现代的读者。我们用这部"中国名著精华全集",把中国古书做一次彻底的、划时代的处理,用现代的观点、现代的印刷术、现代的出版企划,把它们带到现代的中国人面前。

我们希望,这部"中国名著精华全集"的问世,可以使现代的中国人,能够多少知道作为中国人应有的条件是什么,多少知道祖宗们的遗产是什么,多少知道这些遗产可以入宝山而不空手,多少知道这些遗产对我们并非高不可攀。

我们相信,这部"中国名著精华全集"的问世,可以把现代人看古书的问题,得到满意的一次解决。有了这部大书,你可以上下古今,把千年精华,尽收眼底;你可以纵横左右,把多样遗产,罗列手边;你可以从古典中寻新义,从旧籍里找时潮,从深入浅出的文字里,了解古代的中国和

---

① 因为要在五英尺长的书里收入两百种古书的精华,所以有的能全书收入,有的只能收入部分;古书这么多,有的自难免有遗珠之憾。但是不论怎么收,都以"精华"为准。一个人的作品或一部书的内容,如果涉及的项目多元的时候,尽量就多元中最有特色的部分,作为分类依据,但是虽然分类从严,但是选入却从宽,因为古书的性质本来就很含混,若从严选入,必将造成不必要的损失。

② 古书的处理,由于现代印刷术的进步,在规格上,又不得不注意配合时代要求,线装薄面也好、綢函丝订也罢,早已都是落伍的玩意儿,都不应该再予以考虑。在国际标准的图书馆中,甚至平装书都在不受皮藏之列,我们怎么能再抱残守缺,开时代倒车?所以无须采用旧式装订的方式,自无疑义。

③ 在《中国历史演义全集》中,我配上图片,并且把每张图片加上活泼的说明,很受欢迎。这套"中国名著精华全集"也同样处理。图片有的来之不易,非细心而识货的中国人,就很难看出来。以配图中徐渭(文长)《青天歌卷》的首尾为例,《青天歌卷》在1966年江苏吴县东角直地方曹澄墓中出土。纸本,纵31.6厘米,长2036厘米,共七十四行。卷首有"许宝善印""罍罍子"收藏章。卷后盖有"天池山人""青藤道士"章。这种十多年前才从坟里挖出来的文献,都被我用到了,这种"绝活",总该令人绝倒吧?

现代的中国。

  作为一个"旧学邃密""新知深沉"的中国人，我想逢今之世、处此之岛，没有人比我更适合做这一件大事了，也没有人比王荣文更适合推动这一出版计划了。我们高兴在我们的努力下，终于完成了这部大书，相信细心而识货的中国人，会和我们一样高兴。

一九八三年四月十八日，李敖在台湾

*　　　　*　　　　*

  这套"中国名著精华全集"的内容，林明德（辅仁大学中文系教授）、詹宏志、李传理（远流的两位干将）提供我不少的好意见，我要特别谢谢他们。（一九八三年六月十八日，李敖补记）

目录

古玉图考

导读 / 002
《古玉图考》叙 / 003

镇圭 / 005
大圭 / 007
琬圭 / 008
青圭 / 009
琰圭 / 009
谷圭 / 010
圭 / 010
笏 / 011
璋 / 012
牙璋 / 012
瑁 / 013
大璧 / 014
谷璧 / 015
蒲璧 / 016
苍璧 / 016
璧 / 016
瑗 / 019
环 / 019
系璧 / 020
璇玑 / 022
夷玉 / 022
琮 / 024
琥 / 028

璜 / 029

玉敦 / 030

玉觯 / 031

玉散 / 032

珑 / 033

珩 / 033

佩璜 / 035

玦 / 036

玉戚 / 037

琫 / 038

珌 / 039

瑽 / 040

韘 / 041

觿 / 042

瑱 / 043

填 / 044

衡笄 / 045

漆书笔 / 045

璲 / 046

玉钩 / 048

玉佩 / 048

玉瑬 / 050

玉马 / 050

琀 / 050

玉律管 / 051

玉钵 / 051

汉鸠杖首 / 054

汉刚卯 / 054

汉玉钫 / 056

汉玉镫 / 056

玉印 / 056

碧琉璃印 / 058

随玉麟符 / 059

唐玉鱼符 / 060

玉押 / 060

五十二病方

导读 / 064

凡例 / 065

诸伤 / 066

伤痉 / 068

婴儿索痉 / 069

婴儿病间（痫）/ 069

婴儿瘛（瘈）/ 069

狂犬啮人 / 070

犬筮（噬）人 / 070

巢者 / 070

夕下 / 071

毒乌喙 / 071

蛊 / 071

蛭食（蚀）/ 072

蚖 / 072

尤（疣）者 / 073

癫疾 / 074

白处 / 074

大带 / 075

冥（螟）/ 076

□蠪者 / 076

疢 / 076

人病马不间（痫） / 077

弱（溺）□沧者 / 079

膏弱（溺） / 079

种（肿）囊 / 079

肠积（瘕） / 080

脉者 / 082

牡痔 / 082

牝痔 / 083

朐养（痒） / 084

雎（疽）病 / 085

□阑（烂）者 / 087

脬膫 / 088

脬伤 / 088

加（痂） / 089

蛇啮 / 091

痈 / 091

䫏 / 092

虫蚀 / 092

干骚（瘙） / 093

东（冻）疕 / 094

蛊 / 095

魅 / 096

去人马尤（疣） / 096

治鸡 / 097

附：□箴（噬） / 097

内经

导读 / 108
四气调神大论 / 109
生气通天论 / 111
阴阳应象大论 / 113

营造法式

导读 / 116
进新修《营造法式》序 / 117
劄子 / 118
《营造法式》看详 / 119
  元圆平直 / 119
  取径围 / 120
  定功 / 121
  取正 / 121
  定平 / 123
  墙 / 124
  举折 / 125
  诸作异名 / 127
  总诸作看详 / 129

天工开物

导读 / 132

卷上

乃粒第一 / 133

总名 / 133
稻 / 134
稻宜 / 135
稻工 / 135
稻灾 / 136
水利 / 137
麦 / 138
麦工 / 139
麦灾 / 140
黍 稷 粱 粟 / 140
麻 / 141
菽 / 142

乃服第二 / 163
蚕种 / 163
蚕浴 / 164
种忌 / 164
种类 / 165
抱养 / 165
养忌 / 166
叶料 / 166
食忌 / 167
病症 / 167
老足 / 168
结茧 / 168
取茧 / 169
物害 / 169
择茧 / 169
造绵 / 169
治丝 / 170

调丝 / 171

纬络 / 171

经具 / 171

过糊 / 172

边维 / 172

经数 / 172

花机式 / 173

腰机式 / 173

结花本 / 174

穿经 / 174

分名 / 174

熟练 / 175

龙袍 / 175

倭缎 / 176

布衣 / 176

枲著 / 177

夏服 / 177

裘 / 178

褐毡 / 179

彰施第三 / 204

诸色质料 / 204

蓝淀 / 205

红花 / 206

造红花饼法 / 206

附：燕脂 / 207

槐花 / 207

粹精第四 / 208

攻稻 / 208

攻麦 / 210

攻黍 稷 粟 粱 麻 菽 / 211

作咸第五 / 236

盐产 / 236

海水盐 / 237

池盐 / 238

井盐 / 238

末盐 / 239

崖盐 / 240

甘嗜第六 / 264

蔗种 / 264

蔗品 / 265

造糖 / 266

造白糖 / 266

蜂蜜 / 267

饴饧 / 268

兽糖 / 268

卷中

陶埏第七 / 272

瓦 / 272

砖 / 273

罂瓮 / 275

白瓷 / 276

窑变 回青 / 278

冶铸第八 / 292

鼎 / 292

钟 / 293

釜 / 294

像 / 295

炮 / 295

镜 / 296

钱 / 296

附：铁钱 / 297

舟车第九 / 308

舟 / 308

漕舫 / 309

海舟 / 312

杂舟 / 312

车 / 314

锤锻第十 / 326

冶铁 / 326

斤斧 / 327

锄镈 / 328

鎈 / 328

锥 / 328

锯 / 329

刨 / 329

凿 / 329

锚 / 330

针 / 330

冶铜 / 330

燔石第十一 / 336

石灰 / 336

蛎灰 / 337

煤炭 / 337

矾石　白矾 / 338

青矾　红矾　黄矾　胆矾 / 339

硫黄 / 340

砒石 / 341

膏液第十二 / 349
    油品 / 349
    法具 / 350
    皮油 / 352

杀青第十三 / 357
    纸料 / 357
    造竹纸 / 358
    造皮纸 / 359

卷下

五金第十四 / 366
    黄金 / 366
    银 / 368
    附：朱砂银 / 370
    铜 / 371
    附：倭铅 / 372
    铁 / 372
    锡 / 374
    铅 / 374
    附：胡粉 / 375
    附：黄丹 / 376

佳兵第十五 / 396
    弧矢 / 396
    弩 / 399
    干 / 400
    火药料 / 400
    硝石 / 401
    硫黄 / 402
    火器 / 402

丹青第十六 / 419

朱 / 419

墨 / 421

曲蘗第十七 / 429

酒母 / 429

神曲 / 430

丹曲 / 431

珠玉第十八 / 435

珠 / 435

宝 / 437

玉 / 438

附：玛瑙　水晶　琉璃 / 440

附录：野议 / 454

序 / 454

世运议 / 455

进身议 / 455

民财议 / 456

士气议 / 458

屯田议 / 459

催科议 / 460

军饷议 / 462

练兵议 / 464

学政议 / 466

盐政议 / 468

风俗议 / 470

乱萌议 / 471

古玉图考

吴大澂

导 读

吴大澂（1835—1902），本名大淳，为了避清穆宗（同治）的讳，改名叫大澂。字止敬，又字清卿，号恒轩，又别号白云山樵，别号愙斋，别号白云病叟。而他的斋名，那就更啰嗦了，他一共有二十九个斋名，其中最短的一个叫"郑盦"，最长的一个叫"五十八璧六十四琮七十二圭精舍"，他这一套，充分代表了中国旧文人那些毛病与习气。他是江苏吴县人。

李慈铭《越缦堂日记》里说吴大澂是"清客材也……浮躁嗜进"（光绪九年十一月二十六日），王闿运《湘绮楼日记》里说"其人书痴，非吾意中人"（光绪十九年三月二十六日），叶昌炽《缘督庐日记》里说"怖其河汉无极"（光绪二十一年一月二十二日），都说明了他是一个好吹大牛的大名士。

他本是一个翰林，训诂辞章是拿手，金石篆籀是专家，可是实在不能带兵，结果落得统治者对他"着即革职，永不叙用"的处分，为了他在朝鲜一役吃了败仗，还"居心狡诈，言大而夸，遇事粉饰，声名恶劣"（《东华续录》光绪二十四年十月二十五日上谕）。《新民丛报》（二十三《文苑》）有一首"渡辽将军歌"，是黄遵宪写的，颇挖苦吴大澂和他的嗜古癖。

吴大澂六十八岁死去。死前闹穷，以售书画、古铜器维生。著有《古玉图考》《古籀补》《权衡度量考》《恒轩古金录》《愙斋诗文集》。

《古玉图考》叙

古之君子比德于玉，非以为玩物也。典章制度，于是乎存焉；宗庙、会同、裸献之礼，于是乎备；冠冕、佩服、刀剑之饰，君臣上下等威之辨，于是乎明焉。唐、虞"班瑞于群后"，"禹锡元圭"而水患平，成周分宝玉于伯叔之国。三代以来，圣帝明王，不宝金玉，而玉瑞、玉器之藏未尝不贵之重之。所可考者，《周礼·典瑞》之文，《考工记·玉人》之职，《玉藻》《明堂位》之所纪载，《郑风》《卫风》《小雅》之所歌咏，《尔雅·释器》之所详，毛《传》、郑《注》、许书之所解，流传至千百年后，其器犹散见于齐、鲁、宋、卫士大夫之家。罗而致之，裒而集之，可与经传相证明者不一而足。然而好古之士，往往详于金石而略于玉，为其无文字可考耶？抑谓唐宋以后仿制之器多，而古玉之真者不可辨耶？余观《宣和古玉图》既病其芜杂而不精，吕氏《考古图》虽有《古玉》一卷，又惜其无所考正。元朱泽民所撰《古玉图》寥寥数十器，相沿旧说，多无证据。于圭、璋、琮、璜，典礼之所关，阙如也。

余得一玉，必考其源流，证以经传。岁月既久，探讨益广。今春得镇圭、青圭，始知"天子圭中必""杼上终葵首"之义。得黄琮、组琮，始信许叔重"琮，似车釭"之说、郑司农"外有捷庐"之说。得玉觯、玉散，始知《明堂位》之"璧散""璧角"与《内宰》之"瑶爵"，皆以玉为器，而非以玉饰口。得白玉古韘，始知"决拾"之"决"用棘、用象骨，亦有时而用玉，毛公训"决"之义为不误也。得白珩、葱珩，始知珩、璜、琚、瑀、冲牙之制。又知世俗所传"昭文带"即"鞙鞙佩璲"之"璲"，旧说以为瓒，则非也。玉琥为六瑞之一，即汉虎符之所本。大璜与佩玉之璜，名同而制不同。若此者，皆足以资诂经之助，而补金石家之所不及。爰属族弟大桢图其形制，编订成书，以公同好。玉钵、玉印、玉押，其有文字可据者，亦并附焉。是为叙。

光绪十有五年岁在己丑夏四月八日吴县吴大澂书于济宁节署

镇圭

周镇圭尺式：与大琮第一器尺寸正合，疑此尺为西周旧制。（图1）

周搢圭尺式：与大琮第二器尺寸匹合。（图2）

此灰镇圭也，因背有象鼻孔，可以系组，插于绅带之间，故以"搢圭"别之。

镇圭，青玉，五色斑。图小，于器十分之七。（图3）

《考工记·玉人》："镇圭，尺有二寸，天子守之。"又云："天子圭中必。"郑《注》："必读如'鹿车绊'之'绊'。谓以组约其中央，为执之以备失队。"大澂窃疑"鹿车"之"绊"，施之于圭，似不相类。是圭即尺有二寸

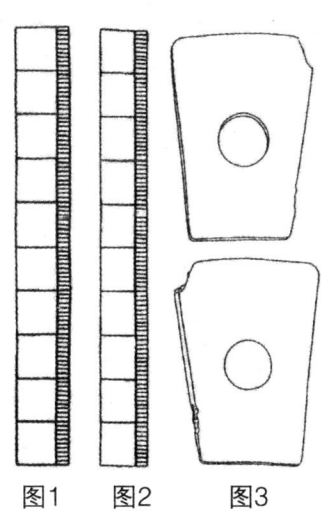

图1　图2　图3

之镇圭，中有一穿，径约三寸，穿上四寸有半寸，穿下亦四寸有半寸。因疑"中必"之"必"，即古"柲"字。《说文》："柲，欑也。欑，积竹杖也。一曰穿也。"盖它圭穿多近下，用以系组而已。天子之圭，穿在中央，可以手执，不致失队。故曰："天子圭中必。"《考工记》："戈柲，六尺有六寸。"《注》："柲，犹柄也。"今所见三代戈、瞿，往往有穿，其穿即谓之柲。所执之木柄，当有小橛横贯于柲中，故木柄亦谓之柲。许书《木部》柯、棁、柄、柲、欑五字连文，叔重不训柲为柄，而训为欑，其必有所本矣。康成不直训为柄，而曰"犹柄"也，可知柲非柄之称。后人因贯柲之柄用木，遂从木旁。古文不从木，可以"天子圭中必"证之。

　　《说文》："珽，大圭。长三尺，杼上终葵首。"即本《考工记·玉人》文。郑《注》："终葵，椎也。为椎于其杼上，明无所屈也。杼，䄂也。"《玉藻》注："终葵首者，于杼上又广其首，方如椎头。"大澂以为天子之圭与剡上之制不同，以是圭度之。大圭、镇圭，皆系"杼上终葵首"。《记》文举一以例其余，《方言》引《燕记》曰："'丰人杼首'，杼首，长首。"《轮人》："行泽者欲杼。"《注》："杼，谓削薄其践地者。是'杼上'者，言其长而薄；'终葵首'者，言其广而方

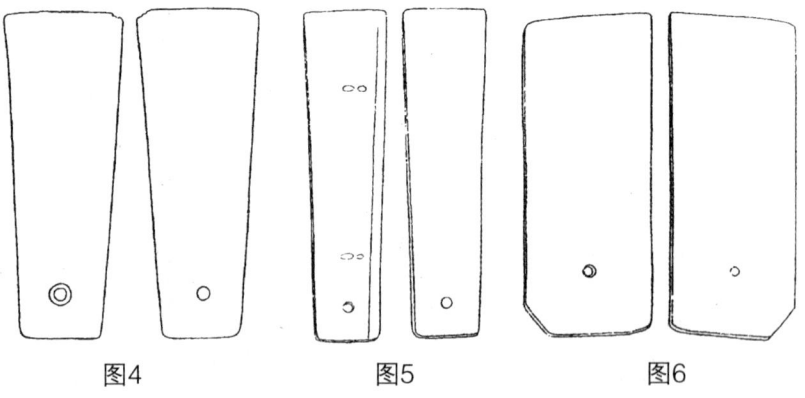

图4　　　　　图5　　　　　图6

也。"王氏《说文句读》"椎"下引《篆文》:"柊楑,方椎。"今人不知古圭有与方椎相似者,辄以药铲目之,亦犹三代古琮概目之为釭头,是不可不考正之也。

镇圭,青玉。图小,于器十分之七。(图4)

镇圭,青玉,黑斑。图小,于器十分之七。(图5)

是圭尺寸,与大琮第二器有驵文者,丝毫不爽。亦即尺有二寸之镇圭,惟两琮、两圭尺度略有不同。当系年代有先后,权衡度量与时变易耳。背有四孔,可以系组,两边皆有绳痕,似当时用作搢珽系于绅带之间者,然与大圭尺寸不符也。

镇圭,玉色纯赤。图小,于器十分之八。(图6)

大圭

大圭,一名珽。青玉,黑文,隐隐如龙凤,穿下三四寸带黄色。图小,于器十分之五。(图7)

《典瑞》:"王晋大圭,执镇圭,缫藉五采五就,以朝日。"《注》故书镇作瑱。郑司农云:"晋,读为'搢绅'之'搢',谓插于绅带之间,若带剑也。瑱读为'镇'。"《玉人》曰:"大圭长三尺,杼上终葵首,天子服之。"《注》云:"王所搢大圭也,或谓之珽。"《玉藻》:"天子搢珽。"《注》:"此亦

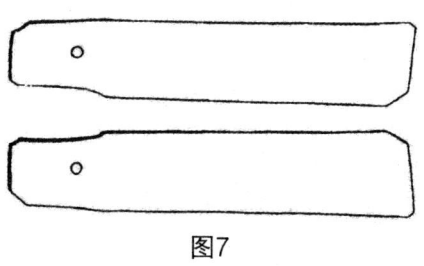

图7

笏也……珽之言挺然无所屈也。"是圭即天子所服之珽。以镇圭尺度之，长一尺九寸。大澂窃疑《玉人》之"三尺"为"二尺"之误。玉质至薄而轻，故可佩于绅带之间。《相玉书》曰："珽玉六寸，明自炤。"亦言其薄而光也。"六寸"之说未闻。

琬圭

琬圭，青玉，长尺有二寸。图小，于器十分之八。（图8）

《考工记·玉人》："琬圭九寸而缫，以象德。"郑《注》："琬，犹圆也。王使之瑞节也。诸侯有德，王命赐之，使者执琬圭以致命焉。"《典瑞》："琬圭以治德，以结好。"先郑云："琬圭无锋芒，故以治德、结好。"《说文》："琬，圭有琬者。"戴氏曰："凡圭剡上寸半，直剡之倨句中矩，琬圭穹隆而起，宛然上见。"段氏曰："宛者，与丘上

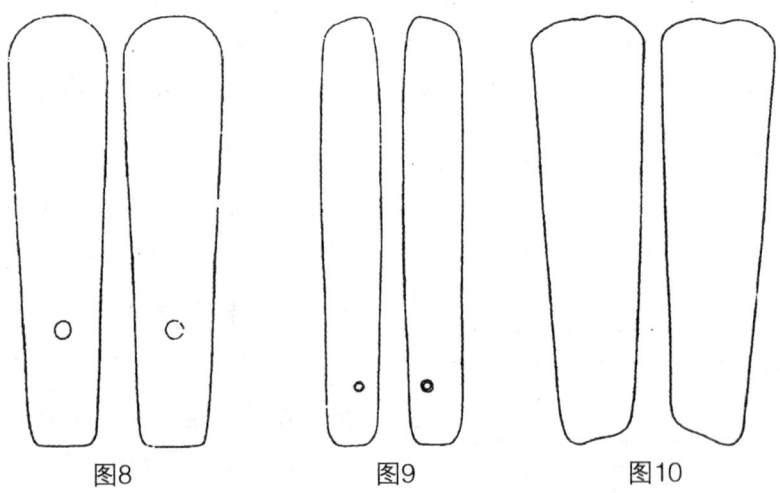

图8　　　　图9　　　　图10

有丘为宛丘同义。"是圭,得之济宁市上。上作圆首,圭面穹隆而起,两边无锋芒,不露圭角者,即古之琬圭无疑。其长尺有二寸,即《顾命》郑《注》"大璧、大琬、大琰皆度尺二寸者"是也。

琬圭,青玉,有土斑。图小,于器十分之七。(图9)

琬圭,赤玉,下断,当即尺有二寸之大琬。(图10)

青圭

青圭,青玉,图小,于器十分之九。(图11)

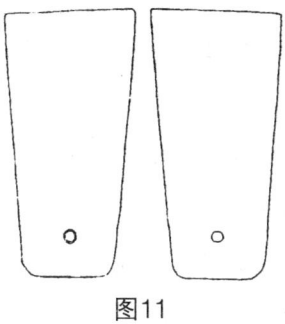

图11

琰圭

琰圭,元玉,图小,于器十分之八。上作半规形,两角微缺。(图12)

右圭,玉色纯黑,与世俗所谓水银浸者不同,殆即古之元丰与?其制上作半月形。大澂所集《说文古籀补》:"月,即古文斯。"它圭象终葵首,此独象斯首,即《考工记》"判规"之制。左右两角,棱棱有锋。《儒行》:"毁方瓦合。"《疏》:"圭角,谓圭之锋芒,有楞角。"即指琰圭而言。后人未见古制,以圭之剡

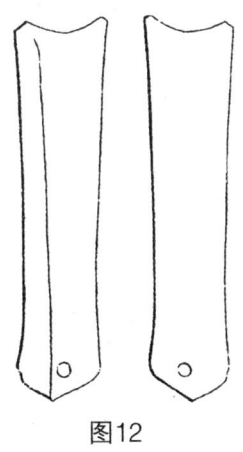

图12

上者为圭角，终觉相强也。《周礼·典瑞》："琰圭以易行，以除慝。"郑司农云："琰圭有锋芒，伤害、征伐、诛讨之象，故以易行除慝。易恶行令为善者，以此圭责让喻告之也。"琰圭与剡上异解，乃《玉人》"琰圭九寸，判规"。《注》云："凡圭，琰上寸半。琰圭，琰半以上，又半为瑑饰。"此郑君未睹"判规"之制，而以意解之耳。

谷圭

谷圭，图小，于器十分之九。青玉，黑文。（图13）

《周礼·典瑞》："谷圭以和难，以聘女。"《玉人》不言和难者，聘女则礼之常，和难则事之变也。此为卿大夫出使之瑞节。后有刻文者，即《玉人》所谓"组圭、璋、璧、琮、琥、璜之渠眉"是也。

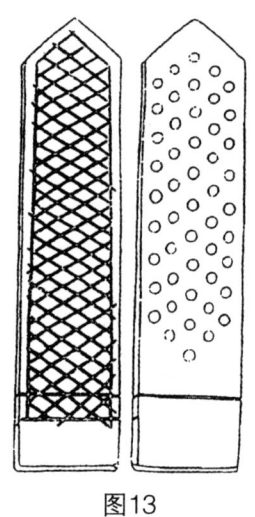

图13

圭

圭，玉质温润，乾黄色。（图14）

圭，白玉，灰浸，俗称鸡骨白，长九寸。（图15）

《考工记·玉人》"琬圭九寸""琰圭九寸"。是圭虽非琬、琰，而以周镇圭尺度之，适得九寸，其制与"杼上终葵首"合。

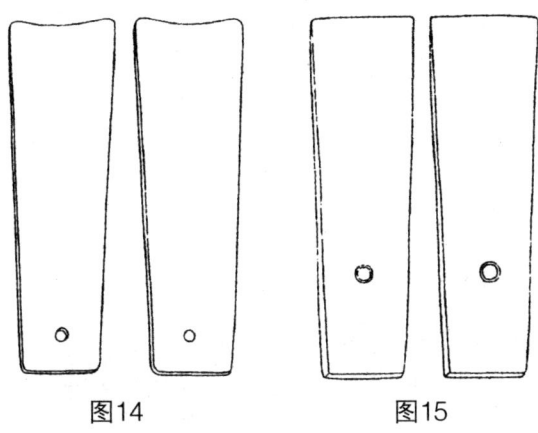

图14　　　　图15

笏

笏，青玉，黑晕。（图16）

或问古玉有似璋非璋、似刀非刀者，其名不可得而详。余曰："此笏也。"何以知为笏？曰："边有三孔，可以结绳佩于绅带之间。非笏而

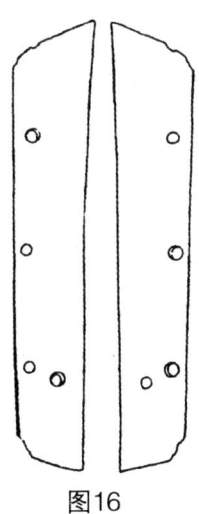

图16

何？"其三孔之外，又有一孔，何也？"曰："此系组之孔，故居中而向后。"何以上下皆不方，有可考欤？曰："此大夫之笏，《玉藻》所谓'前诎后诎，无所不让'也。"何以称前后不称上下？曰："执圭有上下，故曰杼上、曰剡上。佩笏如佩剑，系于革带之下，故曰'前诎后诎'。"或又曰："大夫之笏，长至一尺九寸，得毋与天子之珽相埒乎？"余曰："《玉藻》言'笏度二尺有六寸'，此笏之通制，不言天子、诸侯、大夫之别者，笏以直诎判等威，不以长短分贵贱也。"大夫之笏，安得用玉？曰："礼

乐、征伐自大夫出，孔子慨之。僭用玉，非礼也。"

璋

璋，青玉，有璘斑，长一尺十分寸之六。邵漪园观察涟所藏。（图17）

右璋，即《玉人》所云："边璋七寸，射四寸是也。"今以周镇圭尺度之，长一尺一寸稍弱，剡出之射，长三寸十分寸之六，射下七寸，正合边璋之制。射长不足四寸者，古之良玉不易得，就玉琢器，或有不足耳。郑康成曰："于大山川，则用大璋，加文饰也；于中山川，用中璋，杀文饰也；于小山川，用边璋，半文饰也。"是璋上半有琢文，可知郑《注》"半文饰"之说必有所本；贾《疏》谓"郑君以意解之"，非也。

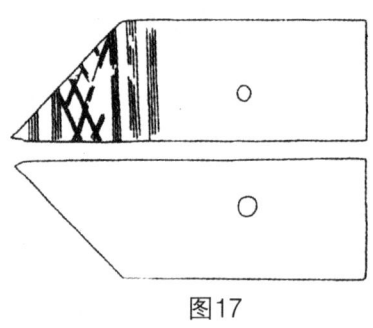

图17

牙璋

牙璋，青白玉。图小，于器十分之六。（图18）
此《周礼·典瑞》《考工记·玉人》所谓牙璋也。"牙璋以起军旅，以治兵守"，故与戈戉之制略同。首似刀，而两旁无刃，俗以为玉刀，误矣！圭、

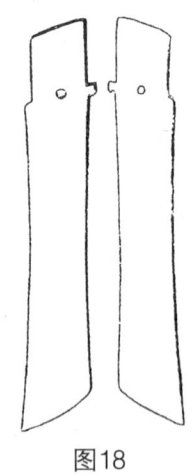

图18

璋左右皆正直，此独有旁出之牙，故曰"牙璋"。郑司农云："牙璋，瑑以为牙。牙齿，兵象，故以牙璋发兵，若今时以铜虎符发兵。"后郑云："牙璋，亦王使之瑞节。兵守，用兵所守，若齐人戍遂，诸侯戍周。"又《玉人》"牙璋、中璋"，《注》云："二璋皆有锄牙之饰于琰侧。"今得是器，可以证康成锄牙之说。惟《玉人》云："牙璋、中璋七寸，射二寸"，当以九寸为度。是璋长至一尺七寸有半寸，疑亦东周以后之物，与古制尺寸不甚合也。

瑁

瑁，玉色纯黑。（图19）

《玉人》云："天子执冒，四寸，以朝诸侯。"《注》云："名玉曰冒者，言德能覆盖天下也。四寸者，方以尊接卑，以小为贵。"《说文》"瑁"下云："诸侯执圭朝天子，天子执玉以冒之，似犁冠。古文从月，作玥。"段《注》云："《尔雅》注作犁錧，谓鉯也。"《周礼·匠人》："鉯广五寸，二鉯之伐，广尺。"鉯刃方，瑁上下方似之。《尚书大传》曰："古者圭必有冒，不敢专达也。天子执冒，以朝诸侯，见则覆之。"右玉形制与鉯相似，上下皆方，以镇圭尺度之，适合"鉯广五寸"之制，可证许君"瑁似犁冠"之说。玉人制器，虽略有参差，大致不出四五寸之间。

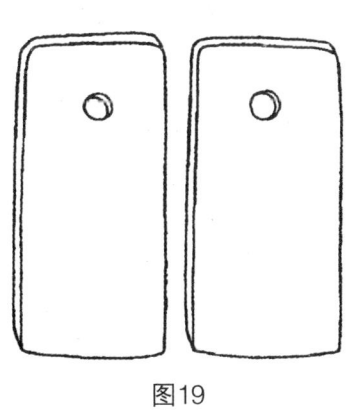

图19

大璧

大璧,图小,于器十分之七。(图20)

大璧,青玉,图小,于器十分之六。刘毅吉观察矗所藏。(图21)

右,苍璧二。其一为刘毅吉观察矗所藏,与余所得尺有二寸之镇圭尺寸正合。以余所藏大璧斠之,径寸稍弱。制作皆古朴浑成,色泽深厚,望而知为三代古物,当即周之宏璧也。《尔雅·释器》:"肉倍好,谓之璧。"《周礼·大宗伯》:"以苍璧礼天。"《注》:"璧圆象天。"《书·顾命》:"宏璧。"郑《注》:"大璧、大琬、大琰皆度尺二寸者。"《五代会要》

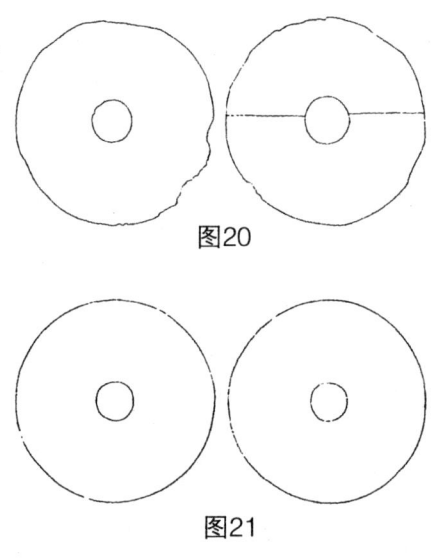

图20

图21

三引崔灵恩《三礼义宗》云:"苍璧所以礼天,其长尺有二寸,盖法天之十二时。"又《周礼·小行人》:"璧以帛,琮以锦。"《注》:"五等诸侯享天子用璧,享后用琮。"然则尺有二寸之大璧,非礼天之瑞玉,即诸侯享天子所用也。

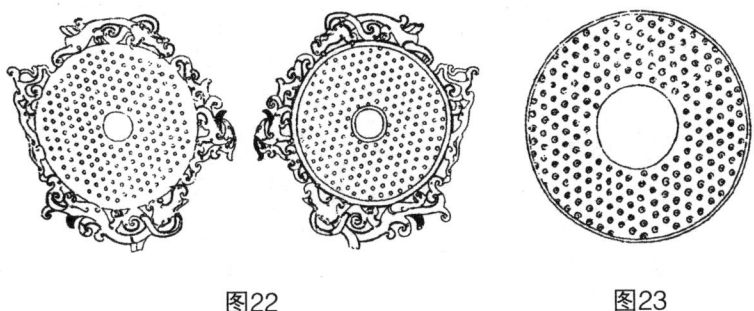

图22　　　　　　　图23

谷璧

谷璧，青玉，璊点，廓外有龙文者仅见，不知何所取义？（图22）

谷璧，白玉，璊斑。（图23）

谷璧，青玉，黑斑，以镇圭尺度之，径五寸。（图24）

谷璧，白质黑章，满身水绣。（图25）

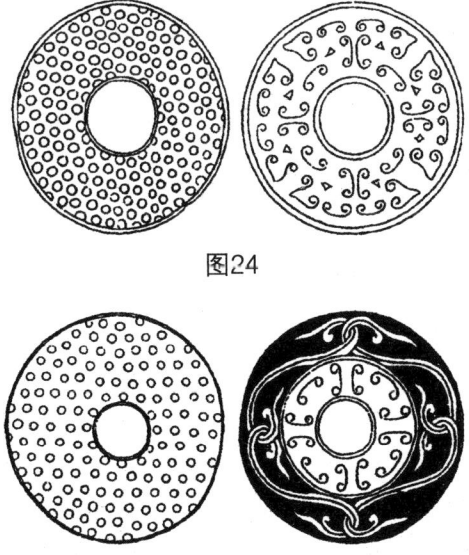

图24

图25

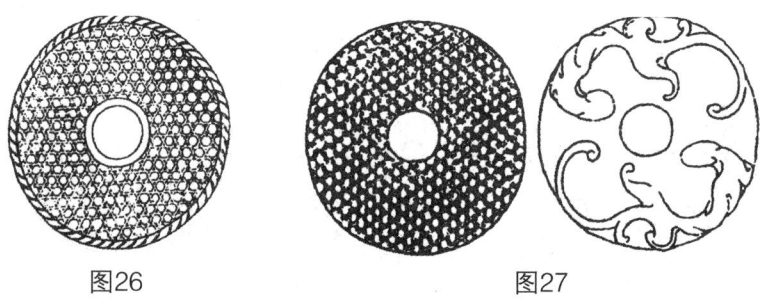

图26　　　　　　图27

蒲璧

蒲璧，青玉，璘斑。（图26）

丁艮少山曰："古之蒲璧乃织蒲文也。"未见古璧有刻蒲草者，其说是也。

蒲璧，玉色纯黑，一面双螭，一面织蒲文。刘毅吉。（图27）

苍璧

苍璧，青玉，无文，制作浑朴，亦三代礼天之器。（图28）

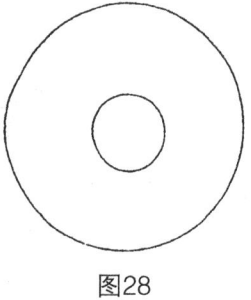

图28

璧

璧，黄玉，璘斑。（图29）

璧，白玉，璘斑。刘毅吉观察所藏。（图30）

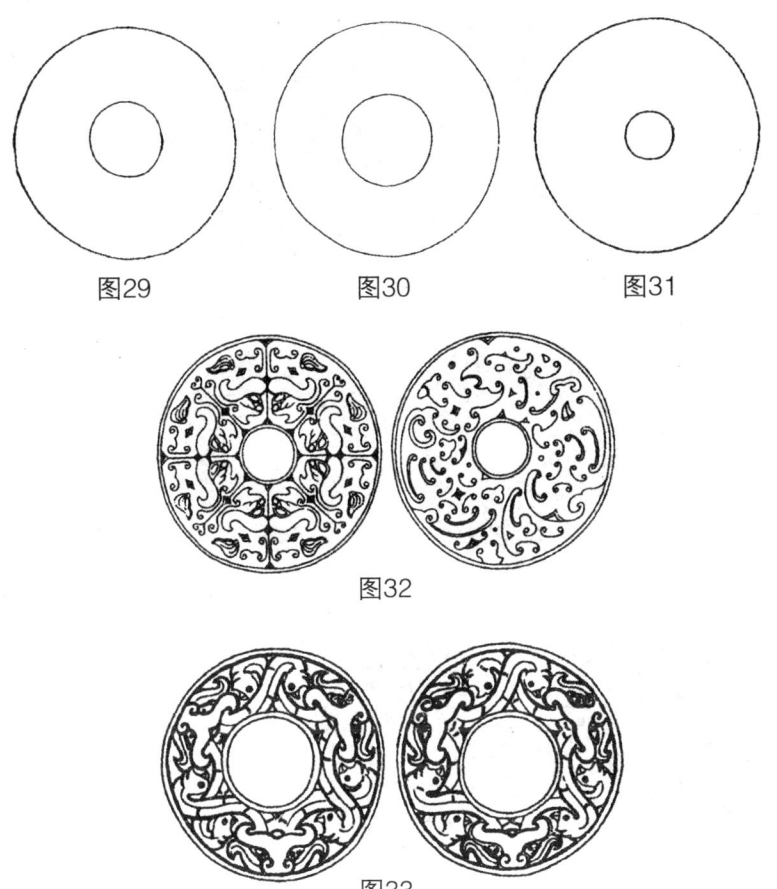

图29　　　图30　　　图31

图32

图33

璧，山元玉，满身细黑文。（图31）

璧，山元玉，一面龙文，一面虎文。（图32）

璧，山元玉，两面皆刻九龙文，正面文三，侧面文六，径五寸。（图33）

璧，山元玉，满身土斑。（图34）

璧，青玉，璘斑。（图35）

璧，白玉，水银浸，径五寸。（图36）

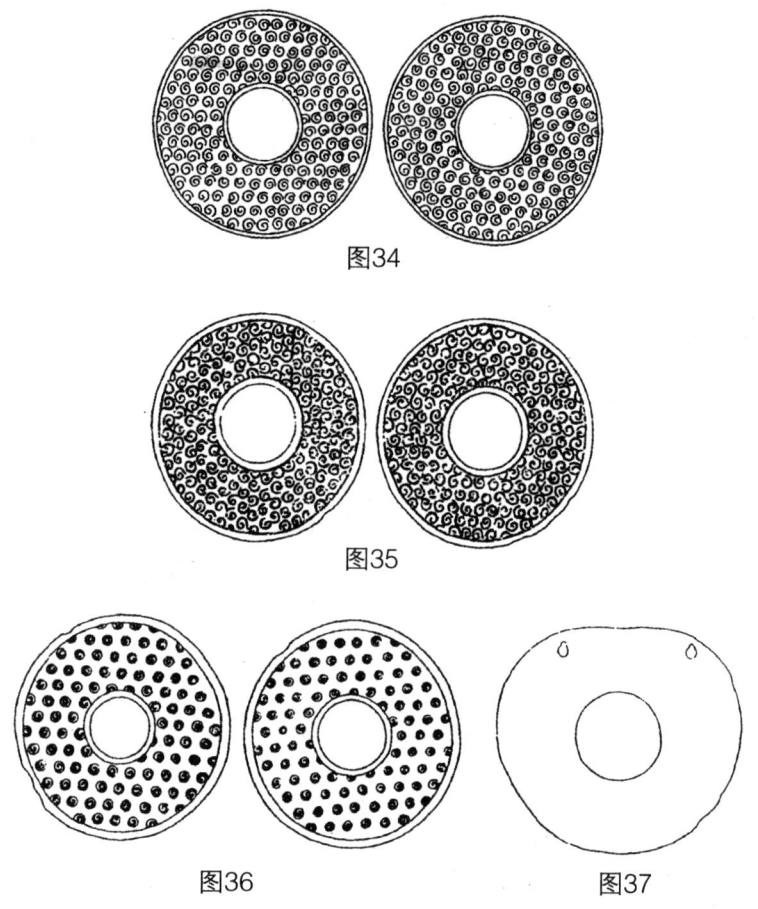

图34

图35

图36 图37

璧,玉色纯白,微有璘斑,上有二孔可以系绳,白璧中罕见之品。(图37)

瑗

瑗一，白玉，满身璃斑。（图38）

瑗二，黑质白晕。（图39）

《尔雅》："肉倍好谓之璧，好倍肉谓之瑗。"郭《注》："肉，边也。好，孔也。"《说文》："瑗，大孔璧也。人君上除陛以相引。从玉，爰声。爰部，爰引也。"许君盖说"瑗"字从"爰"之义，形声而兼会意也。今世所传古玉，璧多而瑗少。

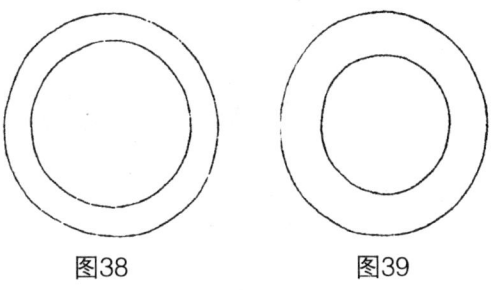

图38　　　　图39

余得二瑗，孔大而边甚窄，可以援手者，许说为不诬矣。《尔雅·释文》引《苍颉篇》云："瑗，玉佩名。"段氏《说文注》引孙卿曰："聘人以珪，召人以瑗。"

环

环一，山元玉。（图40）

环二，水苍玉，黄晕。（图41）

环三，白玉，黄斑，微带黑晕。（图42）

环四，碧玉。（图43）

环五，青玉。（图44）

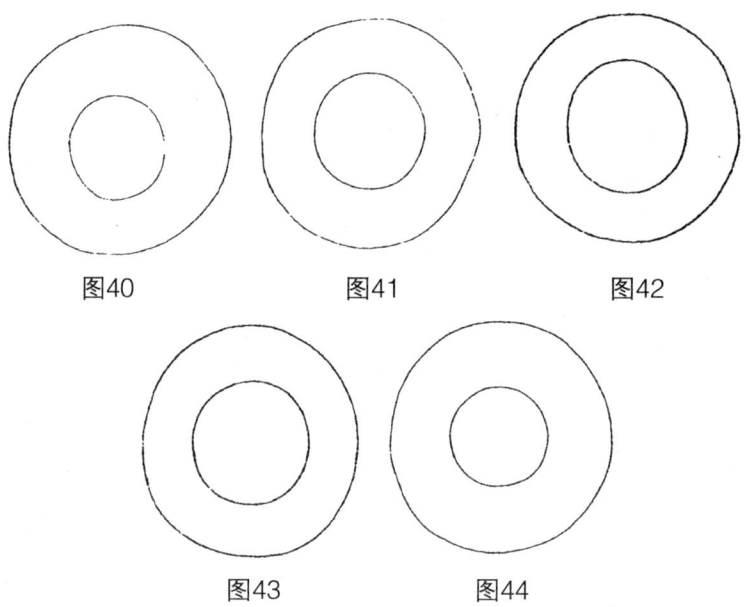

图40　　　　图41　　　　图42

图43　　　　图44

《说文》："环，璧也。肉好若一谓之环。"《尔雅·释器》李《注》："其孔及边肉大小适等曰环。"余所得古玉环四，度其径寸，以上下二边之分数适与中孔相等。如环径六寸，其孔三寸，上下二边各得一寸又半寸，此环之制也。师遽方尊"环"字作瑗，象环在衣带间，行则鸣佩玉，故以止，行止有节也。至召鼎冗敦之𠃊字，乃连环之环，非肉好若一之环。《诗》："卢重环。"《传》所谓"子母环"是矣！

系璧

系璧一，青白玉，满身璃点，上边二孔，下边三孔。（图45）

系璧二，青玉，微有璃斑。（图46）

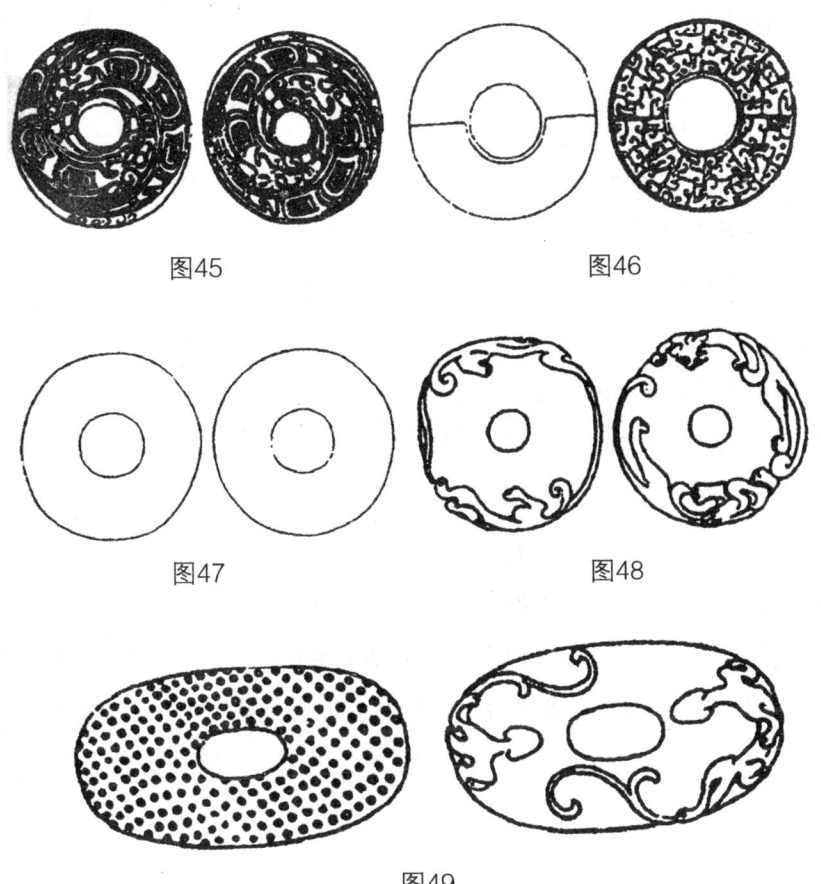

图45　　　　　图46

图47　　　　　图48

图49

系璧三，青玉，满身璘斑，杂以黑黄苍翠之文。（图47）

《说文》："玤，石之次玉者，以为系璧，从玉，丰声，读若《诗》曰'瓜瓞菶菶'。一曰若蛤蚌。"段《注》曰："系璧，盖为小璧，系带间县左右佩物也。"右三玉，皆系带之璧。

系璧四，青玉，黑文。（图48）

系璧五，白玉，璘斑。（图49）

璇玑

璇玑,白玉,有璘斑。(图50)

《书》:"在璇玑玉衡,以齐七政。"《传》:"璇,美玉。玑衡,王者正天文之器,可运转者。"《正义》曰:"玑衡者,玑为转运,衡为横箫,运玑使动,于下以衡望之,是'王者正天文之器'。汉世以来,谓之浑天仪者是也。马融曰:'浑天仪可旋转,故曰玑。衡,其横箫所

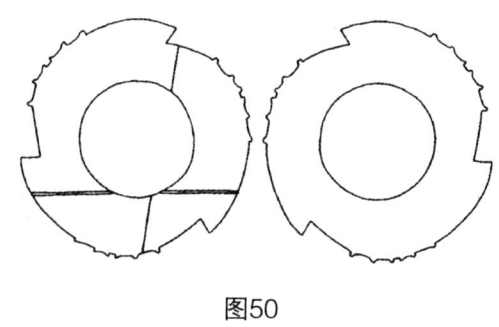

图50

以视星宿也。以璇为玑,以玉为衡,盖贵天象也。'"是玉外郭有机牙三节,每节有小机括六,若可钤物,使之运转者,疑是浑天仪中所用之机轮,今失其传,不知何所设施。虽非虞夏之物,审其制作,去古不远也。

夷玉

夷玉,或云璧流离,制作与璇玑同。(图51)

是环玉色金黄,明如琥珀而不拾芥,世所罕觏之宝。制作亦奇古,边之凹凸处土斑尚存,决非三代后物。其古之珣玗琪与?按《周书·顾命》"大玉、夷玉",《疏》引王萧云:"夷玉,东夷之美玉。"郑康成云:"大玉,华山之球也。夷玉,东北之珣玗琪也。"《尔雅·释地》:

"东方之美者，有医无闾之珣玗琪焉。"郭《注》："医无闾，山名，今在辽东。珣玗琪，玉属。"《说文》"珣"下云："医无闾之珣玗琪，《周书》所谓夷玉也。一曰玉器也，读若'宣'。"大澂前赴吉林督师时，道出奉天锦州之广宁县，曾得医无闾山所产之玉，琢以为佩，大小不过寸许。未见有大者，俗名锦州石，不甚贵重之。此环玉质与锦州石相类，特有古今之制。入土既久，色泽迥异常玉耳。

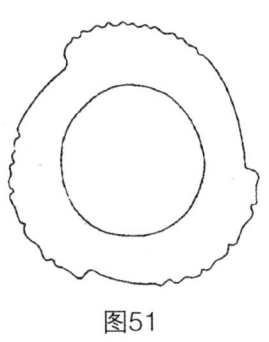

图51

或曰，此古之璧流离也。《说文》："玽，石之有光者，璧玽也。出西胡中。"段《注》云："璧玽，即璧流离也。"《地理志》曰："入海市明珠、璧流离。"《西域传》曰："罽宾国出璧流离。"汉武梁祠堂画石有璧流离，题曰："王者不隐过则至。"吴《国山碑纪》："符瑞亦有璧流离。"《魏略》云："大秦国出赤、白、黑、黄、青、绿、缥、绀、红、紫十种流离。"师古曰："此盖自然之物，采泽光润，踰于众玉，其色不恒。"今俗所用，皆销冶石汁，加以众药灌而为之，尤虚脆不贞。实是璧温润而有光采，其即大秦国所出之黄流离与？段氏云："'璧流离'三字为名，胡语也。犹'珣玗琪'之为夷语。今人省言之曰'流离'，改其字为'瑠璃'，古人省言之曰'璧玽'。"今日中国所罕见者，即西域亦非恒有之物。故汉时以为祥瑞也。此亦可备一说，以俟博物君子考正焉。

琮

大琮,青玉,满身黑文,水银浸。(图52)

大琮,玉色纯黑。(图53)

《考工记·玉人》云:"大琮,十有二寸,射四寸,厚寸,是谓内镇,宗后守之。"郑《注》云:"如王之镇圭也。"右琮二器,大澂得自都门,为三十二琮之冠。其一朴素无文,与镇圭第一器尺寸同;其一有驵刻者,与镇圭第二器尺寸同,皆十有二寸之大琮。盖时代有先后,制器之尺稍有出入耳。按璋与琮皆有射。康成于"大璋、中璋、边璋之射",《注》云:"射,琰出者也。"于"大琮之射",《注》云:"射,其外锄牙。"大澂以为璋之制,以剡上者为射。琮之制,以口圜者为射。今度是器,口径四寸,自口至肩一寸,以证《玉人》"射四寸,厚寸"之文,若合符节。戴氏《考工记图》绘作四方八角,惜未见大琮、驵琮之真器也。

黄琮一。(图54)

黄琮二。(图55)

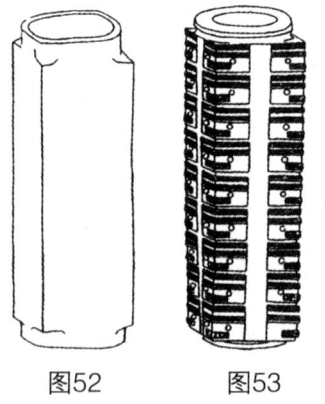

图52　　图53

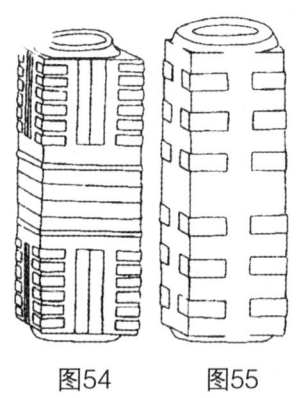

图54　　图55

今世所传古玉釭头，其大者皆琮也。《说文》："琮，瑞玉。大八寸，似车釭。"嘉定钱氏《说文斠诠》云："今俗犹称黄琮玉为釭头是也。"许书别出"珇"字云："琮玉之瑑。"《周礼·典瑞》《考工记》皆作"驵"。郑司农云："驵，外有捷卢也。"贾《疏》云："捷卢，若锯牙然。"后郑云："'驵'读为'组'，以组系之因名焉。"余所藏古琮，外有刻瑑，棱棱如锯齿。其刻画深处可以系组，与先后郑《注》皆合，即《玉人》组琮之制。贾《疏》谓先后郑异说，非也。《白虎通·瑞贽》引《礼》云："圆中牙外曰琮。"《周礼·大宗伯》"以黄琮礼地"，《注》："琮八方，象地。"今琮皆四方而刻文，每面分而为二，皆左右并列，与八方之说亦合。

黄琮三，黄玉，璊斑百厚如漆。（图56）

黄琮四，黄玉，满身璊斑。（图57）

黄琮五，黄玉，有璊斑。张霅樵水部恩钊所藏。（图58）

黄琮六，黄玉，微带璊斑。（图59）

黄琮七，黄玉，满身璊斑。（图60）

黄琮八，黄玉，有璊斑。（图61）

黄琮，黄玉，上下边皆有璊斑。内外俱圜，与琮之常制不同，亦犹觚之变。觚为圜与？（图62）

组琮　，白质黑章。（图63）

组琮二，白质黑章。（图64）

组琮三，白玉，五色斑，制作至精。（图65）

组琮四，黄玉，白晕。（图66）

组琮五，白玉，青赤斑，曾经地火者。（图67）

组琮六，灰黄色，带土斑。（图68）

组琮七，青玉，璊斑，带水银浸。（图69）

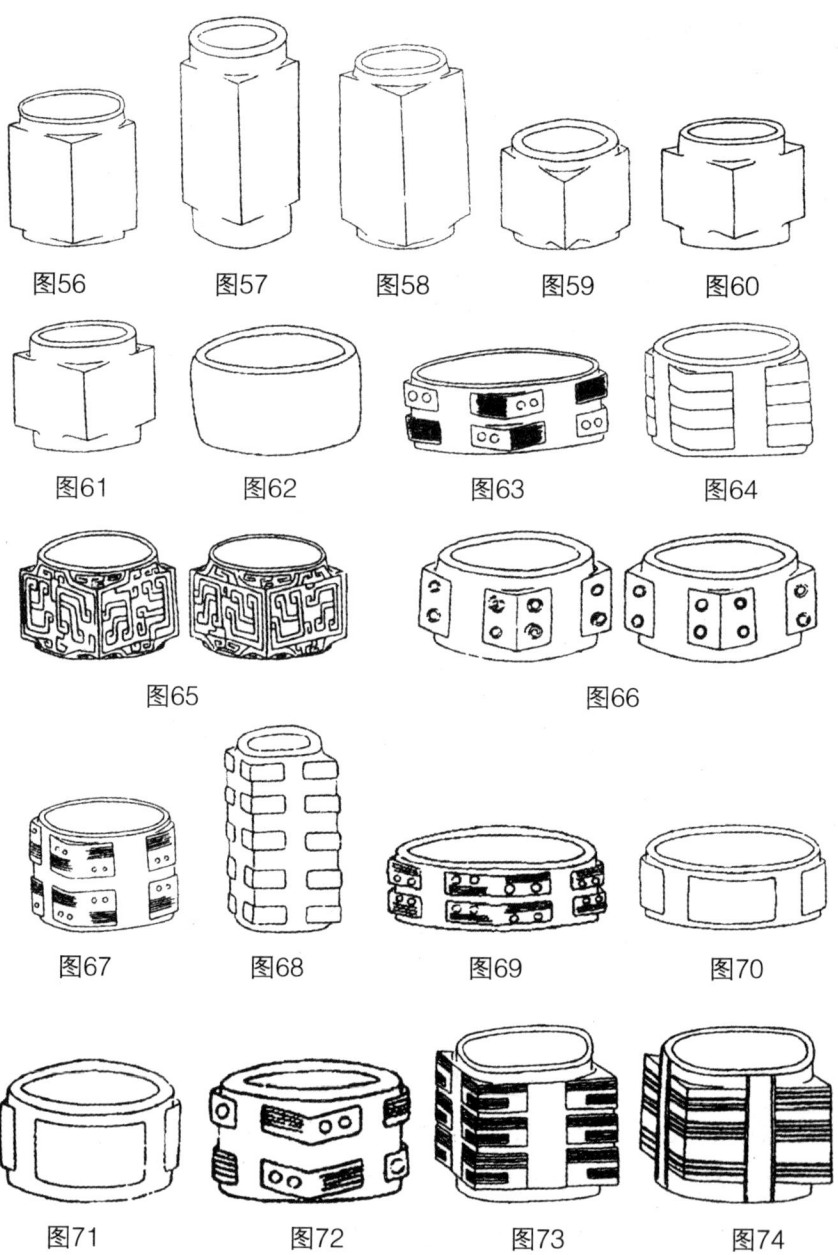

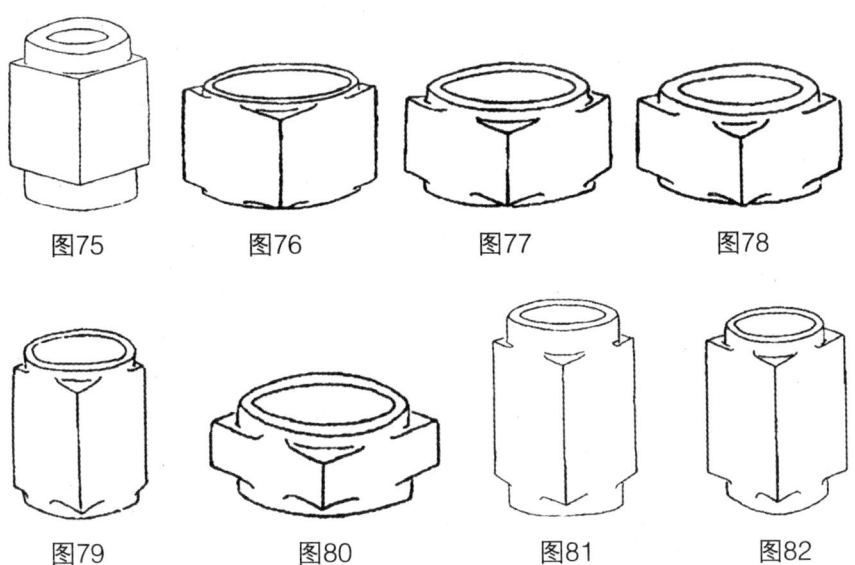

图75　　　　图76　　　　图77　　　　图78

图79　　　　图80　　　　图81　　　　图82

组琮八，青玉，带土斑。（图70）

组琮九，黄斑，水银浸。（图71）

组琮十，青玉，带黑色，间有白点。（图72）

组琮十一，黄玉，璃斑。（图73）

组琮十二，白玉，璃斑。（图74）

琮一，青玉，黑斑。（图75）

琮二，白玉，水银浸，有土斑。（图76）

琮三，青白玉，水银浸。（图77）

琮四，青白玉，水银浸。（图78）

琮五，青玉，红白晕。（图79）

琮六，青玉，璃斑，水银浸。（图80）

琮七，青玉，黑晕。（图81）

琮八，白玉，五色斑。（图82）

琥

琥一，白玉，满身土斑，关中出土。（图83）

《说文》："琥，发兵瑞玉，为虎文。"《春秋传》曰"赐子家子双琥"是。郑注《周礼》："琥猛象秋严。"

琥二，白玉，满身瑅斑，虎尾微损。（图84）

是琥制作古朴，疑即《周礼》"山国用虎节"之节，汉虎符形制或即仿此。

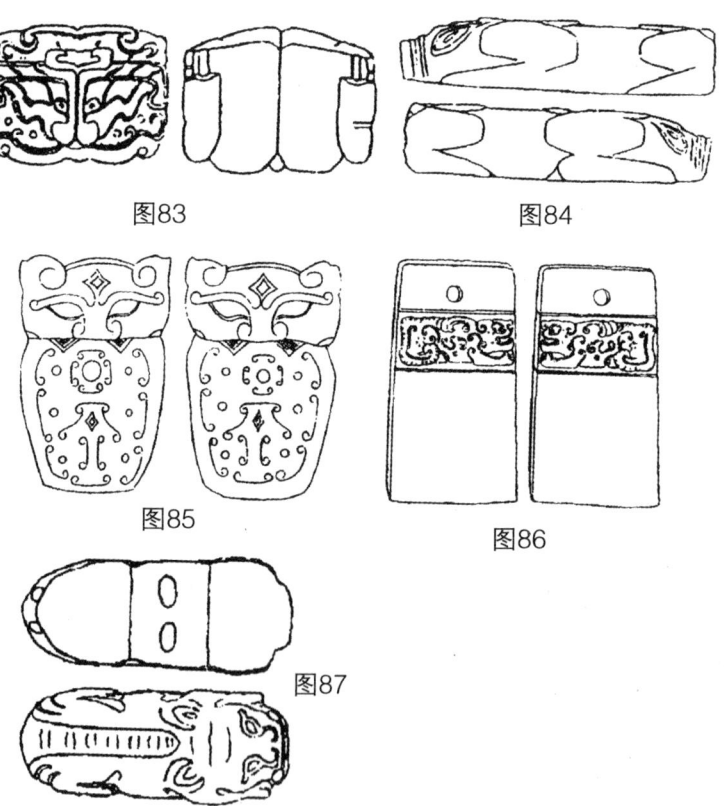

图83　　　　　图84

图85　　　　　图86

图87

琥三，白玉，黄晕。刘毅吉观察所藏。（图85）

琥四，白玉。（图86）

琥五，山元玉。（图87）

璜

璜，白玉，上边有黑斑，二寸许。（图88）

《周礼》"六瑞"传世者，惟璜最少。是玉向藏济宁故家。徐君翰卿

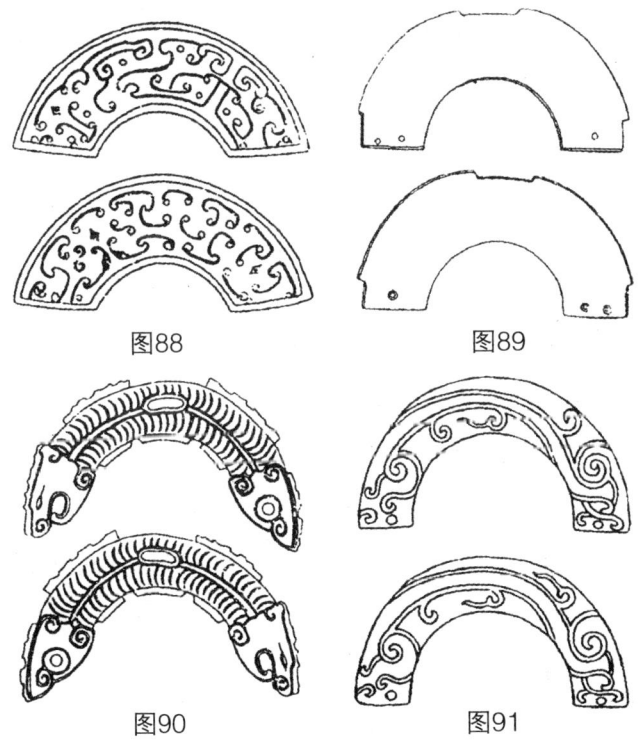

图88　　　　图89

图90　　　　图91

访购得之，以归于余。按《周礼·大宗伯》"以元璜礼北方"，《注》："半璧曰璜，象冬闭藏。"《礼记·明堂位》"大璜"《注》："古者伐国，迁其重器，以分同姓。大璜，夏后氏之璜。"《春秋传》曰："分鲁公以夏后氏之璜。"大澂以为大璜乃礼神之玉，与佩璜不同。

璜，玉色纯白，有瑀斑。（图89）

制与它璜略异，左右三孔，未知何用。然以大小度之，必非佩璜也。

璜，白玉，黄晕。（图90）

右璜，象鱼形，中有横孔，可以系组。鱼口、鱼尾亦有孔，制作古雅，其为周玉无疑。按《竹书纪年》注："吕望答文王曰：'望钓得玉璜。其文曰：姬受命，昌来提，撰尔洛铃报在齐。'"似玉鱼之制，即用太公钓璜事。其文则后人附会之作。

璜，白玉，水银浸。（图91）

玉敦

玉敦，图小，于器十分之六。玉色纯赤，上口、四周皆带土晕。刻文至精，与商周尊彝同。（图92）

《周礼·玉府》："若合诸侯，则共珠盘、玉敦。"司农《注》："玉敦，歃血玉器。"《戎右》："盟，则以玉敦辟盟。"司农《注》："敦，器名也。"今世所传商周彝器，敦与鼎最多，而玉敦则仅

图92

图93　　　　　　　　图94

见。盖铜敦为祭器，玉敦为盟器。贾《疏》谓盘、敦以木为之，将珠玉为饰，此臆度之辞耳。

玉敦，图小，于器十分之七。玉色纯白，如象牙。此陕西凤翔出土器。（图93）

玉敦，白玉，足有黄晕，内外皆带土斑，亦三代宝器也。（图94）

玉觯

玉觯，白玉，璘斑。（图95）

瑶爵，见《周礼·内宰》。玉豆、玉盏、璧散、璧角，见《礼记·明堂位》。是三代祭器，有以玉为之者。余所得玉觯，玉质古朴，土色斑斓，制作之精，与铜觯无二，即周之璧角也。《说文》："觯，飨饮酒角也。《礼》曰：'一人洗，举觯。'觯受四升。从角，单声。"是角与觯为一物。故许书"角"字下不言角受四升，而《内宰》贾《疏》云："角受四升。"即本许书"觯"下文也。古之天子，菲

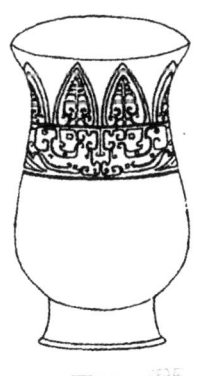

图95

饮食而致孝乎鬼神。燕享不用玉，而祼献用玉，不得谓之侈。《内宰》："后祼献，则赞。"瑶爵，郑《注》："其爵以瑶为饰。"贾《疏》云："《明堂位》：'爵用玉盏，仍雕。加，以璧散、璧角。'"食后称加，鲁用王礼，即知王酳尸亦用玉盏，后酳尸用璧角，宾长酳尸用璧散。彼云璧，此云瑶，不同者，瑶，玉名，瑶玉为璧形，饰角口则曰璧角。大澂以为角口不可饰玉，爵亦无瑶饰者，不谓汉唐诸儒未见之璧角、璧散，而今得见之，不可谓非宝也。

玉散

玉散，白玉，璊斑。（图96）

是器大于觯，当即五升之散也。《仪礼·特牲馈食礼》记："实二爵、二觚、四觯、一角、一散。"《注》："旧说云：爵一升，觚二升，觯三升，角四升，散五升。"《礼记·明堂位》："加以璧散、璧角。"《注》："散、角皆以璧饰其口也。"今得是器，知古有玉散、玉角矣。《仪礼·大射仪》"酌散"，《注》："散，方壶之酒也。"此散如觚有棱，其方壶之遗制与？

图96

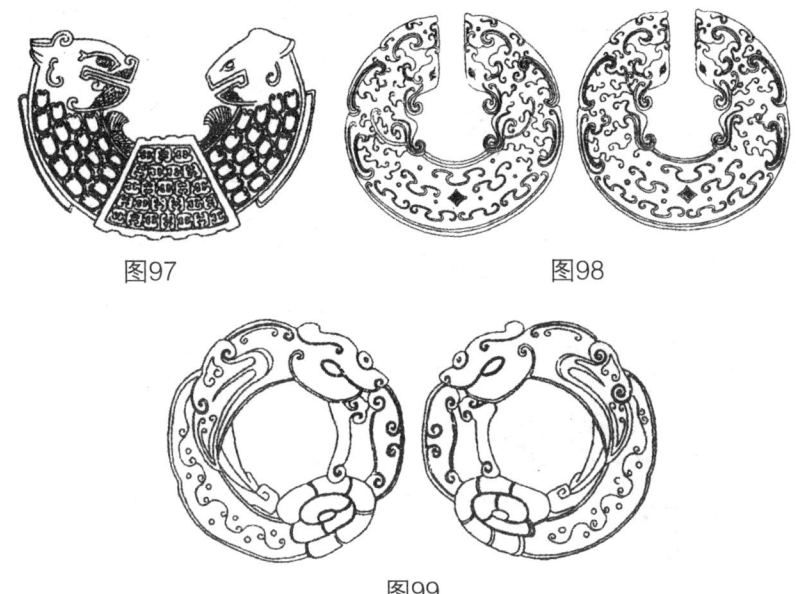

图97　　　　　图98

图99

珑

珑一，白玉，黑文。图小，于器十分之七。（图97）

《说文》："珑，祷旱玉也，为龙文。"《左氏传》："昭公使公衍献龙辅于齐侯。"《正义》引《说文》为说。

珑二，白玉，璃斑。刘毅吉观察所藏。图小，于器十分之九。（图98）

珑三，白玉，满身黄晕，间有璃斑。（图99）

珩

白珩，白玉，璃斑。（图100）

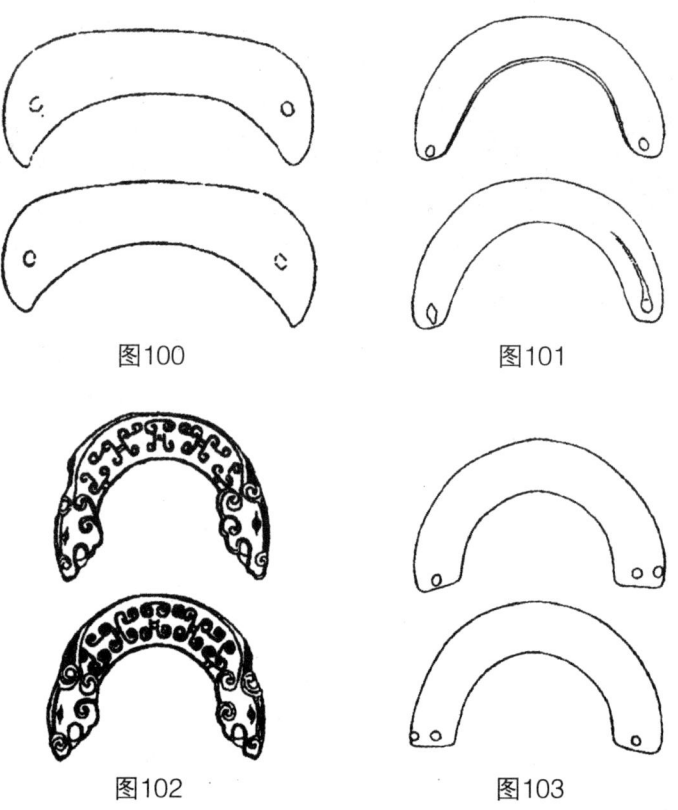

图100　　　　　图101

图102　　　　　图103

琼佩曾传楚白珩，当年声价等连城。岂知片玉今犹在，三户徒存宝善名。窓斋题。

葱珩，青玉，黑文。（图101）

余在大梁得白珩、葱珩二玉。白珩色白如羊脂，满身璊斑，烂然欲滴，俗谓松香浸。葱珩则苍翠可爱，有黑文数道，如水波隐约有游鱼荡漾其间。两孔为绳系久磨，不绝如线，真三代古物也。《诗·郑风》毛《传》："杂佩者，珩、璜、琚、瑀、冲牙之类。"《说文》："珩，佩上玉也。所以节行止也。"《晋语》："白玉之珩六双。"韦《注》

云："珩，佩上饰也。珩形似磬而小。"蔡邕《月令章句》："佩上有双衡，下有双璜。琚、瑀以杂之，冲牙、蠙珠以纳其间。"大澂按，"珩""衡"二字古通，"衡"即古"横"字，大篆作"黄"，今以所得白珩证之。其制平如衡本，而两端下垂，皆有孔，可系双璜。璜之两端亦有孔，可系琚、瑀、冲牙、蠙珠之类。葱珩之制虽与白珩小异，其为珩则一也。《诗·采芑》："有玱葱珩。"《传》云："玱，珩声也。葱，苍也。""三命葱珩"，即本《玉藻》"一命缊韨幽衡，再命赤韨幽衡，三命赤韨葱衡"之文。《候人》传作"缊芾黝珩，赤芾葱珩"，盖幽即黝，韨即芾，衡即珩也。

白珩，白玉，双龙文，满身璊斑，惟龙首残缺处二寸许，玉色全白。（图102）

葱珩，青玉，黑文。（图103）

佩璜

佩璜，青玉。

此即上有双衡、下有双璜之璜，与六瑞之璜大小不同。（图104）

佩璜，白玉。（图105）

佩璜，青玉，黑文。（图106）

《周礼注》及《国语注》引《诗传》曰："下有双璜。"贾《疏》云："谓以组悬于衡之两头，两组之末皆有半璧曰璜。"

佩璜，青玉，有黑斑。（图107）

佩璜，青玉，有黄晕。（图108）

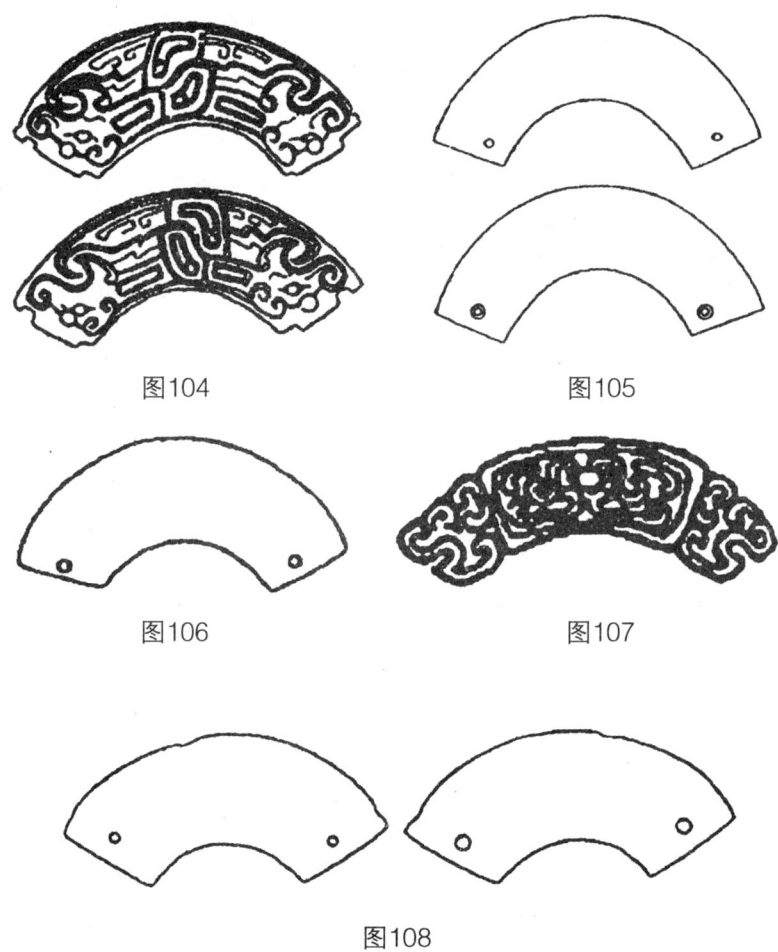

图104　　　　　图105

图106　　　　　图107

图108

玦

　　玦，青玉，带黑色。一面刻双龙，一面刻朱雀。邵漪园观察所藏。（图109）

　　是玦为佩玉之玦，与钩弦之玦不同。《说文》："玦，玉佩也。"

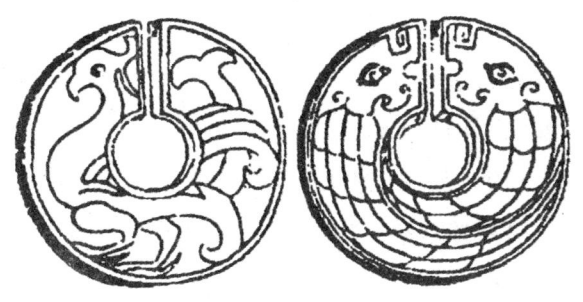

图109

《九歌》注曰:"玦,玉佩也。先王所以命臣之瑞,故与环即还,与玦即玄也。"《白虎通》曰:"君子能决断,则佩玦。"韦昭曰:"玦,如环而缺。"

玉戚

玉戚,黄玉,璘斑。(图110)

玉戚,舞器也。"朱干玉戚"见《明堂位》《祭统》,"大乐正舞干戚"见《文王世子》,"干戚羽旄谓之乐,干戚旄狄以舞之"见《乐记》。干、戚并称,皆言舞器也。《说文》:"戚,戊也。"《诗·公刘》传:"戚,斧也。"是玉形制与斧相似,为方元仲观察鼎录所赠。

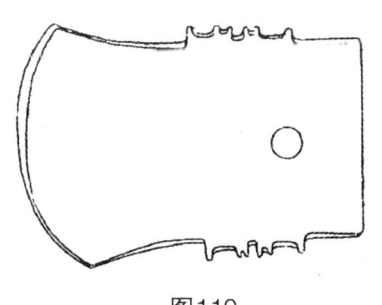

图110

琫

琫一，白玉。（图111）

琫二，青玉，有土斑。（图112）

《小雅》："鞞琫有珌。"《传》："鞞，容刀鞞也。琫，上饰。珌，下饰。"《大雅》："鞞琫容刀。"《传》："下曰鞞，上曰琫。"《说文》："琫，佩刀上饰也。天子以玉，诸侯以金。"段氏《注》："鞞之言裨也，刀室所以裨护刀者；琫之言奉也，刀本曰环，人所捧握也，其饰曰琫；珌之言毕也，刀室之末其饰曰珌。上下自全刀言之，琫在鞞上，鞞在琫下，珌在鞞末。"刘熙《释名》曰："室口之饰曰琫。琫，捧也，捧束口也。下末之饰曰琕。琕，卑也，下末之言也。"段《注》谓刘袭毛说而大非毛意。今以古玉琫证之，盖饰于刀室之口者，或饰于刀柲之下刃之上以合于室口，故琫之上下皆有孔。刘说"捧束口"不误。段以琫为刀本环饰，则非也。特《释名》讹鞞为琕，不知鞞为刀室之统名，实误以琕为珌字耳。右琫二器：前一玉似饰于刀室之口者，后一玉似饰于刀刃之上端者，与剑鼻玉之合于剑室，其用正同，皆非饰于刀本者。古人佩刀之制，即此可以想见之。

图111

图112

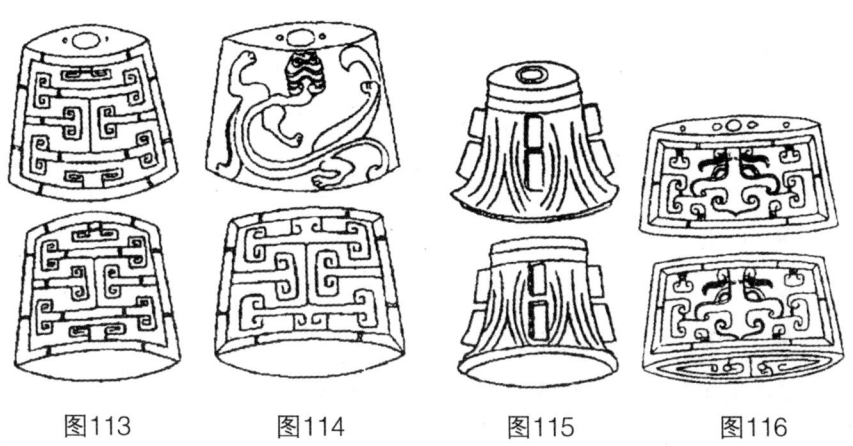

图113　　　图114　　　图115　　　图116

珌

珌一，白玉质，满身璊点。（图113）

珌二，白玉质，满身璊斑。刘毅吉观察所藏。（图114）

珌三，玉白质而黑章。（图115）

珌四，白玉，微带黑晕。此刀珌之最大者。（图116）

《说文》："珌，佩刀下饰，天子以玉。"《玉篇》曰："珌，古文作玤。"《小雅》毛《传》："天子玉琫而珧珌，诸侯璗琫而璆珌，大夫镣琫而镠珌，士珕琫而珧珌。"《说文》："球，玉也。或以翏，作璆。"今世所传刀珌，大抵皆璆珌也。《尔雅·释器》："璆，美玉也。"《禹贡》《礼器》，郑《注》同。

璏

璏，璊玉，有土斑。（图117）

璏，玉色纯白，下边有红晕一缕。（图118）

璏，白玉，有璊点。（图119）

璏，白玉，有璊点。（图120）

璏，青玉，黑章间有璊点。刘毅吉观察藏器。（图121）

《说文》："璏，剑鼻也。"《王莽传》："美玉可以灭瘢，欲献

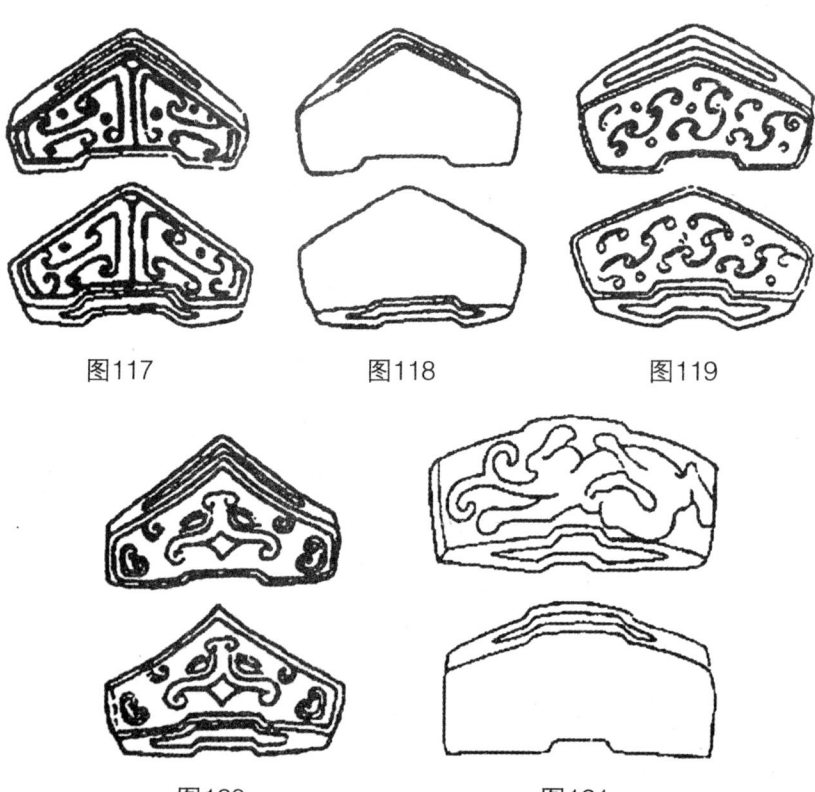

图117　　　图118　　　图119

图120　　　图121

其璏。"服虔曰:"璏,音卫。"苏林曰:"剑鼻玉也。"余所得古铜剑茎之下有剑鼻,与玉剑鼻形制正同。徐翰卿曰:"曾见吾吴故家藏一古铜剑,其剑鼻之玉,上有玉柄,铜玉相连,完好无损。"可知古之剑鼻有用铜、有用玉者。

韘

韘,玉色纯白。厚一寸。(图122-1)厚三分半。(图122-2)

《诗·芄兰》:"童子佩韘。"毛《传》云:"韘,玦也。能射御则佩韘。"《笺》云:"韘之言沓,所以彄沓手指。"《说文》:"韘,射决也。所以拘弦,以象骨韦系,着右巨指,或从弓作弽。"《车攻》:"决拾既佽。"《传》云:"决,钩弦也。拾,遂也。"大澂所得古玉韘与濮青士太守文暹所藏一韘,形制正同。一面厚一寸,一面厚三分半。不知者以为破决所改,非也。决拾之决,《释文》作夬,《仪礼·士丧礼》作决,《周礼·缮人》作抉,毛《传》作玦,皆一字。字可从玉,必有以玉为玦者,得此可证毛公训玦之义。《仪礼》郑《注》云:"决,犹闿也,挟弓以横执弦。"王棘与檡棘,善理坚刃者,皆可以为决。陈氏启源曰:"案射礼,右巨指着决以钩弦,食指、中指、无名指着沓以放弦。"决用棘及骨及象骨为之,亦名玦,亦名抉;沓用朱韦为之,亦名极。《大射

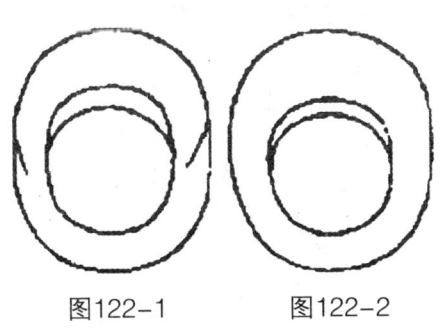

图122-1　　图122-2

礼》云："朱极三是也。"大澂以为用棘、用象骨者,士大夫通用之觽。惟天子佩白玉,因以白玉为觽。非诸侯以下所得僭用,故传世绝少。

觽

大觽,山元玉。(图123)

小觽,山元玉。(图124)

古觽多用角、用象骨为之,故玉觽传世绝少。

《诗·芄兰》:"童子佩觽。"《传》:"觽,所以解结,成人之佩也。"《礼·内则》:"左佩小觽,右佩大觽。"《注》:"小觽,解小结也。觽,貌如锥,以象骨为之。"陈氏《诗疏》云:"郑谓小觽解小结,则大觽解大结欤?"《说文》:"觽,佩角,锐端可以解结。"《说苑·杂言篇》:"百人操觽,不可为固结。"又《修文篇》:"能治烦决乱者,佩觽。"

《说文》:"琼,或从矞作瓗,或以夐作璚。"瓗与璚相似而不相

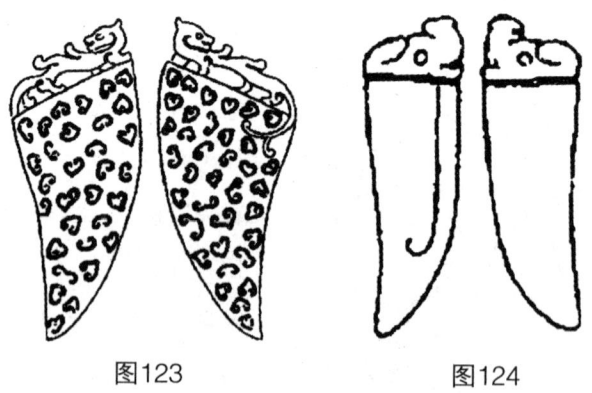

图123　　　　　图124

类。窃疑佩觿之觿，用角者从角，用玉者从玉，则璕字当即觿之或体，亦未可知。因得玉觿，附识于此。

琪

琪一，白玉，有黑晕，背有象鼻孔三，制作古雅。（图125）

琪二，青玉。（图126）

琪三，青玉，有璊斑。（图127）

琪四，山元玉。（图128）

《说文》："琪，弁饰，往往冒玉也。或从基作璂。"《周礼·弁师》："王之皮弁，会五采玉璂。"郑司农云："故书会作䯤，䯤读如马会之会，谓以五采束发也。璂读如綦，车毂之綦。"《诗》："会弁如

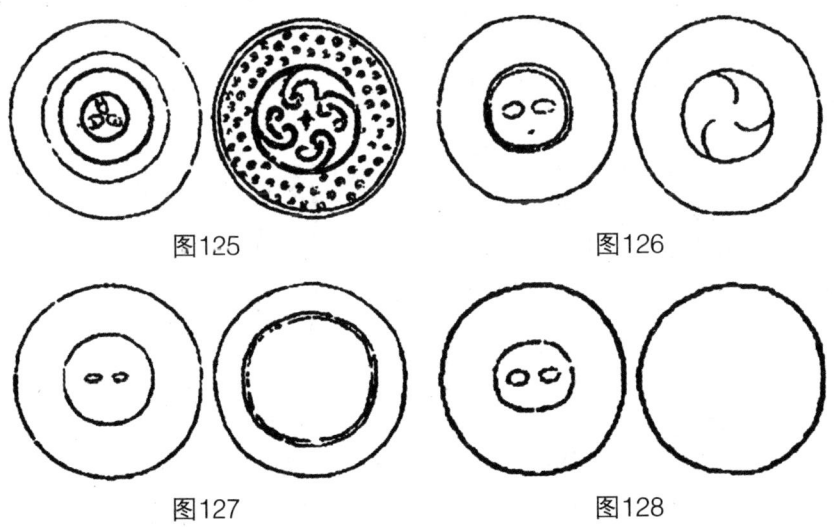

图125　　　　　　　　图126

图127　　　　　　　　图128

星。"《传》:"弁,皮弁,会所以会发。"郑《笺》:"会为弁缝,饰以玉。"与毛、许、先郑解会字皆不合。大澂以为瑱者,正冠之玉饰于弁缝,如璧而小。大者象日月,小者象星,故曰:"会弁如星。"郑说是也。

瑱

瑱,白玉,璃斑。(图129)

《诗·淇奥》:"充耳琇莹。"毛《传》:"充耳谓之瑱。琇莹,美石也。天子玉瑱,诸侯以石。"《君子偕老》:"玉之瑱也。"《传》:"瑱,塞耳也。"《周礼·弁师》:"诸侯缫斿,皆就玉瑱、玉笄。"郑《注》:"玉瑱,塞耳者。"余所得古玉瑱,上作璃玉色,下半纯白,盖入土既久,色泽古雅可爱,即古之充耳也。陈氏《诗疏》引《大戴礼·子张问入官》篇:"黈纩塞耳,所以弇聪也。"卢《注》引《礼纬·含文嘉》:"以县纩垂疏为闭奸声,弇乱色。"《传》谓"瑱为塞耳"义取诸此。《说文》:"瑱,或从耳作珥。"

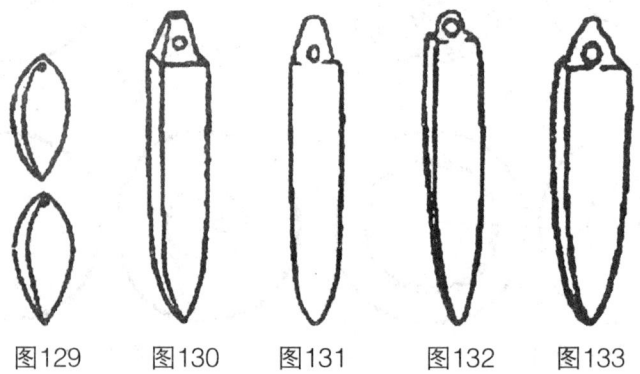

图129　　图130　　图131　　图132　　图133

瑱，白玉，璊点。（图130）

瑱，乾黄玉。（图131）

瑱，璊玉。（图132）

瑱，白玉，黄晕。（图133）

衡笄

衡笄，笄，一名簪。白玉，黄晕。（图134）

衡笄，白玉，有土绣。（图135）

《诗》："副笄六珈。"《传》："笄，衡笄也。"《周礼·追师》："追衡笄。"郑司农云："追，冠名……衡，维持冠者。"陈氏《疏》曰："男子冠无笄，而冕弁有笄。"冕笄用衡笄，以玉为之。所以维持冕也。《说文》："笄，簪也。兂，首笄也，俗作簪。"

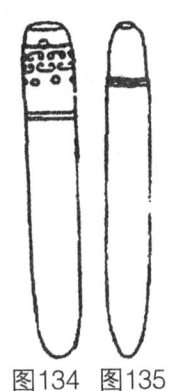

图134 图135

漆书笔

漆书笔，璊玉。（图136）

古文聿字，有作𦘒者，亦作𦘠、𦘡。窃疑古之不律。旁有两县针，惜不得见耳。

父乙角，文有𠂆字。陈寿卿丈曰："肘有悬聿，犹后世之橐笔。"是玉四方而锥首，相传以为漆笔，无可

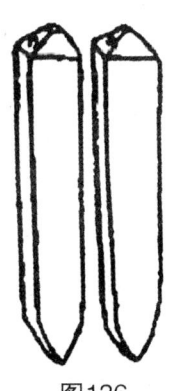

图136

考证，姑从旧说。

瑹

瑹一，白玉，满身璃斑，间带土斑。（图137）
瑹二，白玉，有璃斑。（图138）

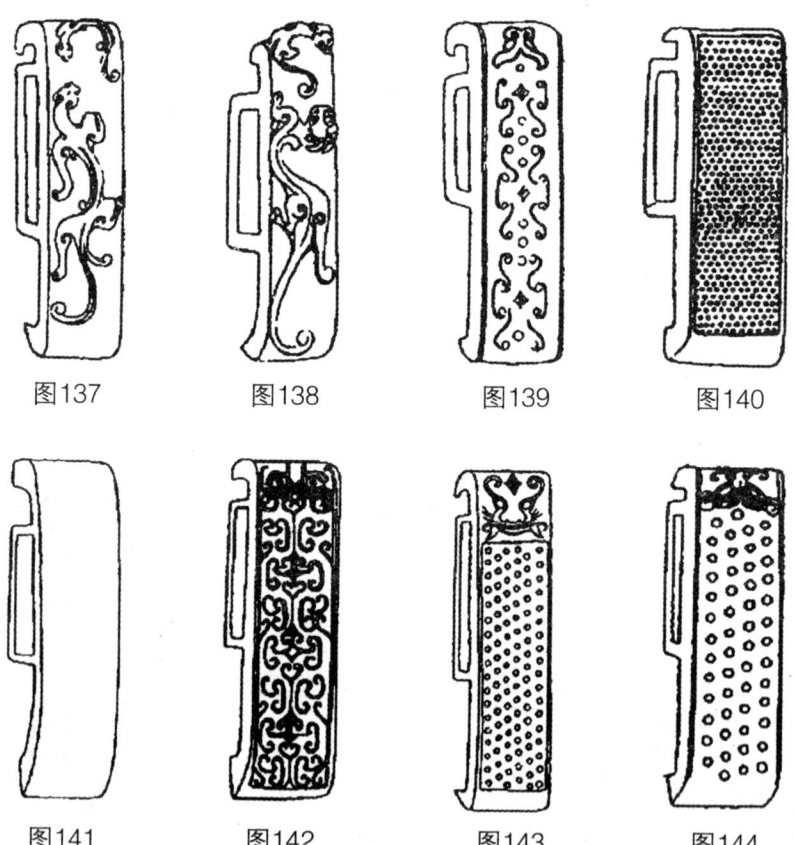

图137　　图138　　图139　　图140

图141　　图142　　图143　　图144

璲三，玉色纯白。（图139）

璲四，白玉，有黑晕文。（图140）

璲五，玉色纯黑。（图141）

璲六，白玉，浅璊色。（图142）

璲七，玉色纯白。（图143）

璲八，白玉，黄晕。（图144）

右佩，俗名"昭文带"。吕氏《考古图》、朱泽民《古玉图》皆谓之璲，非也。璲，乃剑鼻之名。今好古家所藏剑鼻甚多，与此绝不相似。大澂以为革带之佩玉，中有方孔，所以贯带系组于其下。故上下皆微卷向内，与组带相连属，即《诗·大东》"鞙鞙佩璲"之璲，其所系之组，即谓之繸。《尔雅·释器》："璲，瑞也。繸，绶也。"《注》云："繸，即佩玉之组。"所以连系瑞玉者，因通谓之繸，此璲必有繸之证。珩、璜皆横佩，而璲则下垂，故曰："鞙鞙佩璲，不以其长。"与《芄兰》之"容兮遂兮！垂带悸兮！"皆言佩之下垂也。毛《传》："佩玉，遂遂然垂其绅带，悸悸然有节度。"陈氏《疏》云："遂遂与《大东》鞙鞙同。"盖古文璲、繸皆作遂，故《说文·玉部》无璲字，《系部》亦无繸也。昭文带之名，疑亦古称，将不知所出。陈氏《芄兰疏》云："古者有大带，又有革带。革带服于要，大带用组系结于纽。革带所以系佩，大带所以束衣。"此玉当即佩于要间革带之端，专为系组而设。故组玉皆称遂，不与杂佩等也。

玉钩

玉钩，白玉，满身璃点。（图145）

玉钩，玉色，纯白。（图146）

玉钩，白玉，黄晕。（图147）

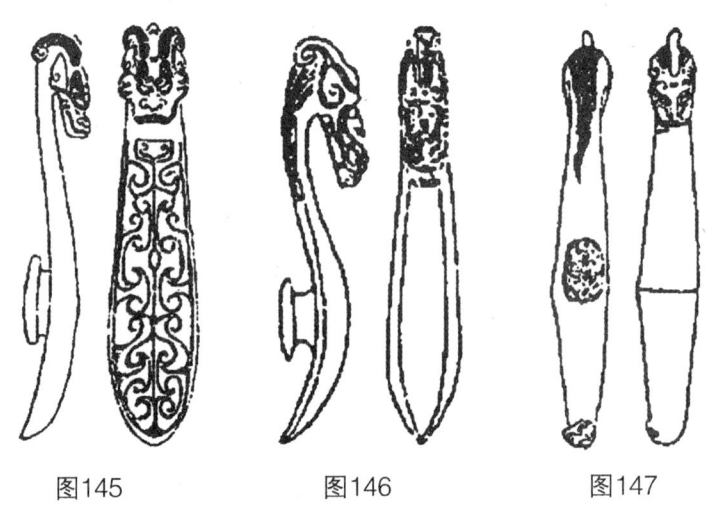

图145　　　图146　　　图147

玉佩

龙文佩，白玉，璃斑。（图148）

虬文佩，绿玉，璃斑。（图149）

龙文佩，白玉，黄晕，有土斑。（图150）

藻文佩，白玉，璃斑。（图151）

龙文玉，青玉，满身土斑。此非佩玉也，制作甚古，不知何所施？（图152）

云文佩，白玉，黑文。俗名鸡心佩，无可考。（图153）

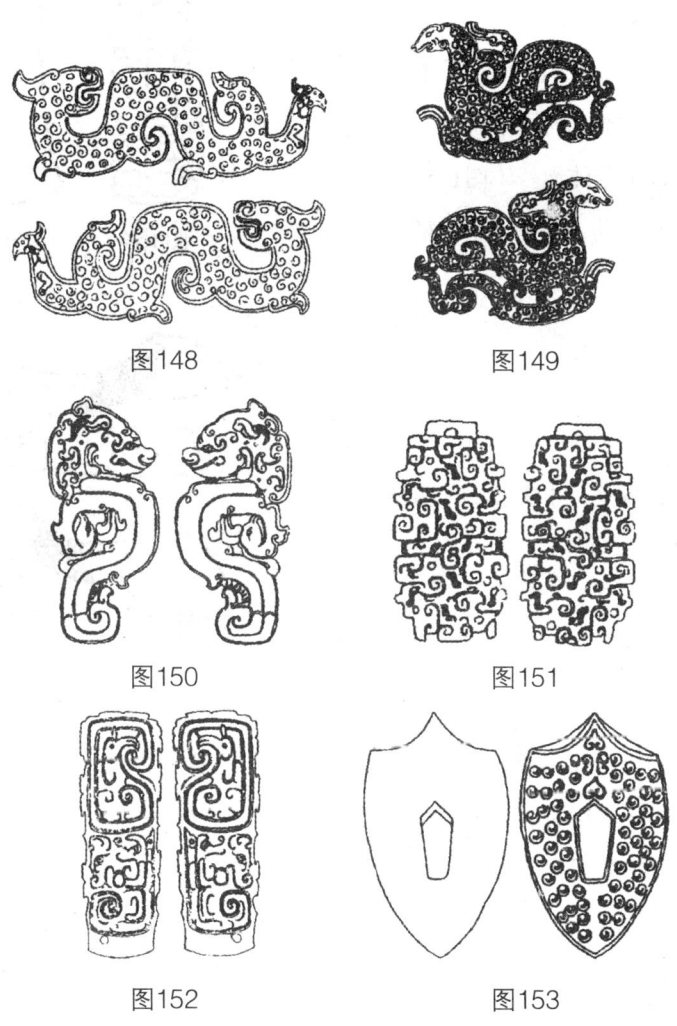

图148　　　　　图149

图150　　　　　图151

图152　　　　　图153

玉瑑

方瑑，石之似玉者，有土斑，俗名菁草功。（图154）

《说文》："玲瑑，石之次玉者。"段《注》云："瑑、功同字。"

圜瑑，玉色纯赤。（图155）

俗名稳步功，疑是马鞭之柄。

图154　　图155

玉马

玉马，青玉，水银浸。（图156）

图156

琀

琀，白玉。（图157）

琀，白玉，璊斑。（图158）

《说文》："琀，送死口中玉也。"《典瑞》曰："大丧，共饭玉、含玉。"《注》："含玉，柱左右颠及在口中者。"今世所传古玉蝉，往往无孔，不能佩，皆古之含玉也。其有孔者，为后人所凿，好古家多能辨之。

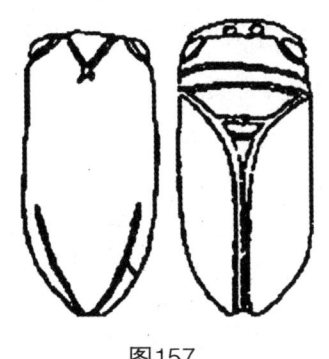
图157

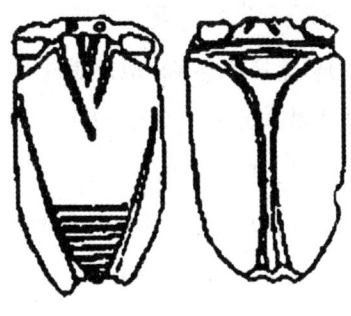
图158

玉律管

玉律管，白玉，璊斑。（图159）

《说文》："琯，古者玉琯以玉。舜之时，西王母来献其白琯，前零陵文学姓奚，于伶道舜祠下得笙玉琯。夫以玉作音，故'神人以和，凤皇来仪也'。"薛尚功《钟鼎彝器款识》有"玉律管"，引《汉书》："律管，古用玉。王莽始建国元年四月癸酉朔日改用铜。"余得始建国元年无射律管铜制者，与此相类。

图159

玉钵

玉钵，白玉，满身土斑，此古钵之最大者。

旧藏南浔顾子嘉处，徐翰卿以诸女方尊易得之，今归窓斋。（图160）

▨疑即宗妇敦▨字之异文，国名也。▨即将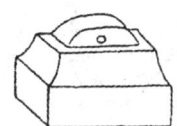从水从玉，或即渠字之淆，▨与龙节▨字相似，变▨为▨，乃六国时诡异之文。

玉钵，黄玉。（图161）

玉钵，白玉，水银浸。（图162）

玉钵，白玉，黄晕。（图163）

玉钵，白玉。（图164）

玉钵，白玉。（图165）

玉钵，白玉，水银浸。（图166）

玉钵，白玉。（图167）

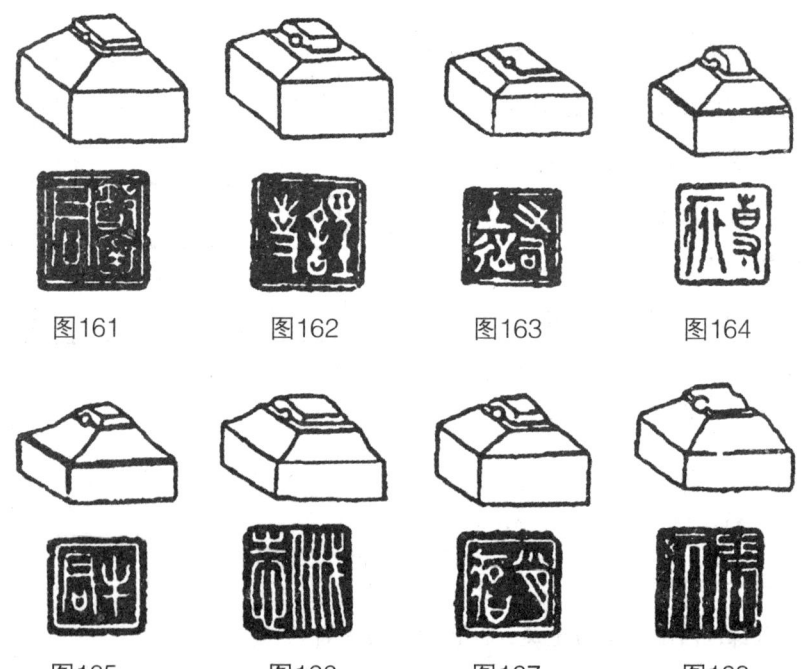

图160

图161　图162　图163　图164

图165　图166　图167　图168

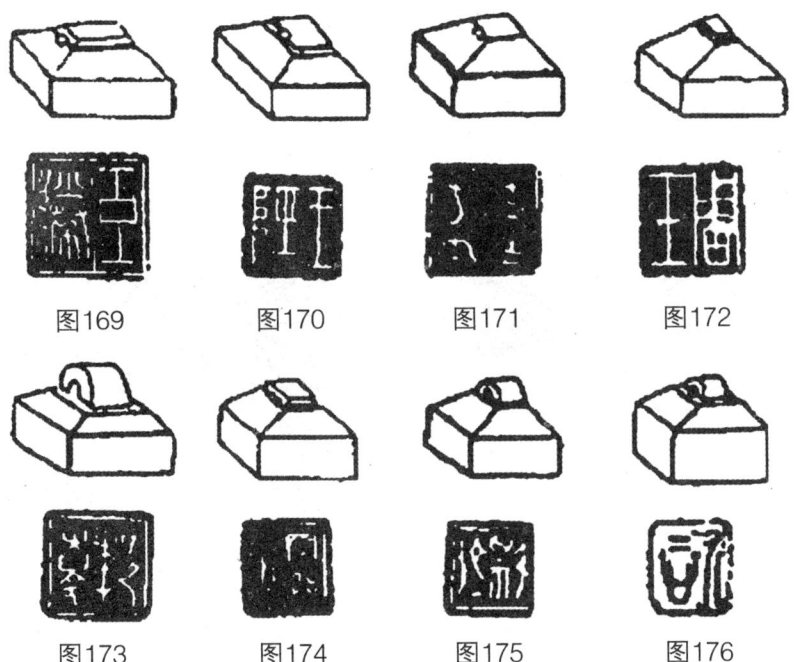

图169　　　图170　　　图171　　　图172

图173　　　图174　　　图175　　　图176

玉钵，青白玉，钮有璘斑。（图168）

玉钵，白玉，璘色。（图169）

玉钵，白玉，黄晕。（图170）

玉钵，赤玉。（图171）

玉钵，白玉，满身土斑。（图172）

玉钵，黑玉。（图173）

玉钵，山元玉。（图174）

玉钵，玉色，纯白。（图175）

玉钵，玉色，纯黑。（图176）

汉鸠杖首

汉鸠杖首一。（图177）

汉鸠杖首二。（图178）

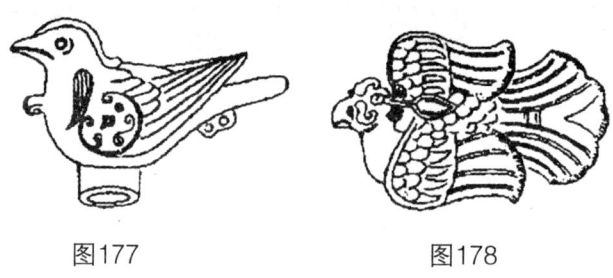

图177　　　　　　　图178

汉刚卯

汉刚卯一。（图179）

汉刚卯二。（图180）

汉刚卯三。（图181）

汉刚卯四。（图182）

右，玉刚卯四，制作文字多相类。汉时市鬻之物，略似镜。文中减笔假借，字文虽不精，可见汉人刻玉刀法。其字之清朗可读者，大抵皆后人伪刻也。首句"酉月刚卯"，次句"央"下一字不可识。第三句"赤青白黄"，"青""黄"皆减笔。第四句"四色是当"与末句"莫我敢当"之"当"字正同。"帝命执成"借"只"为"执"，"庶疫刚瘅"借"月"为"疫"。惟第六句"卯"上三字，皆不可识。按《汉书·王莽传》注引服虔曰："刚卯，以正月卯日作佩之。长三寸，广一寸，四方。

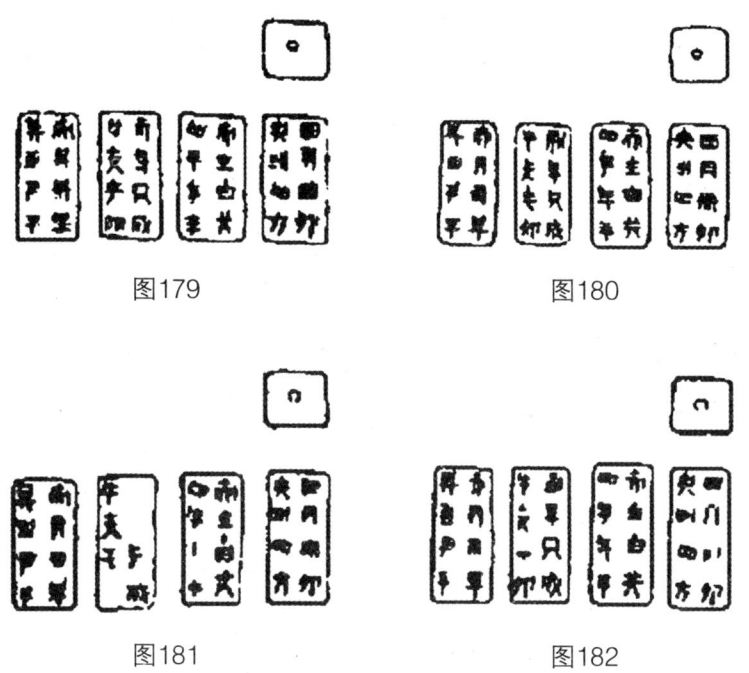

图179　　　　　　图180

图181　　　　　　图182

或用玉，或用金，或用桃，着革带佩之。"晋灼曰："刚卯长一寸，广五分，四方。当中央从穿作孔，以采丝茸其底，如冠缨头蕤。刻其上面，作两行书。文曰：'正月刚卯既央，灵殳四方。赤青白黄，四色是当。帝令祝融，以教夔龙。庶疫刚瘅，莫我敢当。'"其一铭曰："疾日严卯，帝命夔化，顺尔固伏，化兹灵殳。既正既直，既觚既方，庶疫刚瘅，莫我敢当。"师古曰："今往往有土中得玉刚卯者，案大小及文，服说是也。"大澂所见玉刚卯，从无三寸长、一寸广者，似以晋灼之说为长。颜是服说不可解，恐有误字。

汉玉钫

汉玉钫，白玉，满身璃斑、土斑。（图183）
《说文》："钫，金钟也。"余藏有建平二年铜钫，与此形制正同，特有大小之别耳。

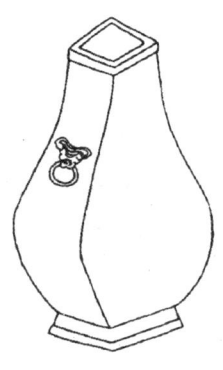

图183

汉玉镫

汉玉镫，白玉，黄晕，制作精雅。（图184）

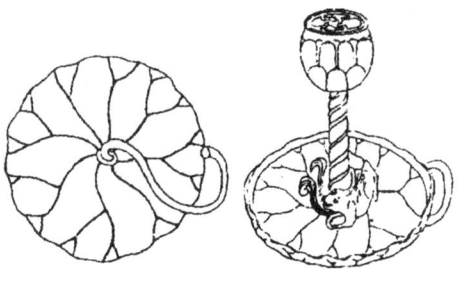

图184

玉印

玉印，黄玉。（图185）

玉印，白玉，黑文。（图186）

玉印，白玉，红晕。（图187）

玉印，白玉，璃斑。（图188）

玉印，白玉，璃点。（图189）

玉印，青白玉。（图190）

玉印，白玉，璃斑。（图191）

玉印，白玉，土斑。（图192）

玉印，山元玉，水绣。（图193）

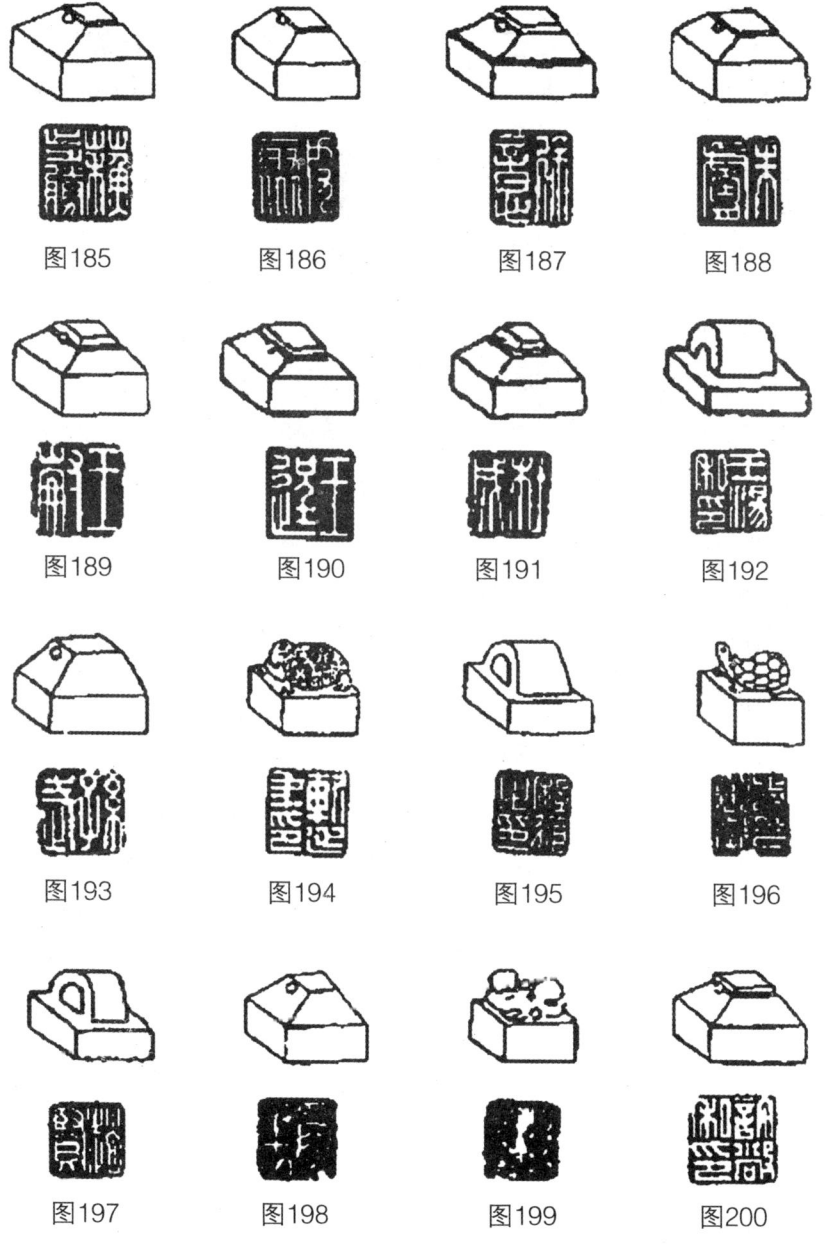

图185　　图186　　图187　　图188

图189　　图190　　图191　　图192

图193　　图194　　图195　　图196

图197　　图198　　图199　　图200

图201　　　　图202　　　　图203　　　　图204

玉印，白玉。（图194）

玉印，山元玉。（图195）

玉印，白玉。（图196）

玉印，白玉，五色斑。（图197）

玉印，黑玉。（图198）

玉印，白玉，黄晕。（图199）

玉印，红白玉。（图200）

玉印，山元玉。（图201）

碧流离印，土斑。（图202）

玉印，山元玉。（图203）

玉印，玉色纯白，上有土斑。（图204）

右，汉玉私印二十钮，关中出土者十，得之都门者一。徐翰乡访购得之者九。中有五钮为华亭张氏旧藏，均已编入《十六金符斋印存》矣！

碧琉璃印

玉印，羊脂白玉。（图205）

图205　　图206

玉印，羊脂白玉。（图206）

右，新莽玉印二，关中出土。一曰"辟非射魃"，一曰"寿成"。按《汉书·王莽传》："始建国元年，更名长乐宫曰长乐室，未央宫曰寿成室。"是印龟钮与新莽时铜印钮式正同，其为莽印无疑。《说文》："魃，鬼衣也。"

地皇元年七月，大风毁王路堂。是月，杜陵便殿乘舆虎文衣废藏在室匣中者出，自树立外堂上，良久乃委地。吏卒见者以闻，莽恶之，下书曰："宝黄厮赤。"疑此印。即作于是时，以被除鬼衣之不祥。盖莽性好时日、小数，及事迫急，亶为厌胜。以刘（劉）字为卯、金、刀，禁用刚卯、金刀，似当时刻此玉印以代刚卯者。《莽传》又云："和嫔、美御，凡百二十人，皆佩印韨。"是即小而精，或印宫人所佩与？

随玉麟符

随玉麟符，绿玉，有璃斑。（图207）

此佩玉符，非发兵符也。上作苍麟系绂形，用宣圣故事。按《拾遗记》载："夫子未生时，有麟吐玉书于阙里人家。圣母知为神异，乃以绣绂系麟角，信宿而去。鲁定公二十四年，鲁人锄商田于大泽，得麟，以示夫子。系角之绂犹在焉。"《隋书》："樊

图207

子盖检校河南内史，有治绩，为别造玉麟符，以代铜虎。"大澂窃疑隋制麟符为佩玉，乃当时特赐之符，非常制也。《唐书》："隋造玉麟符代铜虎符"，此相沿之讹耳。范石湖诗"仙人来佩玉符麟"，当即用隋时掌故。是玉制作精雅，似隋唐间物，可贵也。

唐玉鱼符

唐玉鱼符，白玉，微带璊点。（图208）

左武卫将军，见唐《姜行本纪》文。唐铜鱼符传世甚多，惟玉符则仅见。陈寿卿太史介祺云："三十年前曾在都门见之，后不知所在。"大澂于都中厂肆访得此符，书告寿卿丈，同为称快。

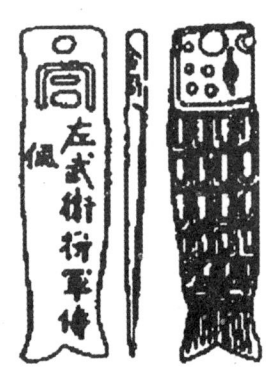

图208

玉押

玉押，青白玉。（图209）

玉押，白玉，璊点。（图210）

玉押，羊脂白玉。（图211）

玉押，白玉，黑文。（图212）

玉押，白玉，璊斑。（图213）

玉押，白玉，满身璊斑。（图214）

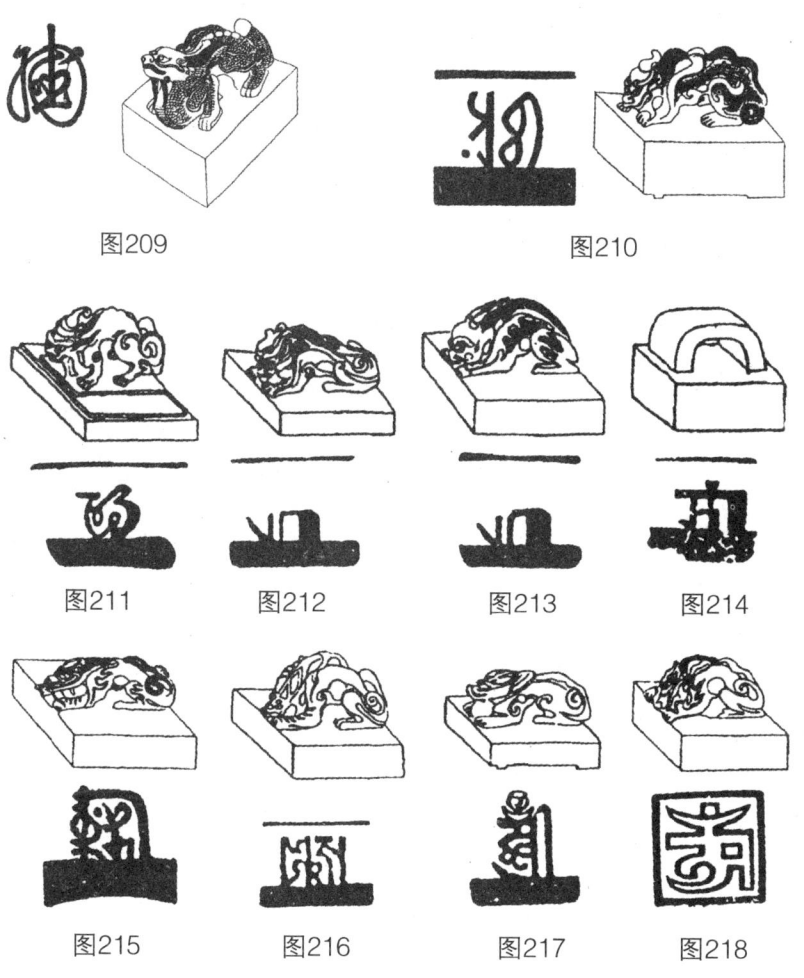

图209　　　　　　图210

图211　　图212　　图213　　图214

图215　　图216　　图217　　图218

玉押，青玉。（图215）

玉押，白玉，水银浸。（图216）

玉押，白玉，水银浸。（图217）

玉押，白玉，水银浸，曾经地火。（图218）

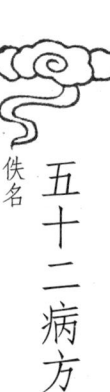

佚名 五十二病方

导　读

一九七三年十一月到一九七四年初，在湖南长沙马王堆第二、三号汉墓，出土了大批珍贵文物，最难得的是，其中有十二万字以上的帛书（因为那时纸还没发明，只写在帛上，故叫帛书）。帛书中有一部分是失传了的古代医书，它们没有作者，没有时代，自然不是成于一人一时之手，而是多年累积下来的医学文献。

这种医学文献中，有一部包括了五十二种病名，和治疗它们的二百八十个医方（每个都没有方名）。每个病的医方，从一个到二十七个不等，专家们把这部书，定名为《五十二病方》。

《五十二病方》是中国最古的医学文献，它显示出来的病名，在内科方面，有肌肉痉挛、精神异常、往来寒热、小便不利、小便异常、阴囊肿大、肠道寄生虫和中蛊毒；在外科方面，有外伤、化脓、体表溃疡、动物咬螫、肛门、皮肤、肿瘤；在妇科方面，有产时子痫；在儿科方面，有小儿惊风；在五官科方面，有眼疾。

至于医方方面，就千奇百怪，有许多迷信的成分，非常有趣。

凡　例

　　这一部分医书内容是治疗五十二种病症的二百七十余个古医方，原无书名，今定名为《五十二病方》。正文中每种疾病都有抬头标题，每种病名标题下分别记载各种不同的方剂和疗法，各以"——"字作为标志，少则一二方，多则二三十方不等。

　　释文中所用各种符号，如下：古体、异体字尽可能用通行字体排印，并以圆括号注明是今之某字。缺文以□为记，可补出的文字加六角括号。缺文在五字以上或字数难以确计，以■为记。

诸伤

——□□膏、甘草各二，桂、畺（姜）、椒■，毁一垸音（杯）酒中，饮之，日〔一〕饮，以□其■

——□□□□胸，令大如苔，即以赤苔一斗并■，复治■孰（熟）□□□，〔饮〕其汁，汁宰（滓）皆索，食之自次（恣），解痛，斩■

——治齐□，□淳酒渍而饼之，焫瓦鹭炭，■渍□焫之如□，即冶，入三指最（撮）半音（杯）温酒，■者百冶，大□者八十，小者〔卅〕，冶精。

——燔白鸡毛及人发，冶〔各〕等。百草末八灰，冶而■一垸温酒一音（杯）中，饮之。

——以刃伤，类（燔）羊矢，傅之。

——止血出者，燔发，以安（按）其痏。

——令伤者毋痛，毋血出，取故蒲席厌□□□□燔席冶按其痏。

——伤者血出，祝曰："男子竭，女子截。"五画地傅之。

——令伤者毋殷（瘢），取彘膏□衍并治，傅之。

——以男子洎傅之，皆不殷（瘢）。

——金伤者，以方（肪）膏、乌豙（喙）□□，皆相□煎，釦（施）之。

——伤者，以续〔断〕根一把，独□长支（枝）者二廷（梃），黄〔芩〕二廷（梃），甘草□廷（梃），秋乌豙（喙）二颗，治挠之者二瓯，即并煎至孰（熟），以布捉取，出其汁，以陈缊浸渍傅之。

——伤者，冶黄黔（芩）与□□□冶，并彘膏煎熟之，即以布捉取其汁，■浘之。

——久伤者，荠（齑）杏核中人（仁），以职（脂）膏弁，封痏，虫即出。〔尝〕试。

——稍（消）石直（置）温汤中，以洒痏。

——令金伤毋痛方：取鼢鼠，干而冶，取彘鱼，燔而冶；□□、薪（辛）夷、甘草各与〔鼢〕鼠等，皆合挠，取三指最（撮）一，入温酒一音（杯）中而饮之。不可，财益药，至不痛而止。•令。

——令金伤毋痛，取荠孰（熟）干实，熬令焦黑，冶一；秫（术）根去皮，冶二。凡二物并和，取三指最（撮）到节一，醇酒盈一衷桮（杯），入药中，挠饮。不者，酒半桮（杯）。已饮，有顷不痛。复痛，饮药如数。不痛，毋饮药。药先食后食次（恣）。治痛时，毋食鱼、彘肉、马肉、龟、虫、荤、麻洙采（菜），毋近内，病已如故。治病毋时。一治药，足治病。药已治，裹以缯臧（藏），冶秫（术），暴（曝）若有所燥，冶。•令。

伤痉

——痉者，伤，风入伤，身信（伸）而不能诎（屈）。治之，炊盐令黄，取一斗，裹以布，卒（淬）醇酒中，入即出，蔽以市，以熨头。热则举，适下。为□裹更〔熨，熨〕寒，更熬盐以熨，熨勿绝。一熨寒汗出，汗出多，能诎（屈）信（伸），止。熨时及已熨四日内，□□衣，毋见风，过四日自适。熨先食后食次（恣）。毋禁，毋时。•令。

——伤页颈（痉）者，以水财煮李实，疾沸而抒，浚取其汁，寒和，以饮病者，饮以□□故。节（即）其病甚弗能饮者，强启其口□□灌之。节毋李实时，■煮炊，饮其汁，如其实数。毋禁。尝〔试〕。•令。

——诸伤，风入伤，伤痈痛，治以枲絮为独，□□□伤，渍■巤膏煎汁□□□沃，数□注，下膏勿绝，以欧（驱）寒气，□□□□举□□□□以传伤空（孔），■（蔽）□休得为■痈■传药先食后食次（恣）。毋禁，毋时。□□□不□□□□尽□。

——伤而颈（痉）者，小酐一犬□与薜半斗，毋去其足，以□并盛，渍井■出之，阴干百日，即有颈（痉）者，治以三指一撮，和以温酒一音（杯）饮之。

——伤胫颈（痉）者，择薤一把，以敦（淳）酒半斗者（煮）■（沸）〔饮〕之，即温衣陕（夹）坐四旁，汗出到足，乃〔止〕。

——冶黄黔（芩）、甘草相半，即以巤膏财足以煎之，煎之■（沸），即以布足（捉）之，予（抒）其汁，□传□。

婴儿索痉

——索痉者，如产时居湿地久，其宵（肓）直而口䦆筋■（挛），难以信（伸），取□殖土冶之，□□二，盐一，合挠而烝（蒸），以扁（遍）熨直■（肯）挛筋所，道头始，稍□手足而已。熨寒复烝（蒸），熨干更为。·令。

婴儿病间（痫）

——取雷■（矢）三果（颗）冶，以猪煎膏和之。小婴儿以水□斗，大者以一斗，三分和，取一分置水中，挠以浴之，浴之道头上始，下说身，四支毋濡。三日一浴，三日已。已浴，辄弃其水圂中。间（痫）者，身热而数惊，颈脊强而复（腹）大。间（痫）多众，以此药皆已

婴儿瘛（瘈）

——婴儿瘛者，目■然，胁痛，息嚶（嚶）嚶（嚶）然，戾（矢）不化而青。取屋荣蔡，薪燔之而□七焉，为湮汲三浑，盛以桮（杯）。因唾七，祝之曰："喷者豦喷，上如彗星，下如■血。取若门左，斩若门右，为若不已，磔薄若市。"因以七周■婴儿瘛所，而洒之桮（杯）水中。候之，有血如蝇羽者，而弃之于垣。更取水，复唾匕浆以■如前。毋征，数复之，征尽而止。·令。

狂犬啮人

——取恒石两，以相靡殹（也），取其靡如糜（糜）者，以傅犬所啮者，已矣。

——狂〔犬〕啮人者，孰澡溍汲，注音（杯）中，小（少）多如再食浆，取灶末灰三指最（撮）□水中，以饮病者，已饮，令孰奋两手如□□间手□道■狂犬啮者□□□莫傅。

——狂犬伤人，冶礜与橐莫，□半音（杯），饮之。女子同药。如■

犬筮（噬）人

——伤者，取丘（蚯）引（蚓）矢二升，以井上甕䰄处土与等，并熬之，而以醯■之，稍垸，以熨其伤，犬毛尽，傅伤而已。

——煮茎，以汁洒之。冬日煮其本。

——犬所啮，令毋痛及易瘳方，令啮者卧，而令人以酒财沃其伤。已沃而强越之。尝试，毋禁。

巢者

——侯（候）天甸（电）而两手相□，乡甸（电）祝之曰："东方之王，西方□□□□主冥冥人星"二七而□。

——取牛■、乌豙（喙）、桂，冶等，骰□，熏以□□。

夕下

——以黄柃（芩），黄柃（芩）长三寸，合卢大如□，□豆卅，去皮而并冶，入陶甕器中加水捣而煮之，令沸，而潜去其宰（滓），即以汁浸絮淒夕〔下〕，已，乃以脂入甕中煎融合挠所冶药傅之。节（即）复欲傅之，淒傅之如前。已，夕下靡。

毒乌喙

——炙□□，饮小童弱（溺）若产齐赤，而以水饮之■

——屑勺（芍）药，以酒半栝（杯），以三指大捽（撮）饮之。

——取杞本长尺，大如指，削，■（舂）木臼中，煮以酒■

——以□汁粲叔（菽）若苦，已。

——煮铁，饮之。

——禺（遇）人毒者，取糜芜本若□荞■

——穿地□尺，而煮水一瓮■

蛊

——■以财餘薤■

——■，濡，以盐傅之，令牛呧（舐）之。

——以疾（蒺）黎（藜）、白蒿封之。

——溠（唾）之，贲（喷）："兄父产大山，而居山谷中，□□□不而□□□□而凤鸟■寻寻豪且贯而心。"

——"父居蜀，母为凤鸟蓐，毋敢上下寻，凤〔贯〕而心。"

蛭食（蚀）

——入肸股〔膝〕，产其中者，并黍、叔（菽）、秫（术）三，炊之，烝（蒸）□□□□病。

——銎（銎）蛸，傅〔之〕。

虺

——銎（銎）兰，以酒沃，饮其汁，以宰（滓）封其痏，数更之，以熏■

——以蓟印其中颠。

——以产豚豪（蕤）麻（磨）之。

——以堇一阳筑（築）封之，即燔鹿角，以弱（溺）饮之。

——吙："譹（嗟），年，虿杀人今兹。"有（又）复之。

——以青粱米为鬻（粥），水十五而米一，成鬻（粥）五斗，出，扬去气，盛以新瓦瓮，冥（幂）口以布三□，即封涂（塗）厚二寸，燔，令泥尽火而歇（歇）之，痏已。

——亨（烹）三宿雄鸡二，泪水三斗，孰（熟）而出，及汁更泪，以食置逆甑下。炊五榖（谷）、兔头肉陀（他）甑中，稍沃以汁，令下盂中，孰（熟），饮汁。

——贲（喷）吙："伏食，父居北在，母居南止，同产三夫，为人不德。"已。不已，青傅之。

——湮汲一音（杯）入奚蠡中，左承之，北乡（向），乡（向）人禹步三，问其名，即曰："某某年□今□。"饮半音（杯），曰："病□□已，徐去徐已。"即复（覆）奚蠡，去之。

——煮鹿肉若野彘肉，食〔之〕，歓（歠）汁。·精。

——燔狸皮，冶灰，入酒中，饮之。多可殹（也），不伤人。煮羊肉，以汁饮之。

取井中泥，以还（环）封其伤，已。

尤（疣）者

——取敝蒲席若藉之弱（蒻），绳之，即燔其末，以久（灸）尤（疣）末，热，即拔尤（疣）去之。

——令尤（疣）者抱禾，令人嘑（呼）曰："若胡为是？"应曰："吾尤（疣）。"置去禾，勿顾。

——以月晦日之丘井有水者，以敝帚骚（扫）尤（疣）二七，祝曰："今日月晦，骚（扫）尤（疣）北。"入帚井中。

——以月晦日日下哺时，取由（块）大如鸡卵者，男子七，女子二七。先〔以〕由（块）置室后，令南北〔列〕，以晦往之由（块）所，禹步三，道南方始，取由（块）言曰由言曰："今日月晦，靡（磨）尤

（疣）北。"由（块）一靡（磨）尽。已靡（磨），置由（块）其处，去勿顾。靡（磨）大者。

——以月晦日之内后，曰："今日晦，弱（搦）又（疣）内北。"靡（磨）又（疣）内辟（壁）二七。

——以朔日，葵茎靡（磨）又（疣）二七，言曰："今日朔，靡（磨）又（疣）以葵戟。"有（又）以杀本若道旁帚（菷）根二七，投泽若渊下。·除日已望。

——祝尤（疣），以月晦日之室北，靡（磨）宥（疣），男子七，女子二七，曰："今日月晦，靡（磨）宥（疣）室北。"不出一月宥（疣）已。

癫疾

——先侍（偫）白鸡、犬矢。发，即以刀剃（劙）其头，从颠到项，即以犬矢〔湿〕之，而中剃（劙）鸡腹，冒其所以犬矢湿者，三日而已。已，即孰（熟）所冒鸡而食之，疾已。

——瘨（癫）疾者，取犬尾及禾在圈垣上〔者〕，段冶，湮汲以饮之。

白处

——取灌青，其一名灌曾，取如□甘盐廿分斗一，灶黄土十分升一，皆冶，而□□指，而先食饮之。不已，有（又）复之而加灌青，再饮而已。•令。

——□□其■与其真□□，治之〔以〕乌卵勿毇半斗，□甘盐■者■其中，卵次之，以■冥（幂）瓮以布四■三■蔡。已涂之，即县（悬）阴燥■厚蔽肉，扁（遍）施所而止，即生桑炭置之于坑中炙之，热弗能支而止，而止施蔽肉。虽俞（愈）而毋去其药。药久干而自去殹（也）。白处已矣。炙之之时，□食甚□□□搜，及毋手傅之。以旦未食傅药。已〔傅〕药，即饮善酒，极厌而止，即炙之。已炙倦之而起，欲食即食，出入饮食自次（恣）。旦服药，先毋食□二、三日。服药时毋食鱼，病已如故。治病毋时。•二三月十五日到十七日取乌卵，已取即用之。□□乌殹（也），其卵虽有人（仁），犹可用殹（也）。此药已成，居唯十〔馀〕岁到廿岁，俞（逾）良。药而干，不可以涂身，少取药，足以涂施者，以美醯渍之于瓦鍢：左缶右扁中，渍之□可河（和），稍如恒。煮胶，即置其鍢：左缶右扁于稯：左禾右美火上，令药已成而发之。发之□□□□涂，冥（幂）以布，盖以鍢：左缶右扁，县（悬）之阴燥所。十岁以前药乃干。

——白瘾，白瘾者，白毋奏（腠），取丹沙与鳝鱼血，若以鸡血，皆可。鸡湮居二□□之□，以蚤挈（契）虡令赤，以傅之。二日，洒，以新布孰曁（摡）之，〔复〕傅。如此数，卅〔日〕而止。•令。

大带

——燔垱，与久膏而□傅之。

——以清煮胶，以涂（塗）之。

冥（螟）

——冥（螟）者，虫，所啮穿者殹（也），其所发毋恒处，或在鼻，或在口旁，或齿龈，或在手指□□，使人鼻抉（缺）指断。治之以鲜产鱼，冶而以盐财和之，以傅虫所啮■之。病已，止。尝试，毋禁。·令。

□蠸者

——□□以蠸一入卵中合挠而涂之。
——入■兔皮■
——䇺（盩）兰■
——以淳酒■
——以汤沃■

疠

——取兰■
——炙榑■疠：病字头加云

人病马不间（痫）

——■以浴病者。病者女〔子〕□男子■即以女子初有布燔■

——■饮以布■酒中饮■

——■干葱■盐隋（脽）灸尻。

——逸华，以封隋（脽）及少〔腹〕■

——冶笶蒉少半升、陈葵种一升，而■

——湮汲水三斗，以龙须（须）一束并者（煮）■

——久（灸）左足中指。

——□□三湮汲，取桮（杯）水歕（喷）鼓三，曰："上有■锐某■饮之而复（覆）其桮（杯）。

——溺闭及癃不出者方：以醇酒入□，煮胶，广■，燔段（煅）□□□□火而焠酒中，沸尽而去之，以酒饮病〔者〕，■饮之，令□□□起自次（恣）殴（也）。不已，有（又）复□，如此数。・令。

——癃，痛于胕及衷，痛甚，弱（溺）□痛益甚，□□□□〔治〕之，黑叔（菽）三升，以美醯三□煮，疾炊，潰（沸），止火；潰（沸）下，复炊。参（三）潰（沸），止。浚取〔汁〕。牡〔厉（蛎）〕一，毒堇冶三，凡〔二〕物合挠。取三指最（撮）到节一，醯寒温适，入中杯饮。饮先食〔后〕食次（恣）。一饮病俞（愈）。日一〔饮〕，三日，病已。病已，类石如泔从前出。毋禁，毋时。冶厉（蛎）；毒堇不暴（曝）。以夏日至到时取毒堇，阴干，取叶、实并冶，裹以韦臧（藏），用，取之。岁〔更〕取毒堇。毒堇□□□堇叶异小，赤茎，叶从（纵）繡者，〔其〕叶、实味苦，前〔日〕至可六、七日秀（秀），毒堇喜棲泽旁。・令。

——以水一斗煮葵种一斗，浚取其汁，以其汁煮胶一廷（梃）半，为汁一参，而■

——赣戎盐若美盐，盈隋（脽），有（又）以涂（塗）隋（脽）□下及其上，而暴（曝）若■

——亨（烹）葵而饮其汁，冬烹其本，沃以□□。

——亨（烹）葵，热歕（歠）其汁，即淬脽隶，以多为故，而炙之尻厥。

——以酒一音（杯）渍襦颈及头垢中，令沸而饮之。

——癃，弱（溺）不利，脬盈者方：取枣种鼠屑二升，葵种一升，合挠，三分之，以水一斗半〔煮一〕分，孰（熟），去滓，有（又）煮一分，如此以尽三分。浚取其汁，以鼎（蜜）和，令毚（才）甘，寒温适，□饮之。药尽更为，病〔已〕而止。•令。

——癃，取景天长尺、大围束一，分以为三，以淳酒半斗，三〔汾〕煮之，孰（熟），浚取其汁，〔歕（歠）〕之。不已，复之，不过三饮而已。先莫（暮）毋食，且饮药。•令。

——癃，坎方尺有半，深至肘，即烧陈橐其中，令其灰不盈半尺，薄洒之以美酒，取茜荚一、枣十四、豢（藙）之朱（茱）臾（萸）、椒，合而一区，燔之坎中，以隧下。已，沃。

——癃，燔陈刍若陈薪，令病者北（背）火炙之，两人为靡（磨）其尻，癃已。

——以水一斗煮胶一参、米一升，孰（熟）而啜之，夕毋食。

——取蠃牛二七，薤一抔，并以酒煮而饮之。

——以己巳晨，匽（寝）东乡（向）弱（溺）之，不已，复之。

——血癃，煮荆，三温之而饮之。

——石癃，三温煮石韦若酒而饮之。

——膏癃，澡石大若李核，已食饮之。不已，复之。

——女子癃，取三岁陈霍（藿），炁（蒸）而取其汁，温而饮之。

——女子癃，煮隐夫木，饮之。居一日，䀂（崔）阳□，羹之。

——以醯、酉（酒）三乃（汈）煮黍稷而饮其汁，皆□□。

——以衣中裡（纴）缋约左手大指一，三日已。

弱（溺）□沦者

——取■其□□□□。先取鹊棠下蒿。

膏弱（溺）

——是胃（谓）内复。以水与弱（溺）煮陈葵种而饮之，有（又）䀂（崔）阳□而羹之。

种（肿）囊

——种（肿）囊者，黑实囊，不去。治之，取马矢觕者三斗，孰析，沃以水，水清，止；浚去汁，洎以酸浆□斗，取芥衷夹。一用，智（知）；四五用，种（肿）去。〔毋〕禁，毋时。•令。

肠癀（瘕）

——操柏杵，禹步三，曰："贲者一襄胡，濆者二襄胡，濆者三襄胡，柏杵臼穿，一母一口，口独有三。贲者种（肿），若以柏杵七，令某徲（瘕）毋一。"必令同族抱□颓（瘕）者，直（置）东乡（向）窗道外，殴椎之。

——令斩足者清明东乡（向），以箅赽之二七。

——瘅，以月十六日始毁，禹步三，曰："月与日相当，日与月相当。"各三，"父乖母强，等与人产子，独产颓（瘕）九，乖已，操蕨（锻）石毄（击）而母。"即以铁椎殴段之二七。以日出为之，令颓（瘕）者东乡（向）。

——渍女子布，以汁亨（烹）肉，食之，歓（歠）其汁。

——破卵音（杯）醢中，饮之。

——炙蚕卵，令篓篓黄，冶之，三指最（撮）至节，入半音（杯）酒中饮之，三、四日。

——以辛巳日古（辜）曰："贲辛巳日。"三。曰："天神下干疾，神女倚序听神吾（语）某狐叉非其处所，已；不已，斧斩若。"即操布殴之二七。

——以日出时，令颓（瘕）者屋溜下东乡（向），令人操筑西乡（向），祝曰："今日晨，某颓（瘕）九，今日已。某颓（瘕）已口，而父与母皆尽柏筑之颠，父而衝，子胡不已之有？"以筑衝颓二七。已备，即曰："某起。"颓（瘕）〔已〕。

——辛卯日，立堂下东乡（向），乡（向）日，令人挟提颓（瘕）者，曰："今日辛卯，更名曰禹。"

——取枲垢，以艾裹，以久（灸）颓（癩）者中颠，令阑（烂）而已。

——令颓（癩）者北首卧北乡（向）庑中，禹步三，步嘑（呼）曰："吁！狐麃。"三；若智（知）某病狐■

——積（癩）及瘿，取死者叕烝（蒸）之，而新布裹，以囊□□□□前行■

——阴干之旁逢卵，以布裹□□。

——颓（癩）者及股痈、鼠复（腹）者，□中指蚤（搔）二〔□〕，必瘳。

——以秆为弓，以甑衣为弦，以葛为矢，以□羽上。旦而射，莫（暮）而□小。

——以冥蚕种方尺，食衣白鱼一七、长足二七，熬蚕种令黄，靡（磨）取蚕种冶，亦靡（磨）白鱼、长足。节三，并以醯二升和，以先食饮之。婴以一升。

——穿小瓠壶，令其空（孔）尽容颓（癩）者肾与膴，即令颓（癩）者煩夸（瓠），东乡（向）坐于东陈垣下，即内（纳）肾膴于壶空（孔）中，而以采为四寸杙二七，即以采木椎窽（剄）之。一并窽，再靡（磨）之。已窽（剄），辄接杙垣下，以尽二七杙而已。为之恒以入月旬六日至晦尽日，一为，□再为之。为之恒以星出时为之，须颓（癩）已而止。

——積（癩），先上卵，引下其皮，以砭（砭）穿其〔隋（膸）〕旁，□□汁及膏□，挠以醇酒。有（又）久（灸）其痏，勿令风及，易瘳；而久（灸）其泰（太）阴、泰（太）阳□□。·令。

——治颓（癩）初发，伛挛而未大者方：取全虫蜕一，□□□，皆燔■酒饮財足以醉。男女皆可。·令。

——颓（癫），以奎蠡盖其坚（肾），即取桃支（枝）东乡（向）者，以为弧；取□母■上，晦，一射以三矢，□□饮乐（药）。其药曰阴干黄牛胆。干即稍■，饮之。

——冶囷（菌）〔桂〕尺、独活一升，并冶，而盛竹甬（筩）中，盈筩■即冀（冪）以布，而傅之隋（膸）下，为二处，即道其■之。炊者必顺其身，须其身安定，■颓（癫）已，敬以豚塞，以为不仁，以白■县（悬）茅比所，且塞寿（祷），以为■。

——□〔取〕女子月事布，渍，炙之令温■四荣蔡，燔量簧，冶桂五寸■上■

——颓（癫）□久（灸）左胻■

——夕毋食，旦取丰（蜂）卵一，渍美醯一梧（杯），以饮之。

脉者

——取野兽肉食者五物之毛等，燔冶，合挠□，海（每）旦〔先〕食，取三〔指大撮〕三，以温酒一杯和，饮之。到莫（暮）有（又）先食饮，如前数。恒服药廿日，虽久病必瘳。服药时禁，毋食彘肉、鲜鱼。·尝〔试〕。

牡痔

——有赢肉出，或如鼠乳状，末大本小，有空（孔）其中。□之，疾久（灸）热，把其本小者而盭（戾）绝之，取内户旁祠空中黍腏、燔死人头皆冶，以膱膏濡，而入之其空（孔）中。

——多空（孔）者，亨（烹）肥羭，取其汁潽（渍）美黍米三斗，炊之，有（又）以修（滫）之，孰（熟），分以为二，以黍米、修各取一分，即取亵（铅）末，菽酱之宰（滓）半，并夒（舂），以傅痔空（孔），厚如韭叶，即以厚布裹，药寒更温，二日而已。

——牡痔居窍旁，大者如枣，小者如枣霙（核）者方：以小角角之，如孰（熟）二斗米顷，而张角，絜以小绳，剖以刀。其中有如兔骹，若有坚血如抇末而出者，即已。·令。

——牡痔之居窍廉（廉），大如枣霙（核），时养（痒）时痛者方：先剡（劙）之；弗能剡（劙），取龟𥔲（脑）与地胆虫相半，和，以傅之。燔小隋（椭）石，淬醯中，以熨。不已，有（又）复之，如此数。·令。

牝痔

——牝痔之入窍中寸，状类牛几三□□然，后而溃出血，不后上乡（向）者方：取弱（溺）五斗，以煮青蒿大把二、鲋鱼如手者七，冶桂六寸。干蘁（姜）二果（颗），十沸，抒置瓮中，狸（埋）席下，为窍，以熏痔，药寒而休。日三熏。因（咽）敝，饮药将（浆），毋饮它。为药浆方：取菌茎干冶二升，取署苽（蓣）汁二斗以渍之，以为浆，饮之，病已而已。青蒿者，荆名曰〔萩〕。菌者，荆名曰卢茹，其叶可亨（烹）而酸，其茎有刾（刺）。·令。

——牝痔有空（孔）而郁血出者方：取女子布，燔，置器中，以熏痔，三〔日〕而止。•令。

——牝痔之有数窍，蛲白徒道出者方：先道（导）以滑夏铤，令血出。穿地深尺半，袤尺，〔广〕三寸，〔燔〕桑炭其中，叚（煅）骆阮少半斗，布炭上，〔以〕布周盖，坐以熏下窍。烟威（灭），取肥□肉置火中，时自启窍，□□烧□节火威（灭）□以□。日一熏，下□□而□。五六日清□□□□。骆阮一名曰白苦、苦浸。

——痔者，以酱灌黄雌鸡，令自死，以菅裹，涂（塗）上（土），炮之。涂（塗）干，食鸡，以羽熏纂。

——冶靡（䕡）芜本、方（防）风、乌豪（喙）、桂皆等，渍以淳酒而垸之，大如黑叔（菽），而吞之。始食一，不智（知）益一，□为极。有可，以领伤，恒先食食之。

——未有巢者，煮一斗枣、一斗膏，以为四斗汁，置般（盘）中而居（踞）之，其虫出。

——巢塞直（脏）者，杀狗，取其脬，以穿籥，入直（脏）中，炊（吹）之，引出，徐以刀〔剶（劙）〕去其巢。冶黄黔（芩）而娄（屡）傅之。人州出不可入者，以膏膏出者，而到（倒）县（悬）其人，以寒水戔（溅）其心腹，入矣。

——血胎（痔），以弱（溺）孰（熟）煮一牡鼠，以气熨。

朐养（痒）

——痔，痔者其直（脏）旁有小空（孔），空（孔）兑兑然出，时从其空（孔）出有白虫，其直（膞）痛，寻（燖）然类辛状。治之以柳蕈一、挼艾二，凡二物。为穿地，令广深大如盎。燔所穿地，令之干，而置艾其中，置柳蕈艾上，而燔其艾、蕈；而取盎，穿其断，令其大圜寸，以复（覆）之。以土雍（壅）盎，会毋移，烟能炪（泄），即被盎以衣，而毋盖其盎空（孔），即令痔者居（踞）盎，令直（膞）直（值）盎空（孔），令烟熏直（膞）。熏直（膞）热，则举之；寒，则下之；圂（倦）而休。

——取石大如卷（拳）二七，孰（熟）燔之，善伐米大半升，水八米，取石置中，伐米孰（熟），即歓（歠）之而已。

雎（疽）病

——冶白蔹（蘞）、黄蓍（耆）、芍乐（药）、桂、畺（姜）、椒、朱(茱）臾(萸)，凡七物。骨雎（疽）倍白蔹（蘞），〔肉〕雎（疽）〔倍〕黄蓍（耆），肾雎（疽）倍芍药，其余各一，并以三指大最（撮）一入桮（杯）酒中，日五六饮之。须已■

——三汛煮逢（蓬）藁，取汁四斗，以洒雎（疽）痈。

——雎（疽）始起，取商牢渍醯中，以熨其种（肿）处。

——雎（疽），以白蔹、黄耆（耆）、芍药、甘草四物者（煮），□、畺（姜）、蜀焦（椒）、树（茱）臾（萸）四物而当一物，其一骨□□□三□□以酒一桮（杯）□□□□筋者倏倏翟翟□□之其■。日四饮。一欲溃，止。

——■者方：以□□斗■已洒雎（疽）■以羹■

——雎（疽）未溃破者孰（熟）乌豪（喙）十四果（颗），以〔美醯〕半升■泽（释）泔二参，入药中□□□令如□□□□石□灸手以靡（磨）□□□傅■之，以余药封而裹□□□□不痛已□□。·令。

——益（嗌）雎（疽）者，白蔹三，罢合一，并冶，■饮之。

——烂疽：烂疽者，□□起而■骨，冶，以虱膏未渐（煎）者灸销（消）以和热傅之。日一〔傅〕乐（药），〔傅〕乐（药）前洒以温水。服药卅日疽已。尝试。·令。

——诸疽物初发者，取大叔（菽）一斗，熬孰（熟），即急抒置甑■置其□□醇酒一斗淳之，□□即取其汁尽饮之。一饮病未已，■饮之可。不过数饮，病已。毋禁。尝试。·令。

——血雎（疽）始发，倏倏以热，痛毋适，■雎（疽）■戴瘝（糁）、黄芩、白蔹（蔹），皆居三日，■之，令汗出到足，已。

——气雎（疽）始发，涓涓以痹，如□状，抚（抚）靡（摩）□而■二果（颗），令齨叔□蓼（熬）可□，以酒沃，即浚取其汁■出而止。

——□雎（疽）发，出礼（体），如人瘁之状，人携之甚■半斗，煮成三升，〔饮〕之，温衣卧■

——■豪■

——■虽■

——■雎（疽），橿（姜）、桂、椒□居四■淳酒半斗，煮，令成三升，■

——■三㕮，细切，淳酒一斗■即浚而饮之，温衣■

——■桂、椒■

——煮麦，麦孰（熟），以汁洒之，□□□膏■

——灸梓叶，温之。

□阑（烂）者

——以人泥涂之，以犬毛若羊毛封之。不已，复以■

——阑（烂）者，爵（嚼）藜米，足（捉）取汁而煎，令类胶，即冶厚柎和傅。

——热者，古（辜）曰："胅诎胅诎，从灶出毋延，黄神且与言。"即三涶（唾）之。

——煮秫米期足，毚（才）孰（熟），浚而熬之，令为灰，傅之数日。干，以汁弁之。

——以鸡卵弁兔毛，傅之。

——冶藜米，以乳汁和，傅之，不痛，不瘢。

——燔鱼衣，以其灰傅之。

——燔敝褐，冶，布以傅之。

——渍女子布，以汁傅之。

——烝（蒸）囷土，裹以熨之。

——浴汤热者熬彘矢，渍以盐（醯），封之。

——以汤大热者熬彘矢，以酒挈，封之。

——般（瘢）者，以水银二、男子恶四、丹一并和，置突〔上〕二、三日，盛（成），即置入布囊而傅之。傅之，居室塞窗闭户，毋出，私内中，毋见星月一月，百日已。

——去故般（瘢）：善削瓜壮者，而其瓣材其瓜，其大如两指，以靡（磨）般（瘢），令瘢赤之，以赤之，傅。干，有（又）傅之，三而已。必善齐（斋）戒，毋□而已。

——肤脱者，靡（磨）□□以□，以汁傅，产肤。

——般（瘢）■者，〔燔之〕令灰，以□，□如故肤。
——■
——取秋竹煮（煮）之，而以气熏其痏，已。

胻膫

——治胻膫，取陈黍、叔（菽），冶，以犬胆和，以傅。
——取无（芜）夷（荑）中霰（核），冶，貑膏以糒，热膏沃冶中，和，以傅。
——取雄弐，孰（熟）者（煮）余疾，鸡羽自解，隋（堕）其尾，取鸡羽及尾，皆燔冶，取灰，以猪膏和〔傅〕。
——夏日取堇叶，冬日取其本，皆以甘沮（咀）而封之。干，辄封其上。此皆已验。

胻伤

——取久溺中泥，善择去其蔡、沙石，置泥器中，旦以苦酒渍之。以泥〔傅〕伤，傅而炙之，伤已。已用。
——胻久伤：胻久伤者痈，痈溃，汁如靡（糜）。治之，煮水二〔斗〕，郁一参，茶（术）一参，□〔一参〕，•凡三物。郁、茶（术）皆〔冶〕，置汤中，即炊汤。汤温适，可入足，即置小木汤中，即患足居木上，入足汤中，践木滑游。汤寒则炊之，热即止火，自适殴（也）。朝已食而入汤中，到哺〔时〕出休，病即俞（愈）矣。病不愈者一入汤中即瘳，其甚者五、六入汤中而瘳。其瘳殹（也），瘳痏，瘳痏而新肉产。肉产，即毋入〔汤〕中矣，即自合而瘳矣。服药时毋禁，及治病毋时。
• 令。

加（痂）

——以少（小）婴儿弱（溺）渍羖羊矢，卒其时，以傅之。

——冶雄黄，以彘膏修（脩），少骰以醯，令其寒温适，以傅之。傅之毋濯。〔先〕孰洒加（痂）以汤，乃傅。

——冶仆累，以攻（釭）脂膳而傅。傅，炙之。三、四傅。

——刑赤蜴，以血涂（塗）之。

——冶亭（葶）磿（苈）、蓝夷（荑），熬叔（菽）□□皆等，以牡□膏、鱓血膳。〔先〕以酒洒，燔朴炙之，乃傅。

——冶牛膝、燔髦灰等，并冶□□，孰洒加（痂）而傅之。炙牛肉，以久脂涂（塗）其上。虽已，复傅勿择（释）。

——以久脂若豹膏封而炙之，痂屑去而不痛，娄（屡）复〔之〕。先饮美〔酒〕令身温，乃■

——善洒，靡（磨）之血，以水银傅，〔有（又）〕以金铫（铅）冶末皆等，以彘膏〔膳而〕傅〔之〕。

——寿（捣）庆（蜣）良（螂），膳以醯，封而炙之，虫环出。

——取庆（蜣）良（螂）一斗，去其甲足，以乌豙（喙）五果（颗），礜大如李，并以截□斗煮之，氾，以傅之。

——大皮桐，以盖而约之，善。

——燔牡鼠矢，冶，以善截膳而封之。

——燔礜，冶乌豙（喙）、黎（藜）卢、蜀叔（菽）、庶、蜀椒、桂各一合，并和，以头脂挠，布裹，布炙以熨，卷（倦）而休。

——以小童弱（溺）渍陵（菱）敊（芰），以瓦器盛，以布盖，置突上五、六日，而〔傅〕之。

——冶𦵩夷（荑）、苦瓠瓣，并以彘职（膱）膏弁，傅之，以布裹〔而〕约之。

——冶乌豙（喙）四果（颗）、陵（菱）敊（芰）一升半，以南（男）潼（童）弱（溺）一斗半并渍，煮熟，□米一升入中，挠，以傅之。

——冶乌豙（喙），炙羖脂弁，热傅之。

——取陈葵茎，燔冶之，以彘职（膱）膏殽弁，以〔傅〕疕。

——濡加（痂）：冶巫（𦵩）夷（荑）半参，以肥满刻獭膏𦵩夷■善以水洒加（痂），干而傅之，以布约之。取久死人胻骨，燔而冶之，以识（膱）膏■

——产痂：先善以水洒，而炙蛇膏令消，傅。三傅■

——痂方：取三岁织（膱）猪膏，傅之。燔胕（腐）荆箕，取其灰□□三□□〔已〕。•令。

——干加（痂）：冶蛇床实，以牡彘膏膳，先括（刮）加（痂）溃，即傅而□□，干，去□目■

——以水银、谷汁和而傅之。先以潜修（滫）沃痂即傅。

——加（痂）方：财冶犁（藜）卢，以䗪（蜂）骀弁和之，即孰□□□□加（痂）□而已。尝试。毋禁。

蛇啮

——以桑汁涂（塗）之。

痈

——取□□羽□二□二，禹步三，湮汲一音（杯）■

——痈自发者，取桐本一节所，以泽（釋）泔煮■

——痈种（肿）者，取乌豕（喙）、黎（藜）卢，冶之，■之，以熨种（肿）所。有可，□□手，令痈种（肿）者皆已。

——痈首，取茈半斗，细劍（剸），而以善戠六斗■如此□□医以此教惠■

——身有痈者，自睪（择）取大山陵："某幸病痈，我直（值）百疾之□，我以明月炻若，寒□□□□以柞枪，桯若以虎蚤，抉取若刀，而割若苇，而刖若肉，尔若不去，苦。"湮（唾）■朝日未出，东乡（向）湮（唾）之。

——白茝、白衡、菌桂、枯畺（姜）、薪（新）雉，·凡五物等。已冶五物并挠煮，取牛脂一斗细布取汁，并以金铫煏桑炭，毚（才）第（沸），发橐（歠），有（又）复煏第（沸），如此□□□布〔抒〕取汁，即取水银靡（磨）掌中，以和药，傅。且以濡浆细□□□之■。傅药毋食□彘肉、鱼及女子。已，面类□□者。

——身有体痈种（肿）者方，取牡□一，夸就■炊之，候其泪不尽一斗，抒臧（藏）之，稍取以涂身膛（体）种（肿）者而炙之，■〔痈〕种

（肿）尽去，已。尝试。·令。

——颐痈者，治半夏一、牛煎脂二、醯六，并以鼎□□□如□粝，以傅。勿尽傅，圜一寸。干，复傅之，而以汤洒去药，已矣。

鬃

——唾曰："歕，桼（漆），"三，即曰："天啻（帝）下若，以桼（漆）弓矢，今若为下民疕，涂（塗）若以豖矢。"以履下靡（磨）抵之。

——祝曰："啻（帝）右（有）五兵，壐（尔）亡。不亡，泻刀为装。"即唾之，男子七，女子二七。

——"歕，桼（漆）王，若不能桼（漆）甲兵，令某伤，奚（鸡）矢鼠襄（壤）涂（塗）桼（漆）王。"

——□□□鼠□掔（腕），饮其□一音（杯），令人终身不鬃。

——■傅之。

——■以朝未食时傅■〔病已〕如故。治病毋时。治病，禁勿■

——□□以木薪炊五斗米，孰（熟），饮之，即■时取狼牙根。

虫蚀

——□□在于脥（喉），若在它所，其病所在曰■覈（核），毁而取其仁而煮之，以汤洒之，令仆仆然，即以傅。傅■汤，以羽靡（磨）■，即傅药。傅药薄厚盈空（孔）而止。■明日有（又）洒以汤，傅〔药〕如前。日一洒，日一傅药，三日■如此数，肉产，伤瘳产肉而止。止，即洒去〔药〕。已去药，即以廌膏傅痏■，疕瘳而止。□□三日而肉产，可八〔九日〕而伤平，伤平■，十余日而瘳如故。伤已傅欲裹之则裹之，□欲□勿■矣。傅药先旦，未傅□□傅药，欲食即食。服药时■

——燔扁（漏）芦，冶之。以杜（牡）猪膏和■

——取雄鸡矢，燔，以熏其痏。■强灌鼠，令自死，煮以水，渍布其汁中，傅之。毋〔以〕手操痏。

——虫蚀，取禹灶末灰塞伤痏■。·令。

——貮（蝕）食（蚀）口鼻，冶颡（堇）葵若陈葵，以桑薪燔□□其□□令汁出，以羽取汁涂痏■

——虡（遽）斩乘车髤桴■

——□食（蚀），〔以〕猪肉肥者■以■

——冶陈葵，以■

——貮（蝕）食（蚀）齿，以榆皮、白□、美桂，而并冶，廌膏弁傅空（孔）■

干骚（瘙）

——以雄黄二两、水银两少半、头脂一升，□〔雄〕黄靡（磨）水银□手■雄黄，孰挠之。先孰洒骚（瘙）以汤，溃其灌，抚以布，令瘙止而傅之，一夜一日■

——熬陵（菱）枝（芰）一参，令黄，以淳酒半斗煮之，三沸止，蓋其汁，夕毋食，饮。

——以殷服零，最（撮）取大者一枚，寿（捣）。寿（捣）之以蠡（舂），脂弁之，以为大丸，操。

——取茹卢（芦）本蟄之，以酒渍之，后日一夜，而以〔涂（塗）〕之，已。

——取犁（藜）卢二齐、乌豪（喙）一齐、礜一齐、屈居（据）□齐、芫华（花）一齐，并和以车故脂，如以新布裹。善酒，干，节（即）炙裹乐（药），以靡（磨）其骚（瘙），复靡（磨）脂□□脂，骚（瘙）即已。

——取阑（兰）根、白付，小刌一升，舂之，以盛、沐相半洎之，鼍（才）药中，置温所三日，而入猪膏□□者一合其中，因炊〔三〕沸，以傅疥而炙之。干而复傅者炙。居二日乃浴，疥已。·令。

——煮桃叶，三沨，以为汤。以温内，饮热酒，已，即入汤中，有（又）饮热酒其中，虽久骚（瘙）〔已〕。

——干骚（瘙），煮弱（溺）三斗，令二升；豕膏一升，冶黎（藜）卢二升，同傅之。

东（冻）疕

——疕毋名而养（痒），用陵（菱）叔熬，冶之，以犬胆和，以傅之。傅之久者，辄停三日。三，疕已。·尝试。·令。

——疕，鳖葵，渍以水，夏日勿渍，以傅之，百疕尽已。

——以黎（藜）卢二、礜一，豕膏和，而膝以熨疕。

——久疕不已,干夸(刳)灶,渍以傅之,已。

——行山中而疕出其身,如牛目,是胃(谓)日■

——露疕:燔饭焦,冶,以久膏和傅。

——■

——以槐东乡(向)本、枝、叶,三沥煮,以汁■

——其祝曰:"浸燔浸燔虫,黄神在灶中。□□远,黄神兴■

——瘃(瘃):先以黍潘孰洒瘃(瘃),即燔数年〔陈〕藁,取其灰,冶藁灰以傅瘃(瘃)。已傅灰,灰尽渍□□□摹以捏去之。已捏,辄复傅灰,捏如前。〔虽〕久瘃(瘃),汁尽,即可瘳矣。傅药时禁□□□□。尝试。·令

——烝(蒸)冻土,以熨之。

——以兔产艏(脑)涂之。

——咀蓳(蓳),以封之。

——践而瘃(瘃)者,燔地穿而入足,如食顷而已,即咀葱封之,若烝(蒸)葱熨之。

蛊

——燔扁(蝙)辐(蝠)以荆薪,即以食邪者。

——燔女子布,以饮。

病蛊而病者:燔北乡(向)并符,而烝(蒸)羊尼(屍),以下汤敦(淳)符灰,即饮蛊病者,沐浴为蛊者。

——病蛊者:以乌雄鸡一、蛇一,并直(置)瓦赤铺(䰕)中,即盖

以铺，铺东乡（向）灶炊之，令鸡、蛇尽燋，即出而冶之。令病者每旦以三指三最（撮）药入一桮（杯）酒若鬻（粥）中而饮之。日一饮，尽药，已。

——蛊，渍女子未尝丈夫者〔布〕汁一音（杯），冶桂入中，令毋臭，而以酒饮之。

魅

——禹步三，取桃东枳（枝），中别为□□□之倡而笄门户上各一。

——祝曰："濆者魅父魅母，毋匿□□□北□巫妇求若固得，刖若四膿（体），编若十指，投若□水，人殹（也）人殹（也）而比鬼。"每行□，以采蠡为车，以敝箕为舆，乘人黑猪，行人室家，□□■若□□彻胆魅父魅母□□□所。

去人马尤（疣）

——取段（锻）铁者灰三■，以鍑煮，安炊之，勿令疾沸，汁不尽可一升，□□□以金■去，复再三傅其处而已。尝试。毋禁。·令。

——去人马疣：疣其末大本小□□者，取夹□、自柎子，绳之以坚絜疣本手结疣末，灸拔疣去矣。毋禁。尝〔试〕。·令。

治瘅

——瘅者，痈痛而溃。瘅居右，取马右颊〔骨〕；左，取〔马〕左颊骨，燔，冶之。鬻（煮）叔（菽）取汁洒瘅，以麂膏已湔（煎）者膏之，而以冶马〔颊骨〕末和挠傅，布裹膏一日夜更裹，再膏傅，而洒以叔（菽）汁。廿日，瘅已。尝试。•令。

——瘅：瘅者有牝牡，牡高肤，牝有空（孔）。治以丹沙■为一合，挠之，以猪织（胝）膏和，傅之。有去者，辄逋之，勿洒。■面鲍赤已。

——瘅：瘅者，痈而溃，用良叔（菽）、雷矢各■而捣之，以傅痈空（孔）中。傅〔药〕必先洒之。日一洒，傅药。傅药六十日，瘅■

附：□筮（噬）

——□取苺（莓）茎，暴（曝）干之■

毋□□，已饮此，得卧，卧臂（觉），更得■已解弱（溺）■干苺用之。□□根，干之，剡取皮□□采根■十斗，以麂膏■

附表一 《五十二病方》各题现存方数

序号	标题	方数	序号	标题	方数	序号	标题	方数
1	诸伤	17	20	□者	4	39	□阑（烂）者	18
2	伤痉	6	21	痕	2	40	脒膫	4
3	婴儿索痉	1	22	人病马不间（痫）	1	41	脒伤	2
4	婴儿病间（痫）	1	23	人病□不间（痫）	-	42	加（痂）	24
5	婴儿瘛（瘈）	1	24	人病羊不间（痫）	-	43	蛇啮	1
6	狂犬啮人	3	25	人病蛇不间（痫）	-	44	痈	8
7	犬筮（噬）人	3	26	诸食病	-	45	㾫	7
8	巢者	2	27	诸□病	-	46	虫蚀	8
9	夕下	1	28	痒病	27	47	干骚（瘙）	8
10	毒乌喙	7	29	弱（溺）□沦者	1	48	东（冻）疕	14
11	蚖	5	30	膏弱（溺）	1	49	蛊	5
12	蛭食	2	31	种（肿）囊	1	50	魅	2
13	蚍	12	32	肠穨（癀）	24	51	去人马尤（疣）	2
14	尤(疣)者	7	33	脉者	1	52	治痨	3
15	癫疾	2	34	牡痔	4	附	□筮（噬）	2
16	白处	3	35	牝痔	9			
17	大带	2	36	胸养（痒）	2	现存方总数		280
18	冥（螟）	1	37	睢（疽）病	16			
19	□罐者	1	38	□□	2			

附表二 《五十二病方》现存药名

《五十二病方》药名	《神农本草经》药名	《名医别录》药名	《五十二病方》药名	《神农本草经》药名	《名医别录》药名
矿物药（20种）			蒺藜	蒺藜	
硝石	硝石		蒿①		
恒石	长石		白蒿	白蒿	
澡石			青蒿	青蒿	
□殖土			兰		
灶末灰、灶黄土		伏龙肝	兰根	兰草	
井上瓮㼜处土			堇、堇叶②		
匡土			毒堇③		
井中泥		井底砂	葵、葵干、葵茎、陈葵④		
久溺中泥			葵种、陈葵种	冬葵子	
冻土			龙须	石龙刍	
盐		食盐	景天	景天	
戎盐	戎盐		石韦	石韦	
礜	礜石		薜	当归（？）	
丹砂	丹砂		酸浆	酸浆	
雄黄	雄黄		䔲茎、卢茹、茹卢本	茜草	
水银	水银				
铁	生铁		屈居	兰茹	
锻铁者灰	铁落		防风	防风	
金銎、铅末			艾		艾
溲汲水、溲汲		地浆（？）	白敛	白敛	
草类药（47种）			黄耆、戴糁	黄耆、戴糁	
甘草	甘草		亭历	葶苈	
乌喙·秋乌喙	乌头				

附表二 《五十二病方》现存药名（续表一）

《五十二病方》药名	《神农本草经》药名	《名医别录》药名	《五十二病方》药名	《神农本草经》药名	《名医别录》药名
续断根	续断		黎卢	黎卢	
黄芩	黄芩		蛇床实	蛇床子	
朮、朮根	朮		茈	茈胡（？）	
雷矢	雷丸		白茝	白芷	
豪莫⑤			白衡		
荃	菖蒲（？）		半夏	半夏	
牛膝	牛膝		狼牙根	牙子	
合庐			服零	茯苓	
芍药	芍药		白柎		白附子（？）
麋芜本	芎䓖		仆累	麦门冬	
荊根			辛夷、薪雉	辛夷	
苦			椒、椒汁		
蕪夷⑥			艮椒		
谷类药（16种）			蜀椒	蜀椒	
麦			蓾荚	皂荚	
赤荅	赤小豆		荆		
菽、菽汁、艮菽			柳蕡		参见柳华条
菽本			茱萸	吴茱萸或山茱萸	
大菽		生大豆	蓬虆	蓬虆	
黑菽			厚柎	厚朴	
蜀菽			无夷、无夷中核	芜荑	
陵敊、陵叔			朴		
稷		稷	大皮桐		
黍、美黍米、陈黍		黍	桐本	桐	
秫米		秫			

附表二 《五十二病方》现存药名（续表二）

《五十二病方》药名	《神农本草经》药名	《名医别录》药名
蘖米		蘖米
青粱米		青粱米
蔗		
□豆		
藿		
菜类药（8种）		
姜、干姜、枯姜	干姜	
薤、择薤	薤	
葱、干葱	参见葱实条	
芥、芥衷荚		芥
署蓏	署豫	
苦瓠瓣	苦瓠	
颠葵[7]		
兔头[8]		
木类药（27种）		
桂		桂
菌桂	菌桂	
美桂		
荚蒉		
隐夫木		
秋竹		
骆阮、白苦、苦浸		

《五十二病方》药名	《神农本草经》药名	《名医别录》药名
梓叶	梓	
桑实	参见桑根白皮条	
桑汁		
桑炭		
榆皮	榆皮	
芫华	芫华	
槐东向本根叶	槐	
桃叶	参见桃核仁条	
莓茎		
杞本	参见枸杞条	
果类药（3种）		
杏核中仁	杏核仁	
李实	李核仁	
枣、枣种鼠屑	大枣	
待考植物药（7种）		
独□		
逸华		
犬尾	参见狗阴茎条	
犬矢		
犬□		
马矢	参见白马茎条	

附表二 《五十二病方》现存药名（续表三）

《五十二病方》药名	《神农本草经》药名	《名医别录》药名	《五十二病方》药名	《神农本草经》药名	《名医别录》药名
采都药（9种）			牛肉	参见牛角鰓条	
			黄牛胆		
人发、发、燔髲灰	髲发		兔皮		参见兔头骨条
			兔毛		
男子泊、男子恶			鹿角	鹿茸	
小童溺、婴儿溺			狸皮		参见狸骨条
溺		溺	猪肉	参见豚卵条	
头脂、头垢			彘矢		
燔死人头			野彘肉		
死人胻骨			鼢鼠		鼹鼠
人泥			牡鼠		
乳汁		乳汁	牡鼠矢		
禽类药（6种）			鱼类药（3种）		
雄鸡、白鸡			鳝鱼血		
黄雌鸡、乌雄鸡			鲋鱼		鲫鱼
			彘鱼		
白鸡毛	参见丹雄鸡条		虫类药（16种）		
鸡血			蠃牛		蜗牛
鸡卵、卵			蚕卵、冥蚕种	参见白僵蚕条	
雄鸡矢			蜂卵	蜂子	
雉		雉肉	食衣白鱼	衣鱼	
兽类药（23种）			长足		

附表二 《五十二病方》现存药名（续表四）

《五十二病方》药名	《神农本草经》药名	《名医别录》药名	《五十二病方》药名	《神农本草经》药名	《名医别录》药名
羊肉	参见羖羊角条		地胆虫	地胆	
羊矢、羖羊矢			赤蜴		
肥㹠			庆良	蜣螂	
羊毛			蚯蚓矢		
羊尼（胒）			蝙蝠	伏翼	
犬胆			牡蛎	牡蛎	
犬毛			全虫蜕	蛇蜕	
龟𦙶	参见龟甲条		蛇		参见蚺蛇胆条
䗪			米		
蜟			鸟卵	雀卵	
器物、物品类药（27种）			鲜产鱼		
			鱼衣		
襦颈			野兽肉食者五物之毛		
女子布			瓣		
死者裰			块		
敝褐			待考药名（19种）		
故蒲席、敝蒲席		败蒲席	□衍		
藕之蒻			荠熟干实		
荆箕			产齐赤		
枲絮、枲垢			□荠		
陈橐			挡		
产豚藪、^⑨藪之荣荑			樿		
蜜、蜂饴	参见石蜜条		阳□		
			量簀		

附表二 《五十二病方》现存药名（续表五）

《五十二病方》药名	《神农本草经》药名	《名医别录》药名	《五十二病方》药名	《神农本草经》药名	《名医别录》药名
醯、酨、苦酒		醋	禾叕		
酒、清		酒	竒宰		
菽酱之滓			罢合		
胶	白胶（？）		□居		
谷汁			攻□		
泽泔			扁□		
黍潘			白□		
饭焦、焦			灶□		
肪膏、脂膏			兔产出		
久膏、久脂			夹□		
毚膏、猪膏、豕			灌曾、灌青		
青等	参见豚卵条				
牛脂、牛煎脂	参见牛角䚡条				
羖脂	参见羖羊角条				
豹膏		参见豹肉条			
蛇膏		参见蚺蛇胆条			
车故脂⑩					
泛称类药（11种）					
百草末					
星荣蔡					
五谷					
禾					

【注 释】

① 蒿有多种，不知何指。

② 见《新修本草》。

③ 疑即紫堇，见《嘉佑图经本草》。

④ 葵有多种，不知何指。

⑤ 即橐吾，见《急就篇》。

⑥ 《尔雅·释草》作筵藡。

⑦ 见《千金要方》卷二十六。

⑧ 《广雅·释草》云："瓜属"。

⑨ 《新修本草》作食茱萸。

⑩ 《开宝本草》作车脂。

注：古本草书常在一药下附见有关各药，如白鸡、鸡毛、鸡血、鸡卵等均列于一项；本表则依实际药用部分分列，但鸡依毛色、雌雄区别者仍归为一项，余可类推。

佚名 内经

导　读

中国的医学史，并不是什么真的"医学"史，而是一笔道道地地的"巫医"史。换句话说，中国历史上，根本没有真正的"医学"。

中国传统上关于医的记载，最早的是神农、黄帝等的假历史，后来年代较近，产生了所谓医的始祖"巫彭"与"巫咸"。从这两个所谓鼻祖以下，中国历代都有所谓新一代——进化的、改良的一代——人物出现，都据说是越来越不"巫"了，越来越"医"了，其实都是扯淡！他们不论怎么改来改去，不论是什么"华陀再世""岐伯复生"，通通属于万世一系的巫医系统！

中国的"医生"，既然如此；中国的医书，也就在迷信的大雾里翻来覆去。从汉朝以来，中国医书一直在阴阳五行的前提下演化着。这部托名黄帝著作的《内经》，就是最早的一部。它虽然有反对"信巫不信医"的倾向，但这一倾向，毕竟有它的限度。从《内经》的内容中，我们可以发现：多少和医学毫不相干的成份，都纠缠在医学的名目里！在这样的纠缠下，中国永远不会有科学的医学。只有先具备了这种认识，我们才能不为《内经》式的传统所误。

四气调神大论 节录

　　夫四时阴阳者，万物之根本也。所以圣人春夏养阳，秋冬养阴，以从其根，故与万物沉浮于生长之门。逆其根，则伐其本，坏其真矣。故阴阳四时者，万物之终始也，死生之本也；逆之则灾害生，从之则苛①疾不起，是谓得道。道者，圣人行之，愚者佩②之。从阴阳则生，逆之则死；从之则治，逆之则乱。反顺为逆，是谓内格。

　　是故圣人不治已病治未病，不治已乱治未乱，此之谓也。夫病已成而后药之，乱已成而后治之，譬犹渴而穿井，斗而铸兵，不亦晚乎？

【注释】

① 苛，重。

② 《释名·释衣服》："佩，倍也，言其非一物，有倍二也，有珠，有玉，有容刀，有帨巾，有觿之属也。"《重广补注黄帝内经素问》连上句解为："圣人心合于道，故勤而行之；愚者性守于迷，故佩服而已。"解作佩服，似未合。按倍，通背，违反也，所以释文佩作违背解。

【译 文】

　　四季的更换（春生，夏长，秋收，冬藏）和阴阳的变化（生和长是阳气，收和藏是阴气），是一切生物生活的基本条件。因此，圣人在春夏两季注意培养生长的阳气，秋冬两季注意培养收藏的阴气。这样做，就是顺着生活的基本法则，所以和一切生物同样适应着生长的规律。如果违反了生活的基本条件，就斩伐了本根，败坏了元气。所以阴阳的变化和四季的更换，是一切生物始终离不开的自然条件，是一切生物生长和死亡的根本条件。违反了它，就会发生灾害，顺从着它，那疾病就无从发生，这就叫做得到了卫生的道理。卫生的道理，圣人依照它去做，蠢人违背着它去做。顺从着阴阳的变化而行动的人才能生存，违反了它就会死亡；顺从着它便治理，违反了它便造成祸乱。应当顺从它而反违反它，这是人体内对于自然规律的抗拒，这叫做"内格"。

　　所以圣人不等病已经发作了才去治疗，而要防治还没有发作的病；不等祸乱已经发生了再去治理，而要防治还没有发生的祸乱，就是这样一个道理。如果疾病已经形成再来治疗，祸乱已经发生再来治理，那犹如口渴了才去凿井取水，战事开始了才去制造兵器一样，岂不太晚了吗？

生气通天论 节录

黄帝曰：夫自古通天者，生之本，本于阴阳。天地之间，六合之内，其气九州（九窍）①、五藏、十二节，皆通乎天气，其生五，其气三。

数犯此者，则邪气伤人，此寿命之本也。苍天之气清净则志意治，顺之则阳气固，虽有贼邪，弗能害也，此因时之序。故圣人传精神，服天气而通神明。失之则内闭九窍，外壅肌肉，卫气②散解，此谓自伤，气之削也。

【注释】

① 九州，即人身九窍。州训窍，见《尔雅·释畜》"白州䯅"注。原文中的"九窍"当系"九州"的注义误入正文。

② 卫气：《重广补注黄帝内经》引《灵枢经》："卫气者，所以温分肉而充皮肤，肥腠理而司开阖。"当指血脉运行。

【译 文】

黄帝说：阴阳的变化是一切生命的根本，一切生命的根本，自古以来都是和天气相通的。人在天地之间，上下四方之中，他们的耳、目、口、鼻、前阴、后阴九窍，肝、心、脾、肺、肾五脏，四肢的十二个关节，都是和天气相通的。天和人都是由五行生出来的，都有阳气、阴气与和气三种。

（人应当顺着五行和三气来生活），如果屡次触犯五行三气，那风寒暑湿各种邪气就会伤害人体，这是人的寿命长短的根本原因。天气清净的时候，人的精神就会清明，顺着四时的次序而生活着，体内的阳气就能聚集不散，虽有风寒雨湿各种邪气，也不致受伤害。所以圣人总是聚精会神去顺从着天气而合于自然。如果不能这样做，那么，九窍就会在里面闭塞，肌肉就会壅滞，卫气就会流散，这是自己伤害自己，削弱生气。

阴阳应象大论

黄帝曰：阴阳者，天地之道也，万物之纲纪，变化之父母，生杀之本始，神明之府也。治病必求于本。故积阳为天，积阴为地。阴静，阳躁；阳生，阴长；阴杀，阴藏；阳化气，阴成形。寒极生热，热极生寒；寒气生浊，热气生清。清气在下，则生飧泄；浊气在上，则生䐜胀。此阴阳反作，病之逆从也。

故清阳为天，浊阴为地。地气上为云，天气下为雨；雨出地气，云出天气。故清阳出上窍，浊阴出下窍；清阳发腠理，浊阴走五藏；清阳实四肢，浊阴归六府。

【译文】

黄帝说：阴和阳是天地的大道理，一切生物的总纲领，一切变化所由造成的原因，生死的主宰，精神的来源。凡是治病都应当从根本着手。天是由阳积累而成的，地是由阴积累而成的。阴是静止的，而阳是躁动的；阳生出来了，阴就会长起来；阳消灭了，阴就会收藏起来；阳（是躁动的，散布的，上升的，于是）变化成为气体，阴（是静止的，凝固的，下沉的，于是）变化成为形质。寒（阴）到了极点就会生热（阳），热（阳）到了极点就会生寒（阴）；寒气（阴气）会产生浊气（阴气），热气（阳气）会产生清气（阳气）；清气（应当在上，如果）反而在下，就会消化不良而发生腹泻；浊气（应当在下，如果）反而在上，就会发生肿胀的病。这就是由于阴阳倒置，使人不能顺着阴阳而生活，于是疾病发生了。

　　清轻的阳气是天，浊重的阴气是地。地的气上升而成云，天的气下降而成雨；雨由地的气上升为云而产出的，云由天的气下降为雨而产出的。（因为阳气是上升的，所以）清阳由上面耳、目、口、鼻七窍出来；（因为阴气是下沉的，所以）浊阴由下面前阴、后阴两窍出来；（因为肌肤在人体的表面，表面是阳，所以）清阳向肌肤发散，（因为五脏在人体的里面，里面是阴，所以）浊阴走归五脏。清阳（饮食的精气）充满四肢，浊阴（饮食的形质即渣滓）走归六府。

营造法式

李诫

导　读

李诚（1035—1110），字明仲，河南郑县人。他"博学多艺能，家藏书数万卷，其手钞者数千卷。""性孝友，乐善赴义，喜周人之急。"著有《营造法式》《续山海经》《续同姓名录》《琵琶录》《马经》《六博经》《古篆说文》等。

《营造法式》是李诚奉皇帝之命写的，他"考究群书，并与人匠讲说分明类例，以元符三年（北宋哲宗最后一年，1100）成书奏上。"这书包括三十四卷，集中国古代建筑艺术的大成。从它里面，我们可以看到北宋晚年官式建筑的全部细节。这些细节都是其来有自的，那就是上承汉唐以来的中国建筑传统。

中国建筑到了宋朝是一个大转折，因为宋朝以后，除了元朝建筑的喇嘛塔，外就直达明清了。对建筑法式，明朝没有编修定本，清朝在17世纪编修《工程做法》七十四卷，是继宋朝以后的大跟进。大体说来，以因袭者多。事实上，唐朝的结构性比清朝高明，清朝只能以装饰性取胜，并不完全在进步。

看了《营造法式》，我们对中国建筑的前后脉络，可有不少心得。

进新修《营造法式》序

臣闻"上栋下宇",《易》为"大壮"之时;"正位辨方",《礼》实太平之典。"共工"命于舜日;"大匠"始于汉朝。各有司存,案(按)为功绪。况神畿之千里,加禁阙之九重;内财宫寝之宜,外定庙朝之次;蝉联庶府,綦列百司。橌栌枅术之相枝,规矩准绳之先治;五材并用,百堵皆兴。惟时鸠僝之工,遂考翚飞之室。而斫轮之手,巧或失真;董役之官,才非兼技;不知以"材"而定"分",乃或倍斗而取长。弊积因循,法疏检察。非有治"三宫"之精识,岂能新一代之成规?

温诏下颁,成书入奏。空靡岁月,无补涓尘。恭惟皇帝陛下仁俭生知,睿明天纵。渊静而百姓定,纲举而众目张。官得其人,事为之制。丹楹刻桷,淫巧既除;菲食卑宫,淳风斯复。乃诏百工之事,更资千虑之愚。臣考阅旧章,稽参众智。功分三等,第为精粗之差;役辨四时,用度长短之晷。以至木议刚柔,而理无不顺;土评远迩,而力易以供。类例相从,条章具在。研精覃思,顾述者之非工;案(按)牒披图,或将来之有补。通直郎、管修盖皇弟外第、专一提举修盖班直诸军营房等、编修臣李诫谨昧死上。

劄　子

编修《营造法式》所

准崇宁二年（1103）正月十九日敕："通直郎、试将作少监、提举修置外学等李诫札子奏：契勘熙宁中敕，令将作监编修《营造法式》，至元祐六年（1091）方成书。准绍圣四年（1097）十一月二日敕：'以元祐《营造法式》只是料状，别无变造用材制度；其间工料太宽，关防无术。三省同奉圣旨，着臣重别编修。臣考究经史群书，并勒人匠逐一讲说，编修海行《营造法式》，元符三年（1100）内成书。送所属看详，别无未尽未便，遂具进呈，奉圣旨：依。续准都省指挥：只录送在京官司。窃缘上件《法式》，系营造制度、工限等，关防功料，最为要切，内外皆合通行。臣今欲乞用小字镂版，依海行敕令颁降，取进止。'正月十八日，三省同奉圣旨：依奏。"

《营造法式》看详

通直郎、管修盖皇弟外第、专一提举修盖班直诸军营房等臣李诫奉圣旨编修。

元圆平直

《周官·考工记》:"圆者中规,方者中矩,立者中垂(悬),衡者中水。"郑司农注云:"治材居材,如此乃善也。"

《墨子》:"子墨子言曰:天下从事者,不可以无法仪。虽至百工从事者,亦皆有法。百工为方以矩,为圆以规,直以绳,衡以水,正以垂。无巧工不巧工,皆以此五者为法。巧者能中之,不巧者虽不能中,依放以从事,犹愈以己。"

《周髀算经》:"昔者周公问于商高曰:数安从出?商高曰:数之法出于圆方。圆出于方,方出于矩,矩出于九九八十一。万物周事而圆方用焉，大匠造制而规矩设焉。或毁方而为圆，或破圆而为方。方中为圆者谓之圆方，圆中为方者谓之方圆也。"

《韩非子》：韩子曰："无规矩之法、绳墨之端，虽王尔不能成方圆。"

看详：诸作制度，皆以方圆平直为准。至如八棱之类，及棱、斜、羡、陊，《礼图》云，"羡"为不圆之貌。璧羡以为量物之度也。郑司农云，"羡"犹延也，以善切；其衺一尺而广狭焉。陊《史记索隐》云，"陊"谓狭长而方去其角也。陊，丁果切；俗作"隋"，非。亦用规矩取法。今谨按《周官·考工记》等修立下条。

诸取圆者以规，方者以矩，直者抨绳取则，立者垂绳取正，横者定水取平。

取径围

《九章算经》："李淳风注云，旧术求圆，皆以周三径一为率。若用之圆周之数，则周少而径多。径一周三，理非精密。盖术从简要，略举大纲而言之。今依密率，以七乘周二十二而一即径，以二十二乘径七而一即周。"

看详：今来诸工作已造之物及制度，以周径为则者，如点量大小须于周内求径，或于径内求周。若用旧例，以围三径一，方五斜七为据，则疏略颇多。今谨按《九章算经》及约斜长等密率，修立下条。

诸径、围、斜长依下项：

圆径七，其围二十有二；

方一百，其斜一百四十有一；

八棱径六十，每面二十有五，其斜六十有五；

六棱径八十有七，每面五十，其斜一百。

圆径内取方，一百中得七十有一；

方内取圆径，一得一。八棱、六棱取圆准此。

定功

《唐六典》："凡役有轻重，功有短长。注云：以四月、五月、六月、七月为长功；以二月、三月、八月、九月为中功；以十月、十一月、十二月、正月为短功。"

看详：夏至日长，有至六十刻者。冬至日短止于四十刻者。若一等定功，则枉弃日刻甚多。今谨按《唐六典》修立下条。

诸称"功"者，谓中功，以十分为率；长功加一分，短功减一分。

诸称"长功"者，谓四月、五月、六月、七月；"中功"谓二月、三月、八月、九月；"短功"谓十月、十一月、十二月、正月。

以上三项并入"总例"。

取正

《诗》："定之方中。"又："揆之以日。"注云：定，营室也；方中，昏正四方也。揆，度也，度日出日入以知东西；南视定，北准极，以正南北。

《周礼·天官》："唯王建国，辨方正位。"

《考工记》："置槷以垂（悬），视以景"，为规识日出之景与日入之景；夜考之极星，以正朝夕。郑司农注云：自日出而昼画其景端以至日入既则为规。测景两端之内规之，规之交，乃审也。度两交之间，中屈之以指槷，则南北正。日中之景，最短者也。极星，谓"北辰"。

《管子》："夫绳，扶拨以为正。"

《字林》："棞，时钏切。垂枭望也。"

《刊（匡）谬证俗·音字》："今山东匠人犹言垂绳视正为棞也。"

看详：今来凡有兴造，既以水平定地平面，然后立标测景、望星，以正四方，正与经传相合。今谨按《诗》及《周官·考工记》等修立下条。

取正之制：先于基址中央，日内置圆版，径一尺三寸六分；当心立表，高四寸，径一分。画标景之端，记日中最短之景。次施望筒于其上，望日景以正四方。

望筒，长一尺八寸，方三寸；用版合造。两畧头开两圆眼，径五分。筒身当中两壁用轴，安于两立颊之内。其立颊自轴至地高三尺，广三寸，厚二寸。昼望以筒指南，令日景透北，夜望以筒指北，于筒南望，令前后两窍内正见北辰极星；然后各垂绳坠下，记望筒两窍心于地以为南，则四方正。

若地势偏衺，既以景表、望筒取正四方，或有可疑处则更以水池景标较之，其立表高八尺、广八寸、厚四寸，上齐，后斜向下三寸。安于池版之上。其池版长一丈三尺，中广一尺，于一尺之内，随表之广，刻线两道；一尺之外，开水道环四周，广深各八分。用水定平，令日景两边不出刻线；以池版所指及立表心为南，则四方正。安置令立表在南，池版在北。其景夏至顺线长三尺，冬至长一丈二尺，其立表内向池版处，用曲尺较，令方正。

定平

《周官·考工记》："匠人建国，水地以垂（悬）。"郑司农注云："于四角立植而垂，以水望其高下；高下既定，乃为位而平地。"

《庄子》："水静则平中准，大匠取法焉。"

《管子》："夫准，坏坏险以为平。"

《尚书大传》："非水无以准万里之平。"

《释名》："水，准也；平，准物也。"

何晏《景福殿赋》："唯工匠之多端，固万变之不穷。雠天地以开基，并列宿而作制。制无细而不协于规景，作无微而不违于水臬。"《五臣注》云："水臬，水平也。"

看详：今来凡有兴建，须先以水平望基四角所立之柱，定地平面，然后可以安置柱石，正与经传相合。今谨按《周礼·考工记》修立下条。

定平之制：既正四方，据其位置，于四角各立一表；当心安水平。其水平长二尺四寸，广二寸五分，高二寸；下施立桩，长四尺安镶在内。上面横坐水平。两头各开池，方一寸七分，深一寸三分。或中心更开池者，方深同。身内开槽子，广深各五分，令水通过。于两头池子内，各用水浮子一枚。用三池者，水浮子或亦用三枚。方一寸五分，高一寸二分；刻上头令侧薄，其厚一分；浮于池内。望两头水浮子之首，遥对立表处于表身内画记，即知地之高下。若槽内如有不可用水处，即于桩子当心施墨线一道，上垂绳坠下，令绳对墨线心，则上槽自平，与用水同。其槽底与墨线两边，用曲尺较令方正。

凡定柱础取平,须更用真尺较之。其真尺长一丈八尺,广四寸,厚二寸五分;当心上立表,高四尺。广厚同上。于立表当心,自上至下施墨线一道,垂绳坠下,令绳对墨线心,则其下地面自平。其真尺身上平处,与立表上墨线两边,亦用曲尺较令方正。

墙

《周官·考工记》:"匠人为沟洫,墙厚三尺,崇三之。郑司农注云:高厚以是为率,足以相胜。"

《尚书》:"既勤垣墉。"

《诗》:"崇墉仡仡。"

《春秋左氏传》:"有墙以蔽恶。"

《尔雅》:"墙谓之墉。"

《淮南子》:"舜作室,筑墙茨屋,令人皆知去岩穴,各有室家,此其始也。"

《说文》:"堵,垣也。""五版为一堵。""壛,周垣也。""埒,卑垣也。""壁,垣也。垣蔽曰墙。""栽,筑墙长版也。"今谓之"膊版"。"干,筑墙端木也。"今谓之"墙师"。

《尚书·大传》:"〔天子〕贲庸,诸侯疏杼。"注云:"贲,大也;言大墙正道直也。""疏,〔犹衰〕也;杼,亦墙也;言衰杀其上,不得正直。"

《释名》:"墙,障也,所以自障蔽也。""垣,援也,人所依止,以为援卫也。""墉，容也，所以隐蔽形容也。""壁，辟也，辟御风寒也。"

《博雅》："墧、力雕切。隊、音篆。墉、院音桓。也。廦，音壁，又即壁切。墙垣也。"

《义训》："庀，音乇。楼墙也。穿垣谓之腔，音空。为垣谓之厽，音累。周谓之墧。音了。墧谓之窦。音垣。"

看详：今来筑墙制度，皆以高九尺，厚三尺为祖。虽城壁与屋墙、露墙，各有增损，其大概皆以厚三尺，崇三之为法，正与经传相合。今谨按《周官·考工记》等群书修立下条。

筑墙之制：每墙厚三尺，则高九尺；其上斜收，比厚减半。若高增三尺，则厚加一尺，减亦如之。

凡露墙，每墙高一丈，则厚减高之半。其上收面之广，比高五分之一。若高增一尺，其厚加三寸；减亦如之。其用葽桱，并准"筑城制度"。

凡抽纴墙，高厚同上。其上收面之广，比高四分之一。若高增一尺，其厚加二寸五分。如在屋下，只加二寸。划削并准"筑城制度"。

上三项并入"壕寨制度"。

举折

《周官·考工记》："匠人为沟洫，葺屋三分，瓦屋四分。"郑司农注云："各分其修，以其一为峻。"

《通俗文》："屋上平曰䧜。"必孤切。

《刊（匡）谬证俗·音字》："䧜，今犹言䧜峻也。"

皇朝景文公宋祁《笔录》："今造屋有曲折者，谓之'庸峻'，齐魏间以人有仪矩可喜者，谓之'庸峭'。盖庸峻也。"今谓之"举折"。

看详：今来举屋制度，以前后橑檐方心相去远近，分为四分；自橑檐方背上至脊槫背上，四分中举起一分。虽殿阁与厅堂及廊屋之类，略有增加，大抵皆以四分举一为祖，正与经传相合。今谨按《周官·考工记》修立下条。

举折之制：先以尺为丈，以寸为尺，以分为寸，以厘为分，以毫为厘，侧画所建之屋于平正壁上。定其举之峻慢，折之圆和，然后可见屋内梁柱之高下，卯眼之远近。今俗谓之"定侧样"，亦曰"点草架"。

举屋之法：如殿阁楼台，先量前后橑檐方心相去远近，分为三分，若余屋柱头作或不出跳者，则用前后檐柱心。从橑檐方背至脊槫背举起一分。如屋深三丈即举起一丈之类。如甋瓦厅堂，即四分中举起一分，又通以四分所得丈尺，每一尺加八分。若甋瓦廊屋及瓪瓦厅堂，每一尺加五分；或瓪瓦廊屋之类，每一尺加三分。若两椽屋，不加；其副阶或缠腰，并二分中举一分。

折屋之法：以举高尺丈，每尺折一寸，每架自上递减半为法。如举高二丈，即先从脊槫背上取平，下屋橑檐方背，其上第一缝折二尺；又从上第一缝槫背取平，下至橑檐方背，于第二缝折一尺；若椽数多，即逐缝取平，皆下至橑檐方背，每缝并减上缝之半。如第一缝二尺，第二缝一尺，第三缝五寸，第四缝二寸五分之类。如取平，皆从槫心抨绳令紧为则。如架道不匀，即约度远近，随宜加减。以脊槫及橑檐方为准。

若八角或四角斗尖亭榭，自橑檐方背举至角梁底，五分中举一分，至上簇角梁，即二分中举一分。若亭榭只用瓪瓦者，即十分中举四分。

簇角梁之法：用三折，先从大角背自橑檐方心，量向上至枨杆卯心，取大角梁背一半,并上折簇梁,斜向枨杆举分尽处;其簇角梁上下并出卯,中下折簇梁同。次从上折簇梁尽处,量至橑檐方心,取大角梁背一半,立中折簇梁,斜向上折簇梁当心之下;又次从橑檐方心立下折簇梁,斜向中折簇梁当心近下,令中折簇角梁上一半与上折簇梁一半之长同。其折分并同折屋之制。唯量折以曲尺于弦上取方量之,用瓯瓦者同。

上入"大木作制度"。

诸作异名

今按群书修立"总释",已具《法式》净条第一、第二卷内,凡四十九篇,总二百八十三条。今更不重录。

看详:屋室等名件,其数实繁。书传所载,各有异同;或一物多名,或方俗语滞。其间亦有讹谬相传,音同字近者,遂转而不改,习以成俗。今谨按群书及以其曹所语,参详去取,修立"总释"二卷。今于逐作制度篇目之下,以古今异名载于注内,修立下条。

墙 其名有五:一曰墙,二曰墉,三曰垣,四曰壔,五曰壁。

上入"壕寨制度"。

柱础 其名有六:一曰础,二曰礩,三曰舄,四曰䃡,五曰碱,六曰磶,今谓之"石碇"。

上入"石作制度"。

材 其名有三:一曰章,二曰材,三曰方桁。

栱 其名有六:一曰开,二曰槉,三曰欂,四曰曲枅,五曰栾,六曰栱。

飞昂 其名有五:一曰櫼,二曰飞昂,三曰英昂,四曰斜角,五曰下昂。

爵头 其名有四：一曰爵头，二曰耍头，三曰胡孙头，四曰蜉蝑头。

枓 其名有五：一曰楶，二曰栭，三曰栌，四曰楢，五曰枓。

平坐 其名有五：一曰阁道，二曰墱道，三曰飞陛，四曰平坐，五曰鼓坐。

梁 其名有三：一曰梁，二曰亲廇，三曰栭。

柱 其名有二：一曰楹，二曰柱。

阳马 其名有五：一曰觚棱，二曰阳马，三曰阙角，四曰角梁，五曰梁抹。

侏儒柱 其名有六：一曰棳，二曰侏儒柱，三曰浮柱，四曰棁，五曰上楹，六曰蜀柱。

斜柱 其名有五：一曰斜柱，二曰梧，三曰迕，四曰枝樘，五曰叉手。

栋 其名有九：一曰栋，二曰桴，三曰檼，四曰棼，五曰甍，六曰极，七曰槫，八曰檩，九曰櫋。

搏风 其名有二：一曰荣，二曰搏风。

柎 其名有三：一曰柎，二曰复栋，三曰替木。

椽 其名有四：一曰桷，二曰椽，三曰榱，四曰橑。短椽，其名有二：一曰楝，二曰禁楄。

檐 其名有十四：一曰宇，二曰檐，三曰樀，四曰楣，五曰屋垂，六曰梠，七曰棂，八曰联櫋，九曰橝，十曰庌，十一曰庑，十二曰槾，十三曰檐楗，十四曰庮。

举折 其名有四：一曰陠，二曰峻，三曰陠峭，四曰举折。

上入"大木作制度"。

乌头门 其名有三：一曰乌头大门，二曰表楬，三曰阀阅，今呼为"棂星门"。

平棊 其名有三：一曰平机，二曰平橑，三曰平棊。俗谓之"平起"。其以方椽施素版者，谓之"平暗（闇）"。

斗八藻井 其名有三：一曰藻井，二曰圆泉，三曰方井。今谓之"斗八藻井"。

钩阑 其名有八：一曰棂槛，二曰轩槛，三曰栊，四曰梐牢，五曰阑楯，六曰柃，七曰阶槛，八曰钩阑。

拒马义（叉）子 其名有四：一曰梐枑，二曰梐拒，三曰行马，四曰拒马义（叉）子。

屏风 其名有四：一曰皇邸，二曰后版，三曰扆，四曰屏风。

露篱 其名有五：一曰櫊，二曰栅，三曰裾，四曰藩，五曰落。今谓之"露篱"。

上入"小木作制度"。

涂 其名有四：一曰垷，二曰墐，三曰涂，四曰泥。

上入"泥作制度"。

阶 其名有四：一曰阶，二曰陛，三曰陔，四曰墒。

上入"砖作制度"。

瓦 其名有二：一曰瓦，二曰甓。

砖 其名有四：一曰甓，二曰瓴甋，三曰瑴，四曰甎砖。

上入"窑作制度"。

总诸作看详

看详：先准朝旨，以《营造法式》旧文只是一定之法。及有营造，位置尽皆不同，临时不可考据，徒为空文，难以行用，先次更不施行，委臣重别编修。今编修到海行《营造法式》"总释"并"总例"共二卷，

"制度"一十五卷,"功限"一十卷,"料例"并"工作等第"共三卷,"图样"六卷,"目录"一卷,总三十六卷。计三百五十七篇,共三千五百五十五条。内四十九篇,二百八十三条,系于经史等群书中检寻考究。至或制度与经传相合,或一物而数名各异,已于前项逐门看详立文外,其三百八篇,三千二百七十二条,系自来工作相传,并是经久可以行用之法。与诸作谙会经历造作工匠详悉讲究规矩,比较诸作利害,随物之大小,有增减之法,谓如版门制度,以高一尺为法,积至二丈四尺;如枓栱等功限,以第六等材为法,若材增减一等,其功限各有加减法之类。各于逐项"制度""功限""料例"内创行修立,并不曾参用旧文,即别无开具看详,因依其逐作造作名件内,或有须于画图可见规矩者,皆别立图样,以明制度。

天工开物

宋应星

导　读

宋应星（1587—约1661），字长庚，江西奉新人。他是明末举人，做过安徽的县太爷。著有《天工开物》《画音归正》《杂色文原耗》《卮言》等书。《天工开物》是宋应星五十岁的作品，那时是1637年（明思宗崇祯十年），距离明朝之亡，只有六年了。宋应星在乱世里，不肯怀忧丧志，沉潜实学，努力不懈，他的志事，是令人起敬的。

《天工开物》是总结中国人农业、工业生产技术的专书，内容包括农业机械、农作栽培和病虫害、纺织工业、造纸技术、食品化学、水利工程、陶瓷工艺、金属冶炼、兵器工业、造船工业、采矿技术等等。把自古以来，到明朝末年的中国传统科技，做了系统的总整理。这一总整理，是中国科技的一部最好的记录、最好的百科大全，是最难得的。

《天工开物》的伟大，尚不止此。它是对中国传统不务实学空谈心性习惯的一个挑战。当时中国的知识分子，只会搞八股教条，从这种僵化刻板的八股教条造出来的书生，是误尽苍生的废物。1977年，大陆发现了宋应星的《野议》《谈天》《论气》《思怜》四种著作，他的怀抱，在《天工开物》以外，更得到新的证明。

卷上

乃粒第一

宋子曰，上古神农氏若存若亡，然味其徽号，两言至今存矣。生人不能久生而五谷生之，五谷不能自生而生人生之。土脉历时代而异，种性随水土而分。不然，神农去陶唐粒食已千年矣。耒耜之利，以教天下，岂有隐焉。而纷纷嘉种必待后稷详明，其故何也？纨绔之子以赭衣视笠蓑，经生之家以"农夫"为诟詈。晨炊晚饟，知其味而忘其源者众矣。夫先农而系之以神，岂人力之所为哉。

总名

凡谷无定名，百谷指成数言。五谷则麻、菽、麦、稷、黍，独遗稻者。以著书圣贤起自西北也。今天下育民人者，稻居十七，而来、牟、黍、稷居十三。麻、菽二者功用已全入蔬、饵、膏馔之中，而犹系之谷者，从其朔也。

稻

凡稻种最多。不粘者禾曰秔，米曰粳。黏者禾曰稌，米曰糯。南方无黏黍，酒皆糯米所为。质本粳而晚收带黏，俗名婺源光之类。不可为酒只可为粥者，又一种性也。凡稻谷形有长芒、短芒、江南名长芒者曰浏阳早，短芒者曰吉安早。长粒、尖粒、圆顶、扁面不一。其中米色有雪白、牙黄、大赤、半紫、杂黑不一。

湿种之期，最早者春分以前，名为社种，遇天寒有冻死不生者。最迟者后于清明。凡播种先以稻、麦稿包浸数日。俟其生芽，撒于田中，生出寸许，其名曰秧。秧生三十日即拔起分栽。若田亩逢旱干、水溢，不可插秧。秧过期老而长节，即栽于亩中，生谷数粒结果而已。凡秧田一亩所生秧，供移栽二十五亩。

凡秧既分栽后，早者七十日即收获，粳有救公饥、喉下急，糯有金包银之类。方语百千，不可殚述。最迟者历夏及冬二百日方收获。其冬季播种、仲夏即收者，则广南之稻，地无霜雪故也。凡稻旬日失水，即愁旱干。夏种冬收之谷，必山间源水不绝之亩，其谷种亦耐久，其土脉亦寒，不催苗也。湖滨之田，待夏潦已过，六月方栽者。其秧立夏播种，撒藏高亩之上，以待时也。

南方平原，田多一岁两栽两获者。其再栽秧俗名晚糯，非粳类也。六月刈初禾，耕治老藁【菅本作菁依原校改，陶本作膏疑亦非】田，插再生秧。其秧清明时已偕早秧撒布。早秧一日无水即死，此秧历四、五两月，任从烈日暵干无忧，此一异也。凡再植稻过秋多晴，则汲灌与稻相终始。农家勤苦，为春酒之需也。凡稻旬日失水则死期至，幻出旱稻一种。粳而不黏者，即高山可插，又一异也。香稻一种，取其芳气，以供贵人，收实甚少，滋益全无，不足尚也。

稻宜

凡稻，土脉焦枯则穗实萧索。勤农粪田，多方以助之。人畜秽遗、榨油枯饼、枯者以去膏而得名也。胡麻、莱菔子为上，芸苔次之，大眼桐又次之，樟、柏、棉花又次之。草皮、木叶以佐生机，普天之所同也。南方磨绿豆粉者，取溲浆灌田肥甚。豆贱之时，撒黄豆于田，一粒烂土方三寸，得谷之息倍焉。土性带冷浆者，宜骨灰蘸秧根，凡禽兽骨。石灰淹苗足，向阳煖土不宜也。土脉坚紧者，宜耕陇，叠块压薪而烧之。埴坟松土不宜也。

稻工

耕耙　磨耙　耘　耔　（具图）

凡稻田刈获不再种者，土宜本秋耕垦，使宿藁化烂，敌粪力一倍。或秋旱无水及怠农春耕，则收获损薄也。凡粪田若撒枯浇泽，恐霖雨至，过水来，肥质随漂而去。谨视天时，在老农心计也。凡一耕之后，勤者再耕、三耕，然后施耙。则土质匀碎，而其中膏脉释化也。

凡牛力穷者，两人以扛悬耜，项背相望而起土。两人竟日仅敌一牛之力。若耕后牛穷，制成磨耙，两人肩手磨轧，则一日敌三牛之力也。凡牛，中国惟水、黄两种。水牛力倍于黄。但畜水牛者，冬与土室御寒，夏与池塘浴水。畜养心计亦倍于黄牛也。凡牛春前力耕汗出，切忌雨点。将雨，则疾驱入室。候过谷雨，则任从风雨不惧也。

吴郡力田者以锄代耜，不借牛力。愚见贫农之家，会计牛值与水草之资、窃盗死病之变，不若人力亦便。假如有牛者供办十亩，无牛用锄而勤者半之。既已无牛，则秋获之后田中无复刍牧之患，而菽、麦、麻、蔬诸种纷纷可种。以再获偿半荒之亩，似亦相当也。凡稻分秧之后，数日，旧叶萎黄而更生新叶。青叶既长，则耔可施焉。俗名挞禾。植杖于手，以足扶泥壅根，并屈宿田水草，使不生也。凡宿田茵【陶本误芟】草之类，遇耔而屈折。而稊、稗与荼、蓼非足力所可除者，则耘以继之。耘者苦在腰、手，辨【菅本作辩】在两眸，非类既去，而嘉谷茂焉。从此泄以防潦，溉以防旱，旬月而"奄观铚刈"矣。

稻灾

凡早稻种，秋初收藏。当午晒时烈日火气在内，入仓廪中关闭太急，则其谷黏带暑气。勤农之家偏受此患。明年田有粪肥，土脉发烧，东南风助暖，则尽发炎火，大坏苗穗，此一灾也。若种谷晚凉入廪，或冬至数九天收贮雪水、冰水一瓮，交春即不验。清明湿种时，每石以数碗激洒，立解暑气。则任从东南风暖，而此苗清秀异常矣。祟在种内，反怨鬼神。

凡稻撒种时，或水浮数寸，其谷未即沉下，骤发狂风，堆积一隅，此二灾也。谨视风定而后撒，则沉匀成秧矣。凡谷种生秧之后，防【菅本误妨】雀鸟【陶本无鸟字】聚食，此三灾也。立标飘扬鹰俑，则雀可驱矣。凡秧沉脚未定，阴雨连绵，则损折过半，此四灾也。邀天晴霁三日，则粒粒皆生矣。凡苗既函之后，亩土【菅本误上】肥泽连发，南风熏热，函内生虫，形似蚕茧。此五灾也。邀天遇西风雨一阵，则虫化而谷生矣。

凡苗吐穑之后，暮夜鬼火游烧，此六灾也。此火乃朽木腹中放出，凡木母火子，子藏母腹，母身未坏，子性千秋不灭。每逢多雨之年，孤野坟墓多被狐狸穿塌其中。棺板为水浸，朽烂之极，所谓母质坏也。火子无附，脱母飞扬。然阴火不见阳光，直待日没【陶本作暮】黄昏，此火冲隙而出。其力不能上腾【菅本误誊】，飘游不定，数尺而止。凡禾【菅本误木】穑、叶遇之立刻焦炎。逐火之人见他处树根放光，以为鬼也。奋挺击之，反有鬼变枯柴之说。不知向【菅本误何】来鬼火见灯光而已化矣。凡火未经人间灯傅者，总属阴火，故见灯即灭。

凡苗自函活以至颖栗，早者食水三斗，晚者食水五斗，失水即枯，将刈之时少水一升，谷数虽存，米粒缩小。入碾、白中亦多断碎。此七灾也。汲灌之智，人巧已无余矣。凡稻成熟之时，遇狂风吹粒殒落；或阴雨竟旬，谷粒沾湿自烂，此八灾也。然风灾不越三十里，阴雨灾不越三百里，偏方厄难亦不广被。风落不可为。若贫困之家苦于无霁，将湿谷升于锅内，燃薪其下，炸去穰膜，收炒糗以充饥。亦补助造化之一端矣。

水利

筒车　牛车　踏车　拔车　桔槔　（皆具图）

凡稻防【菅本误妨】旱借水，独甚五谷。厥土沙泥、硗腻，随方不一。有三日即干者，有半月后干者。天泽不降，则人力挽水以济。凡河滨有制筒车者，堰陂障流，绕于车下，激轮使转，挽水入筒。一一倾于枧内，流入亩中。昼夜不息，百亩无忧。不用水时，拴木碍止，使轮不转动。其湖、池不流水，或以牛力转盘，或聚数人踏转。车身长者二丈，短者半之。其内用龙骨拴串板，关水逆流而上。大抵一人竟日之力灌田五亩，而牛则倍之。

其浅池、小浍不载长车者，则数尺之车，一人两手疾转，竟日之功可灌二亩而已。扬郡以风帆数扇，俟风转车，风息则止。此车为救潦，欲去泽水以便栽种。盖去水非取水也，不适济旱。用桔槔、辘轳，功劳又甚细已。

麦

凡麦有数种。小麦曰来，麦之长也。大麦曰牟、曰穬，杂麦曰雀、曰荞。皆以播种同时，花形相似，粉食同功，而得麦名也。四海之内，燕、秦、晋、豫、齐、鲁诸道烝民粒食，小麦居半，而黍、稷、稻、粱仅居半。西极川、云，东至闽、浙、吴、楚腹焉，方长六千里中，种小麦者二十分而一。磨面以为捻头、环饵、馒首、汤料之需，而饔飧不及焉。种余麦者五十分而一，间阎作苦以充朝膳，而贵介不与焉。

穬麦独产陕西，一名青稞即大麦，随土而变。而皮成青黑色者，秦人专以饲马。饥荒人乃食之。大麦亦有粘者，河洛用以酿酒。雀麦细穗，穗中又分十数细子，间亦野生。荞麦实非麦类，然以其为粉疗饥，传名为麦，则麦之而已。凡北方小麦，历四时之气。自秋播种，明年初夏方收。南方者种与收期，时日差短。江南麦花夜发，江北麦花昼发，亦一异也。大麦种、获期与小麦相同。荞麦则秋半下种，不两月而即收。其苗遇霜即杀，邀天降霜迟迟，则有收矣。

麦工

北耕种 耨 （具图）

凡麦与稻初耕、垦土则同，播种以后则耘、耔诸勤苦皆属稻，麦惟施耨而已。凡北方厥土坟垆易解释者，种麦之法耕具差异，耕即兼种。其服牛起土者，耒不用耕，并列两铁于横木之上，其具方语曰镪，镪中间盛一小斗贮麦种于内，其斗底空梅花眼。牛行摇动，种子即从眼中撒下。欲密而多则鞭牛疾走，子撒必多。欲稀而少，则缓其牛，撒种即少。既撒种后，用驴驾两小石团，压土埋麦。凡麦种紧压方生。南方地不北同者【陶本作南地不与北同者】，多耕、多耙之后，然后以灰拌种，手指拈而种之。种过之后，随以脚根压土使紧，以代北方驴石也。

耕种之后，勤议耨锄。凡耨草用阔面大镈。麦苗生后，耨不厌勤。有三过、四过者。余草生机尽诛锄下，则竟亩精华尽聚嘉实矣。功勤易耨，南与北同也。凡粪麦田，既种以后，粪无可施，为计在先也。陕洛之间，忧虫蚀者，或以砒霜拌种子。南方所用惟炊烬也。俗民地灰。南方稻田【菅本误由】有种肥田麦者，不冀【陶本误粪】麦实。当春小麦、大麦青青之时，耕杀田中蒸罨土性，秋收稻谷必加倍也。凡麦收空隙，可再种他物。自初夏至季秋，时日亦半载，择土宜而为之，惟人所取也。南方大麦有既刈之后，乃种迟生粳稻者。勤农作苦，明赐无不及也。凡荞麦，南方必刈稻，北方必刈菽、稷而后种。其性稍吸肥腴，能使土瘦。然计其获入，业偿半谷有余，勤农之家何妨再粪也。

麦灾

凡麦防【菅本作妨】患，抵稻三分之一。播种以后，雪、霜、晴、潦，皆非所计。麦性食水甚少，北土中春再沐雨水一升，则秀华成嘉粒矣。荆、扬以南，唯患霉雨。倘成熟之时，晴干旬日，则仓廪皆盈，不可胜食。扬【菅本作杨】州谚云："寸麦不怕尺水。"谓麦初长时，任水灭顶无伤。"尺麦只怕寸水"，谓成熟时寸水软根，倒茎沾泥，则粒麦尽烂于地面也。江南有雀一种，有肉无骨，飞食麦田数盈千万。然不广及，罹害者数十里而止。江北蝗生，则大祲之岁也。

黍　稷　粱　粟

凡粮食，米而不粉者种类甚多。相去数百里，则色、味、形、质随方而变，大同小异，千百其名。北人唯以大米呼粳稻，其余概以小米名之。凡黍与稷同类，粱与粟同类。黍有黏有不黏，黏者为酒。稷有粳无粘。凡粘黍、黏粟统名曰秫，非二种外更有秫也。黍色赤、白、黄、黑皆有，而或专以黑色为稷，未是。至以稷米为先他谷熟，堪供祭祀，则当以早熟者为稷，则近之矣。凡黍在《诗》《书》有虋、芑、秬、秠等名。在今方语有牛毛、燕颔、马革、驴皮、稻尾等名。种以三月为上时，五月熟；四月为中时，七月熟；五月为下时，八月熟。扬花、结穗总与来、牟不相见也。

凡黍粒大小，总视土地肥硗、时令害育。宋儒拘定以某方黍定律，未是也。凡粟与粱统名黄米。黏粟可为酒，而芦粟一种名曰高粱者，以其身高七尺，如芦、荻也。粱粟种类名号之多，视黍、稷尤【菅本、陶本并作犹】甚。其命名或因姓氏、山水，或以形似、时令，总之不可枚举。山东人唯以谷子呼之，并不知粱、粟之名也。以上四米，皆春种秋获，耕耨之法与来、牟同。而种收之候则相悬绝云。

麻

凡麻可粒、可油者，惟火麻、胡麻二种。胡麻即脂麻，相传西汉始自大宛来。古者以麻为五谷之一，若专以火麻当之，义岂有当哉？窃意《诗》《书》五谷之麻，或其种已灭，或即菽、粟之中别种。而渐讹其名号，皆未可知也。今胡麻味美而功高，即以冠百谷不为过。火麻子粒压油无多，皮为疏恶布，其值几何？胡麻数龠充肠，移时不馁。粔饵、饴饧，得粘其粒，味高而品贵。其为油也，发得之而泽，腹得之而膏，腥膻得之而芳，毒厉得之而解。农家能广种，厚实可胜言哉。

种胡麻法，或治畦圃，或垄田亩。土碎、草净之极，然后以地灰微湿，拌匀麻子而撒种之。早者三月种，迟者不出大暑前。早种者花实亦待中秋乃结。耨草之功，唯锄是视。其色有黑、白、赤三者。其结角长寸许，有四棱者房小而子少，八棱者房大而子多，皆因肥瘠所致，非种性也。收子榨油，每石得四十斤。余其枯，用以肥田。若饥荒之年，则留供人食。

菽

　　凡菽种类之多，与稻、黍相等。播种、收获之期，四季相承。果腹之功，在人日用。盖与饮食相终始。一种大豆，有黑、黄两色，下种不出清明前后。黄者有五月黄、六月爆、冬黄三种。五月黄收粒少，而冬黄必倍之。黑者刻期八月收。淮北征骡马必食黑豆，筋力乃强。凡大豆视土地肥硗、耨草勤怠、雨露足悭，分收入多少。凡为豉、为酱、为腐，皆大豆中取质焉。【陶本皆下有于字】江南又有高脚黄，六月刈早稻方再种，九、十月收获。江西吉郡种法甚妙，其刈稻田竟不耕垦。每禾藁头中扱豆三四粒，以指扱之。其藁凝露水以滋豆，豆性充【菅本误克】发，复浸烂藁根以滋。已生苗之后，遇无雨亢干，则汲水一升以灌之。一灌之后，再耨之余，收获甚多。凡大豆入土未出芽时，防【菅本误妨】鸠雀害，驱之惟人。

　　一种绿豆，圆小如珠。绿豆必小暑方种，未及小暑而种，则其苗蔓延数尺，结荚甚稀。若过期至于处暑，则随时开花结荚，颗粒亦少。豆种亦有二，一曰摘绿，荚先老者先摘，人逐日而取之。一曰拔绿，则至期老足，竟亩拔取也。凡绿豆磨、澄、晒干为粉，荡片、搓索，食家珍贵。做粉溲浆灌田甚肥。凡畜藏绿豆种子，或用地灰、石灰【陶本作石炭，疑误】，或用马蓼【陶本马蓼上无或用二字】，或用黄土拌收，则四五月间不愁空蛀。勤者逢晴频晒，亦免蛀。

　　凡已刈稻田，夏秋种绿豆，必长接斧柄。击碎土块，发生乃多。凡种绿豆，一日之内，遇大雨拔【菅本作扳，佐原校及陶本改正】土，则不复生。既生之后，防【菅本误妨】雨水浸，疏沟浍以泄之。凡耕绿豆及大豆田地，耒耜欲浅，不宜深入。盖豆质根短而苗直，耕土既深，土块曲压，则不生者半矣。"深耕"二字，不可施之菽类，此先农之所未发者。

一种豌【菅本误腕，下同】豆，此豆有黑斑点，形圆同绿豆，而大则过之。其种十月下，来年五月收。凡树木叶迟者，其下亦可种。一种蚕豆，其荚似蚕形，豆粒大于大豆。八月下种，来年四月收，西浙桑树之下遍繁【陶本作环】种之。盖凡物树叶遮露则不生，此豆与豌豆，树叶茂时彼已结荚而成实矣。襄、汉上流，此豆甚多而贱，果腹之功不啻黍、稷也。

一种小豆，赤小豆入药有奇功，白小豆一名饭豆。当餐助嘉谷。夏至下种，九月收获，种盛江、淮之间。一种穞音吕。豆，此豆古者野生田间，今则北土盛种。成粉、荡片【菅本作皮，依原校及陶本改正】可敌绿豆。燕京负贩者，终朝呼穞豆片【菅本作皮，依原校及陶本改正】，则其产必多矣。一种白藊豆，乃沿篱蔓生者，一名蛾眉豆。其他豇豆、虎斑豆、刀豆与大豆中分青皮、褐色之类，间繁一方者，犹不能尽述。皆充蔬、代谷。以粒烝民者，博物者其可忽诸。

耕

耘

耔

耙

堰

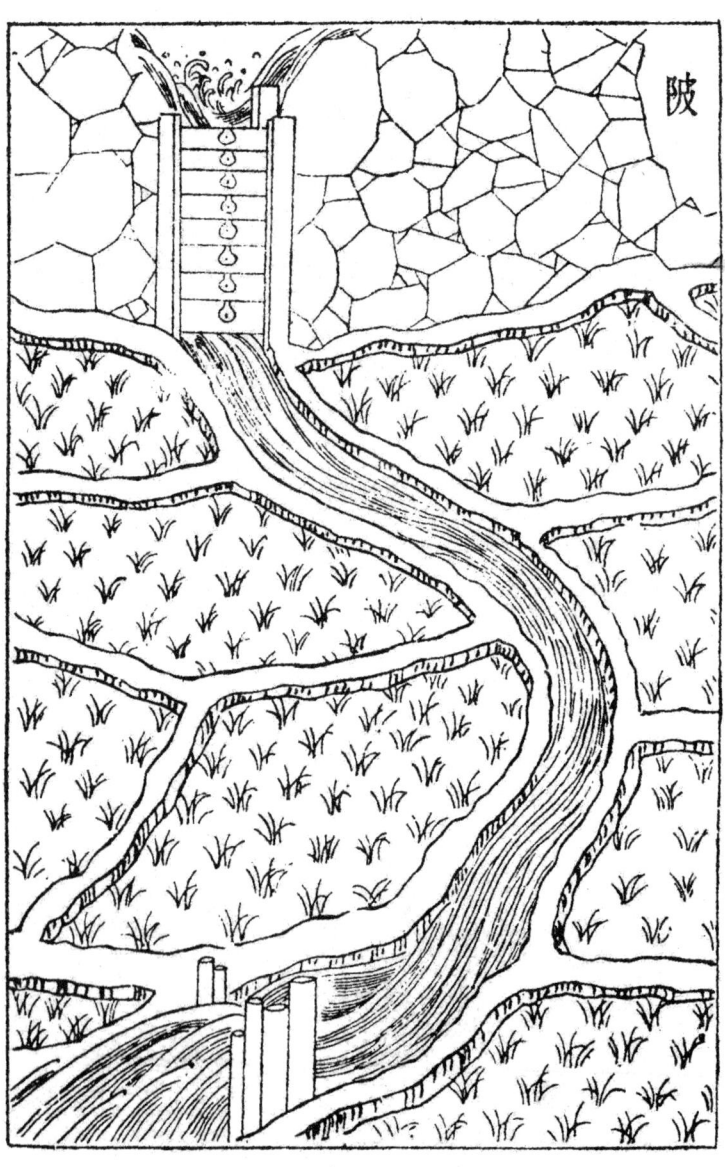

陂

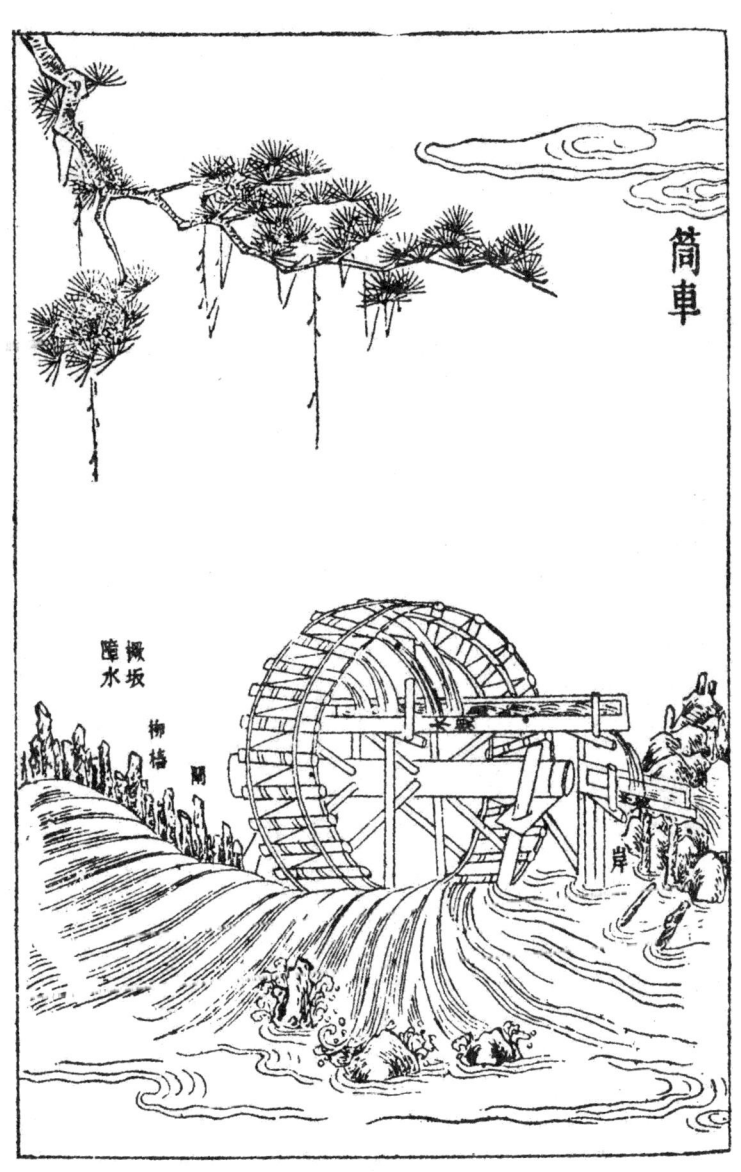

筒车

高转筒车

牛车

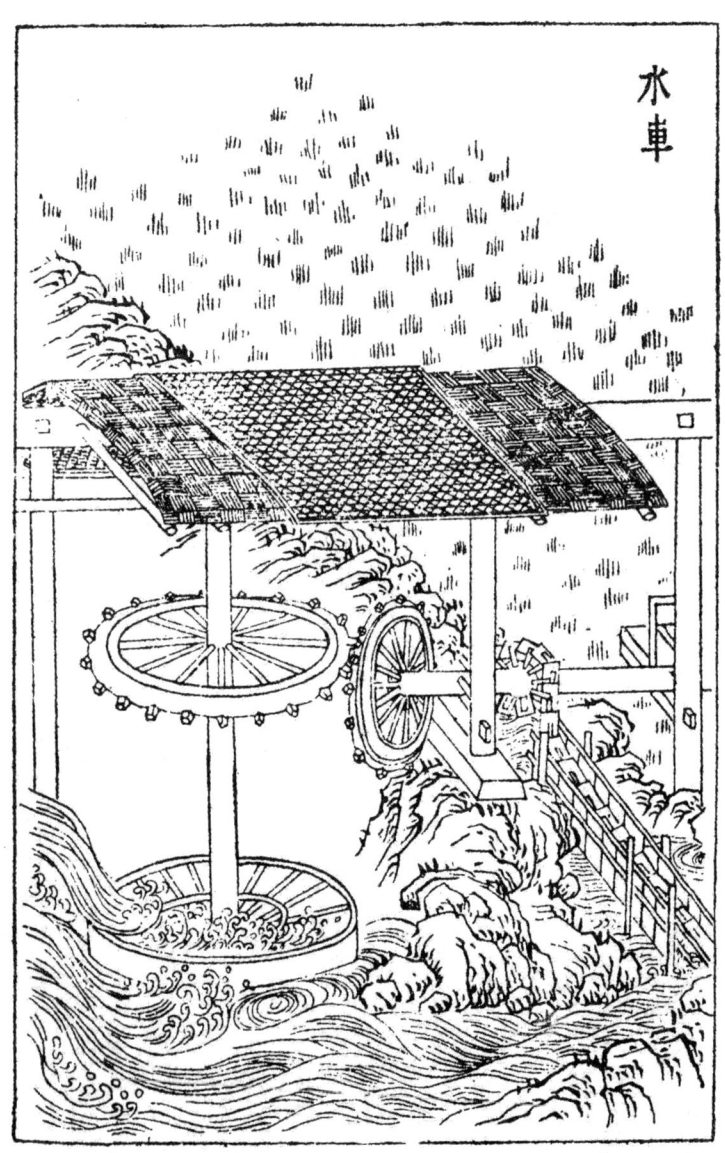

水车

桔槔

辘轳

踏车

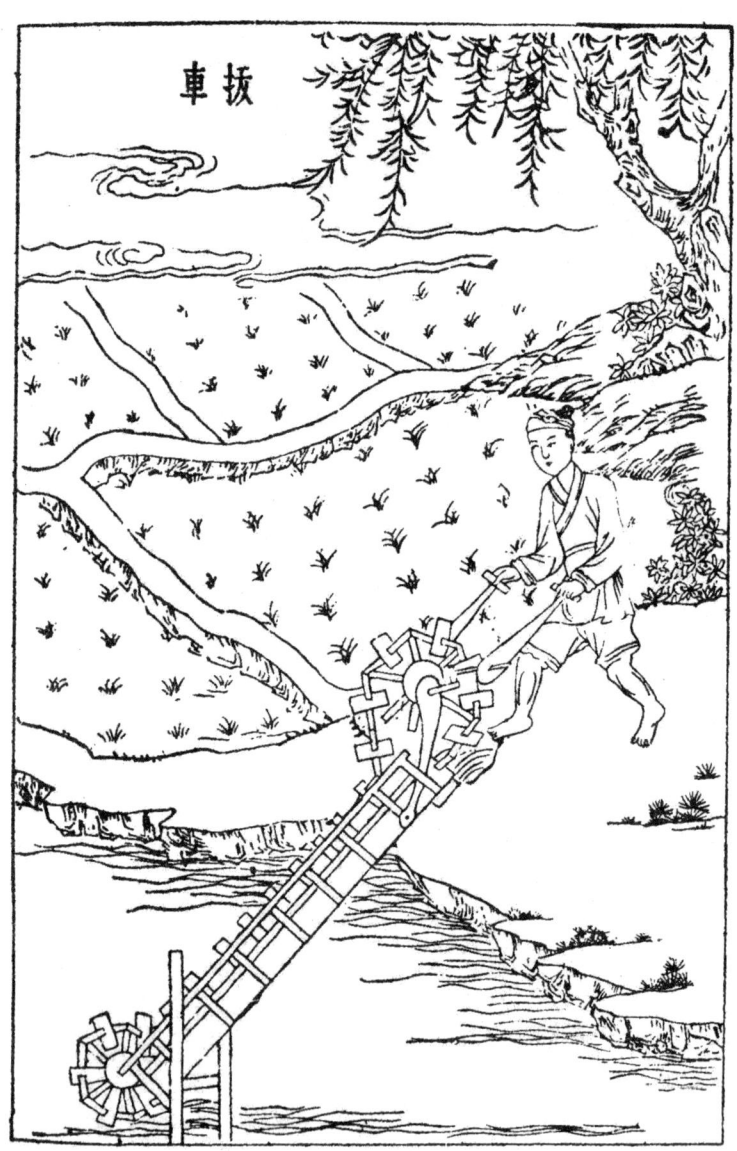

拔车

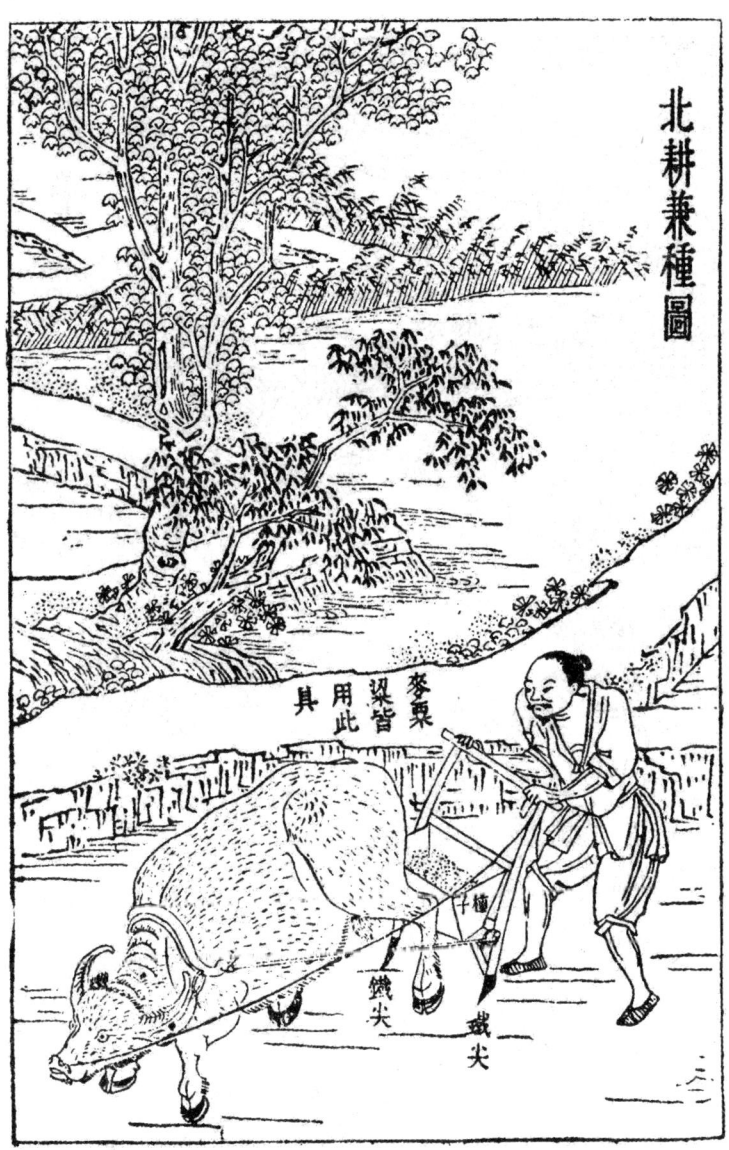

北耕兼种图

南种牟麦图

耨

北盖种图

乃服第二

宋子曰，人为万物之灵，五官百体，赅而存焉。贵者垂衣裳，煌煌山龙，以治天下。贱者裋【陶本作短】褐、枲裳，冬以御寒，夏以蔽体，以自别于禽兽。是故其质则造物之所具也。属草木者为枲、麻、苘、葛，属禽兽与昆虫者为裘、褐、丝、绵。各载其半，而裳服充焉矣。天孙机杼，传巧人间。从本质而见花，因绣濯而得锦。乃杼柚遍天下，而得见花机之巧者，能几人哉？"治乱经纶"【菅本误论】字义，学者童而习之，而终身不见其形象，岂非缺憾也。先列饲蚕之法，以知丝源之所自。盖人物相丽，贵贱有章，天实为之矣。

蚕种

凡蛹变蚕蛾，旬日破茧而出，雌雄均等。雌者伏而不动，雄者两翅飞扑，遇雌即交。交一日、半日方解。解脱之后，雄者中枯而死，雌者即时生卵。承藉卵生者，或纸或布，随方所用。嘉、湖用桑皮厚纸，来年尚可再用。一蛾计生卵二【菅本误一】百余粒，自然粘于纸上。粒粒匀铺，天然无一堆积。蚕主收贮，以待来年。

蚕浴

凡蚕用浴法，唯嘉、湖两郡。湖多用天露、石灰，嘉多用盐卤水。每蚕纸一张，用盐仓走出卤水二升，掺水浸于盂内，纸浮其面。石灰仿此。逢腊月十二即浸浴，至二十四日，计十二日，周即漉起，用微火烘【菅本作炡】干。从此珍重箱匣中，半点风湿不受，直待清明抱产。其天露浴者，时日相同。以篾盘盛纸，摊开屋上，四隅小石镇压。任从霜雪、风雨、雷电，满十二日方收。珍重待时如前法。盖低种经浴，则自死不出，不费叶故，且得丝亦多也。晚种不用浴。

种忌

凡蚕纸用竹木四条为方架，高悬透风避日梁枋之上。其下忌桐油、烟煤火气，冬月忌雪映，一映即空。遇大雪下时，即忙收贮。明日雪过，依然悬挂，直待腊月浴藏。

种类

凡蚕有早、晚二种，晚种每年先早种五六日出，川【菅本误用】中者不同。结茧亦在先，其茧较轻三分之一。若早蚕结茧时，彼已出蛾生卵，以便再养矣。晚蛹戒不宜食。凡三样浴种，皆谨视原记。如一错误，或将天露者投盐浴，则尽空不出矣。凡茧色唯黄、白二种，川、陕、晋、豫有黄无白，嘉、湖有白无黄。若将白雄配黄雌，则其嗣变成褐茧。黄丝以猪胰漂洗，亦成白色，但终不可染漂白、桃红二色。

凡茧形亦有数种，晚茧结成亚腰葫芦样，天露茧尖长如榧子形，又或圆扁如核桃形。又一种不忌泥涂叶者，名为贱蚕，得丝偏多。凡蚕形亦有纯白、虎斑、纯黑、花纹数种，吐丝则同。今寒家有将早雄配晚雌者，幻出嘉种。一异也。野蚕自为茧，出青州、沂水等地，树老即自生。其丝为衣，能御雨及垢污。其蛾出即能飞，不传种纸上。他处亦有，但稀少耳。

抱养

凡清明逝三日，蚕妙即不偎衣衾暖气，自然生出。蚕室宜向东南，周围用纸糊风隙，上无棚板者宜顶格。值寒冷则用炭火于室内助暖。凡初乳蚕，将桑叶切为细条，切叶不束稻麦藁为之，则不损刀。摘叶用瓮坛盛，不欲风吹枯悴。

二眠以前，腾【菅本作腾】筐方法，皆用尖圆小竹快提过。二眠以后，则不用筋，用手指可拈矣。凡腾筐勤苦，皆视人工。怠于腾【菅本作腾】者，厚叶与粪湿蒸，多致压死。凡眠齐时，皆吐丝而后眠。若腾【菅本作膳】过，须将旧【菅本作旧，依原校及陶本改正】叶些微拣净。若粘带丝缠叶在中，眠起之时，恐其即食一口则其病为胀死。三眠已过，若天气炎热，急宜搬出宽凉所，亦忌风吹。凡大眠后，计上叶十二餐方腾【菅本作膳】，太勤则丝糙。

养忌

凡蚕畏香复畏臭。若焚骨灰、淘毛圊者顺风吹来，多致触死。隔壁煎鲍鱼、宿脂亦或触死。灶烧煤炭，炉爇沉、檀亦触死。懒妇便器摇动气侵，亦有损伤。若风则偏忌西南，西南风太劲，则有合箔皆僵者。凡臭气触来，急烧残桑叶烟以抵之。

叶料

凡桑叶无土不生。嘉、湖用枝条垂压，今年视桑树傍生条，用竹钩挂卧，逐渐近地面，至冬月则抛土压之。来春每节生根，则剪开他栽。其树精华皆聚叶上，不复生葚与开花矣。欲叶便剪摘，则树至七八尺即斩截当顶，叶则婆娑可扳【菅本作攀】伐，不必乘梯缘木也。其它用子种者，立夏桑葚紫熟时取来，用黄泥水搓洗，并水浇于地面，本秋即长尺余，来春移栽。倘灌粪勤劳，亦易长茂，但间有生葚与开花者，则叶最薄少耳。又有花桑，叶薄不堪用者，其树接过，亦生厚叶也。

又有柘叶三种，以济桑叶之穷。柘叶浙中不经见，川中最多。寒家用浙种，桑叶穷时仍啖柘叶，则物理一也。凡琴弦、弓弦丝，用柘养蚕名曰棘茧，谓最坚韧。凡取叶必用剪，铁剪出嘉郡桐乡者最犀利，他乡未得其利。剪枝之法，再生条次月叶愈茂，取资既多，人工复便。凡再生条叶，仲夏以养晚蚕，则止摘叶而不剪条。二叶摘后，秋来三叶复茂，浙人听其经霜自落，片片扫拾以饲绵羊，大获绒【陶本作羢】毡之利。

食忌

凡蚕大眠以后，径食湿叶。雨天摘来者，任从铺地加餐。晴日摘来者，以水洒湿而饲之，则丝有光泽。未大眠时，雨天摘叶用绳悬挂透风檐下，时振其绳，待风吹干。若用手掌拍干，则叶焦而不滋润，他时丝亦枯色。凡食叶，眠前必令饱足而眠，眠起即【陶本作而】迟半日上叶无妨也。雾天湿叶甚坏蚕。其晨有雾切勿摘叶。待雾收时，或晴或雨，方剪伐也。露珠水亦待旴干而后剪摘。

病症

凡蚕卵中受病，已详前款。出后湿热、积压，防【菅本作妨】忌在人。初眠腾【菅本作滕】时用漆合者，不可盖掩，逼出冞【陶本作气】水。凡蚕将病，则脑上放光，通身黄色，头渐大而尾渐小。并及眠之时，游走不眠，食叶又不多者，皆病作也。急择而去之，勿使败群。凡蚕强美者，必眠叶面；压在下者，或力弱、或性懒，作茧亦薄。其作茧不知收法，妄吐丝成阔窝者，乃蠢蚕，非懒蚕也。

老足

凡蚕食叶足候，只争时刻。自卵出蚋，多在辰、巳二时，故老足结茧亦多辰、巳二时。老足者喉下两唊通明。捉时嫩一分则丝少。过老一分又吐去丝，茧壳必薄。捉者眼法高，一只不差方妙。黑色蚕不见身中透光，最难捉。

结茧

凡结茧必如嘉、湖，方尽其法。他国不知用火烘，听蚕结出。甚至丛秆之内、箱匣之中，火不经，风不透。故所为屯、漳等绢，豫、蜀等绸，皆易朽烂。若嘉、湖产丝成衣，即入水浣濯百余度，其质尚存。其法析竹编箔，其下横架料木约六尺高，地下摆列炭火，炭忌爆炸。方圆去四五尺即列火一盆。

初上山时，火分两略轻少，引他成绪。蚕恋火意，即时造茧，不复缘走。茧绪既成，即每盆加火半斤。吐出丝来，随即干燥，所以经久不坏也。其茧室不宜楼板遮盖，下欲火而上欲风凉也。凡火顶上者，不以为种，取种宁用火【菅本误大】偏者。其箔上山用麦稻藁斩齐，随手纠揻成山，顿插箔上。做山之人最宜手健。箔竹稀疏用短藁略铺洒，防【菅本误妨】蚕跌坠地下与火中也。

取茧

凡茧造三日，则下箔而取之。其壳外浮丝，一名丝匡者。湖郡老妇贱价买去，每斤百文。用铜钱坠打成线，织成湖绸。去浮之后，其茧必用大盘摊开架上，以听治丝、扩绵。若用厨箱掩盖，则浥郁而丝绪断绝矣。

物害

凡害蚕者，有雀、鼠、蚊三种。雀害不及茧，蚊害不及早蚕，鼠害则与之相终始。防驱之智，是不一法，唯人所行也。雀屎粘叶，蚕食之立刻死烂。

择茧

凡取丝必用圆正独蚕茧，则绪不乱。若双茧并四五蚕共为茧，择去取绵用。或以为丝，则粗甚。

造绵

凡双茧并缫丝锅底零余，并出种茧壳，皆绪断乱不可为丝。用以取绵，用稻灰水煮过不宜石灰。倾入清水盆内。手大指去甲净尽，指头顶开四个，四四数足，用拳顶开又四四十六拳数，然后上小竹弓。此《庄子》所谓"洴澼絖"也。湖绵独白净清化者，总缘手法之妙。上弓之时惟取快捷，带水扩开。若稍缓水流去，则结块不尽解，而色不纯白矣。其治丝余者名锅底绵，装绵衣、衾内以御重寒，谓之挟纩。凡取绵人工，难于取丝八倍，竟日只得四两余。用此绵坠打线织湖绸者，价颇重。以绵线登花机者名曰花绵，价尤重。

治丝

缫车 （具图）

凡治丝，先制丝车。其尺寸、器具，开载后图。锅煎极沸汤，丝粗细视投茧多寡。穷日之力，一人可取三十两。若包头丝，则只取二十两，以其苗长也。凡绫罗丝，一起投茧二十枚，包头丝只投十余枚。凡茧滚沸时，以竹签拨动水面，丝绪自见。提绪入手，引入竹针眼，先绕星丁头，以竹棍做成如香筒样。然后由送丝干【陶本作竿，但其治丝图二注亦作干。】勾挂，以登大关车。

断绝之时，寻绪丢上，不必绕接。其丝排匀不堆积者，全在送丝干【陶本作竿】与磨不【陶本作木，但其治丝图二注亦作不】之上。川【菅本作用，依原校及陶本改正】蜀丝车制稍异，其法架横锅上，引四五绪而上，两人对寻锅中绪，然终不若湖制之尽善也。凡供治丝薪，取极燥无烟湿者，则宝色不损。丝美之法有六字，一曰出口干，即结茧时用炭火烘。一曰出水干，则治丝登车时，用炭火四五，两盆盛，去车关五寸许。运转如风转【菅本风下无转字】时，转转火意照干，是曰出水干也。若晴光又风色，则不用火。

调丝

凡丝议织时，最先用调。透光檐端宇下，以木架铺地，植竹四根于上，名曰络笃。丝匡竹上，其傍倚柱高八尺处，钉具斜安小竹偃月挂钩。悬搭丝于钩内，手中执籰旋缠，以俟牵经、织纬之用。小竹坠石为活头，接断之时，扳【陶本作攀】之即下。

纬络

纺车 （具图）

凡丝既籰之后，以就经纬。经质用少，而纬质用多。每丝十两，经四纬六，此大略也。凡供纬籰，以水沃湿丝，摇车转铤，而纺于竹管之上。竹用小箭竹。

经具

溜眼 掌扇 经耙 印架 （皆具图）

凡丝既籰之后，牵经就织。以直竹竿穿眼三【菅本误二】十余，透过篾圈，名曰溜眼。竿横架柱上，丝从圈透过掌扇，然后缠绕经耙之上。度数既足，将印架捆卷。既捆，中以交竹二度，一上一下间丝，然后扱于筬内。此筬非织筬。扱筬之后，以的杠与印架相望，登开五七丈。或过糊者，就此过糊。或不过糊，就此卷于的杠，穿综就织。

过糊

凡糊用面筋内小粉为质。纱、罗所必用，绫、绸或用或不用。其染纱不存素质者，用牛胶水为之，名曰清胶纱。湖浆承于筬上，推移染透，推移就干。天气晴明，顷刻而燥，阴天必借风力之吹也。

边维

凡帛不论绫、罗，皆别牵边，两傍各二十余缕。边缕必过糊，用筬推移梳干。凡绫、罗必三十丈、五六十丈一穿，以省穿接繁苦。每疋应截画墨于边丝之上，即知其丈尺之足。边丝不登的杠，别绕机梁之上。

经数

凡织帛，罗、纱筬以八百齿为率。绫、绢筬以一千二百齿为率。每筬齿中度经过糊者，四缕合为二缕。罗、纱经计三千二百缕，绫、绸经计五千、六千缕。古书八十缕为一升，今绫、绢厚者，古所谓六十升布也。

凡织花文，必用嘉、湖出口、出水皆干丝为经，则任从提挈，不忧断接。他省者即勉强提花，潦草而已。

花机式【菅本无花字】

（具全图）

凡花机，通身度长一丈六尺，隆起花楼，中托衢盘，下垂衢脚。水磨竹棍为之，计一千八百棍。对花楼下掘坑二尺许，以藏衢脚。地气湿者，架棚二尺代之。提花小厮坐立花楼架木上。机末以的杠卷丝，中用叠助木两枝直穿二木，约四尺长，其尖插于篗两头。

叠助，织纱、罗者，视织绫、绢者减轻十余斤方妙。其素罗不起花纹，与软纱、绫绢踏成浪梅小花者，视素罗只加桄二扇。一人踏织自成，不用提花之人闲住花楼，亦不设衢盘与衢脚也。其机式两接，前一接平安，自花楼向【菅本误何，原校谓疑当作倚】身一接斜倚，低下尺许，则叠助力雄。若织包头细软，则另为均平不斜之机。坐处斗二脚，以其丝微细，防遏叠助之力也。

腰机式

（具图）

凡织杭西、罗地等绢，轻素等绸，银条、巾帽等纱，不必用花机，只用小机。织匠以熟皮一方置坐下，其力全在腰、尻之上，故名腰机。普天织葛、苎、棉布者，用此机法，布帛更整齐、坚泽，惜今传之犹未广也。

结花本【菅本无结字】

凡工匠结花本者，心计最精巧。画师先画何等花色于纸上，结本者以丝线随画量度，算计分寸秒【菅本、陶本并误杪】忽而结成之。张悬花楼之上，即织者不知成何花色，穿综带经，随其尺寸、度数提起衢脚，梭过之后居然花现。盖绫绢以浮经而见花，纱罗以纠纬而见花。绫绢一梭一提，纱罗来梭提，往梭不提。天孙机杼，人巧备矣。

穿经

凡丝穿综度经，必用四人列坐。过筬之人，手执筬耙先插，以待丝至。丝过筬，则两指执定，足五七十筬，则绦结之。不乱之妙，消息全在交竹。即接断，就丝一扯，即长数寸。打结之后，依还原度，此丝本质自具之妙也。

分名

凡罗，中空小路以透风凉。其消息全在软综之中。袞头两扇打综，一软一硬。凡五梭、三梭最厚者七梭。之后，踏起软综，自然纠转诸经，空路不粘。若平过不空路而仍稀者曰纱，消息亦在两扇衮头之上。直至织花绫绸，则去此两扇，而用桄综八扇。

凡左右手各用一梭交互织者，曰绉纱。凡单经曰罗地，双经曰绢地，五经曰绫地。凡花分实地与绫地，绫地者光，实地者暗。先染丝而后织者曰缎。北土屯绢亦先染丝。就丝绸机上织时，两梭轻、一梭重。空出稀路者，名曰秋罗，此法亦起近【陶本误进】代。凡吴、越秋罗，闽、广怀素，皆利摺绅当暑服。屯绢则为外官、卑官逊别锦绣用也。

熟练

凡帛织就犹是生丝，煮练方熟。练用稻藁灰入水煮。以猪胰脂陈宿一晚，入汤浣之，宝色烨然。或用乌梅者，宝色略减。凡早丝为经、晚丝为纬者，练熟之时，每十两轻去三两。经、纬皆美好，早丝轻化只二两。练后日干张急，以大蚌壳磨使乖钝，通身极力刮过，以成宝色。

龙袍

凡上供龙袍，我朝局在苏、杭。其花楼高一丈五尺，能手两人扳【陶本作攀】提花本。织过数寸，即换龙形。各房斗合，不出一手。赭、黄亦先染丝，工器原无殊异。但人工慎重与资本皆数十倍，以效忠敬之谊。其中节目微细，不可得而详考云。

倭缎

凡倭缎制起东夷，漳、泉海滨效法为之。丝质来自川蜀，商人万里贩来，以易胡椒归里。其织法亦自夷国传来。盖质已先染，而斯绵夹藏。经面织过数寸，即刮成黑光。北虏互市者见而悦之，但其帛最易朽污。冠弁之上，顷刻集灰。衣领之间，移日损【菅本误捐】坏。今华夷皆贱之，将来为弃物，织法可不传云。

布衣

赶 弹 纺 （具图）

凡棉衣御寒，贵贱同之。棉花古书名枲麻，种遍天下。种有木棉、草棉两者，花有白、紫二色。种者白居十九，紫居十一。凡棉春种秋花，花先绽者逐日摘取，取不一时。其花粘子于腹，登赶车而分之。去子取花，悬弓弹化。为挟纩温衾袄者，就此止功。弹后以木板擦成长条，以登纺车。引绪纠成纱缕，然后绕籰、牵经就织。凡纺工能者，一手握三管，纺于锭上。捷则不坚。

凡棉布寸土皆有，而织造尚松【菅本作淞】江，浆染尚芜湖。凡布缕紧则坚，缓则脆。碾石取江北性冷质腻者，每块佳者值十余金。石不发烧，则缕紧不松泛。【菅本误乏】芜湖巨店首尚佳石。广南为布薮，而偏取远产，必有所试矣。为衣敝浣，犹尚寒砧捣声，其义亦犹是也。外国朝鲜造法相同，惟西洋则未核其质，并不得其机织之妙。凡织布有云花、斜文、象眼等，皆仿花机而生义。然既曰布衣，太素足矣。织机十室必有，不必具图。

枲著

凡衣、衾挟纩御寒，百人之中，止一人用茧绵，余皆枲著。古缊袍，今俗名胖袄。棉花既弹化，相衣、衾格式而入装之。新装者附体轻暖，经年板紧，暖气渐无，取出弹化而重装之，其暖如故。

夏服

凡苎麻无土不生。其种植有撒子、分头两法。池郡每岁以草粪压头，其根随土而高。广南青麻，撒子种田茂甚。色有青、黄两样。每岁有两刈者、有三刈者，绩为当暑衣裳、帷帐。凡苎皮剥取后，喜日燥干，见水即烂。破析时则以水浸之，然只耐二十刻，久而不析则亦烂。苎质本淡黄，漂工化成至白色。先用稻灰、石灰水煮过，入长流水再漂再晒，以成至白。纺苎纱，能者用脚车。一女工并敌三工。

惟破析时，穷日之力，只得三五铢重。织苎机具与织棉者同。凡布衣缝线、革履串绳，其质必用苎纠合。凡葛蔓生，质长于苎数尺。破析至细者，成布贵重。又有苘麻一种，成布甚粗，最粗者以充丧服。即苎布有极粗者，漆家以盛布灰，大内以充火炬。又有蕉纱，乃闽中取芭蕉皮析、缉为之。轻细之甚，值贱而质枵，不可为衣也。

裘

凡取兽皮制服，统名曰裘。贵至貂、狐，贱至羊、麂，值分百等。貂产辽东外徼建州地及朝鲜国。其鼠好食松子，夷人夜伺树下，屏息悄声而射取之。一貂之皮，方不盈尺。积六十余貂，仅成一裘。服貂裘者，立风雪中，更暖于宇下。眯入目中，拭之即出，所以贵也。色有三种，一白者曰银貂，一纯黑，一黯黄。黑而毛长者，近值一帽套已五十金。凡狐、貉亦产燕、齐、辽、汴诸道。纯白狐腋裘价与貂相仿，黄褐狐裘值貂五分之一，御寒温体功用次于貂。凡关外狐，取毛见底青黑，中国者吹开见白色，以此分优劣。

羊皮裘母贱子贵。在腹者名曰胞羔，毛文略具。初生者名曰乳羔，皮上毛似耳环脚。三月者曰跑羔，七月者曰走羔。毛文渐直。胞羔、乳羔为裘不膻。古者羔裘为大夫之服，今西北搢绅亦贵重之。其老大羊皮硝熟为裘，裘质痴重，则贱者之服耳。然此皆绵羊所为。若南方短毛革，硝其鞹如纸薄，止供画灯之用而已。服羊裘者，腥膻之气习久而俱化，南方不习者不堪也。然寒凉渐杀，亦无所用之。

麂皮去毛，硝熟为袄、裤，御风便体，袜、靴更佳。此物广南繁生外，中土则积集【集下陶本多一聚字】楚中，望华山为市皮之所。麂皮且御蝎患，北人制衣而外，割条以缘衾边，则蝎自远去。虎豹至文，将军用以彰身。犬豕至贱，役夫用以适足。西戎尚獭皮，以为毳衣领饰。襄黄之人，穷山越国射取而远货，得重价焉。殊方异物如金丝猿，上用为帽套。扯里狲御服以为袍，皆非中华物也。兽皮衣人，此其大略，方物则不可殚述。飞禽之中有取鹰腹、雁胁【菅本误协】毳毛，杀生盈万乃得一裘，名天鹅绒者，将焉用之？

褐毡

凡绵羊有二种，一曰蓑衣羊，剪其毳为毡、为绒片，帽、袜遍天下，胥此出焉。古者西域羊未入中国，作褐为贱者服，亦以其毛为之。褐有粗而无精，今日粗褐亦间出此羊之身。此种自徐、淮以北州郡，无不繁生。南方唯湖郡饲畜绵羊，一岁三剪毛。夏季希革不生。每羊一只岁得绒袜料三双。生羔牝牡合数得二羔，故北方家畜绵羊百只。则岁入计百金云。

一种矞芳【陶本作䍩】羊，番语。唐末始自西域传来，外毛不甚蓑长，内毳细软，取织绒褐，秦人名曰山羊，以别绵羊。此种先自西域传入临洮，今兰州独盛，故褐之细者皆出兰州，一曰兰绒，番语谓之孤古绒，从其初号也。山羊毳绒亦分两等，一曰搊绒，用梳栉搊下，打线织帛，曰褐子、把子诸名色。一曰拔绒，乃毳毛精细者，以两指甲逐茎挦下，打线织绒褐。此褐织成，揩面如丝帛滑腻。每人穷日之力打线，只得一钱重，费半载工夫方成匹帛之料。若搊绒打线，日多拔绒数倍。凡打褐绒线，冶铅为锤坠于绪端，两手宛转搓成。

凡织绒褐机大于布机。用综八扇，穿经度缕，下施四踏轮，踏起经隔二抛纬，故织出文成斜线，其梭长一尺二寸。机织、羊种，皆彼时归夷传来。名姓再详。故至今织工皆其族类，中国无与也。凡绵羊剪毳，粗者为毡，细者为绒。毡皆煎烧沸汤投于其中搓洗，俟其粘合，以木板定物式，铺绒其上运轴赶成。凡毡绒白、黑为本色，其余皆染色。其氁䋲【菅本作俞】、氆氇【菅本作鲁】等名称，皆华夷各方语所命。若最粗而为毯者，则驽马诸料杂错而成，非专取料于羊也。

蚕浴

老足

取茧

山箔

择茧

治丝一

治丝二

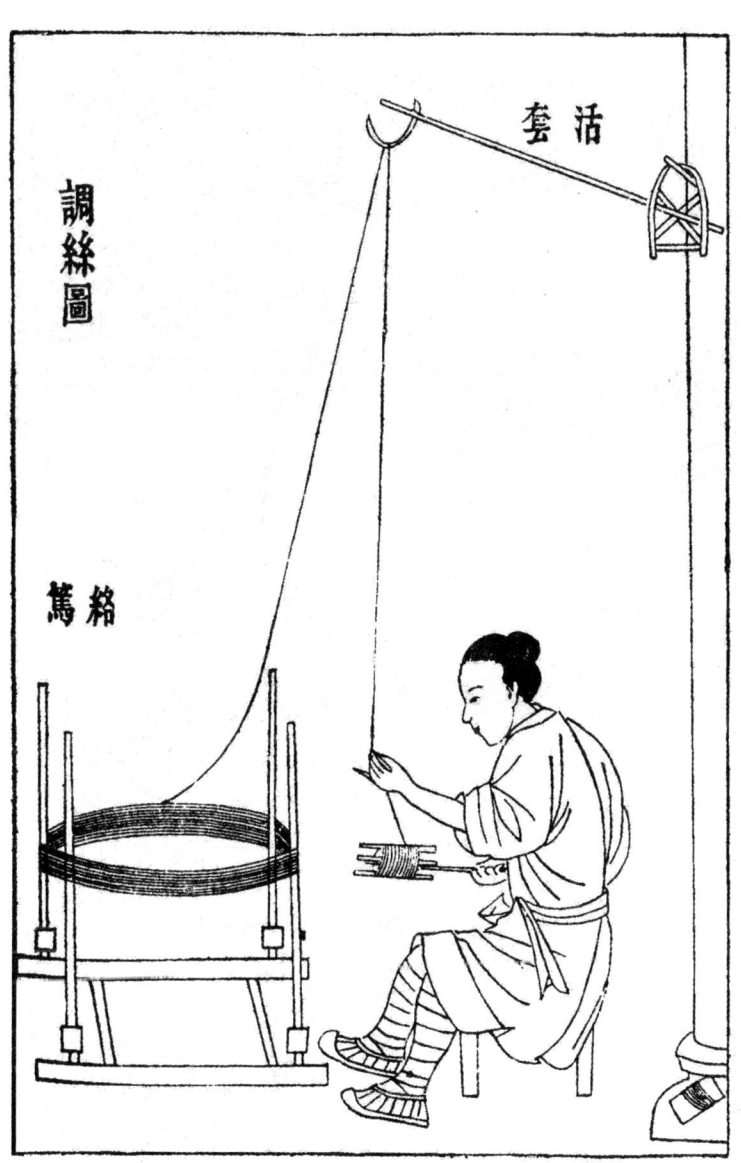

调丝图

缫车一

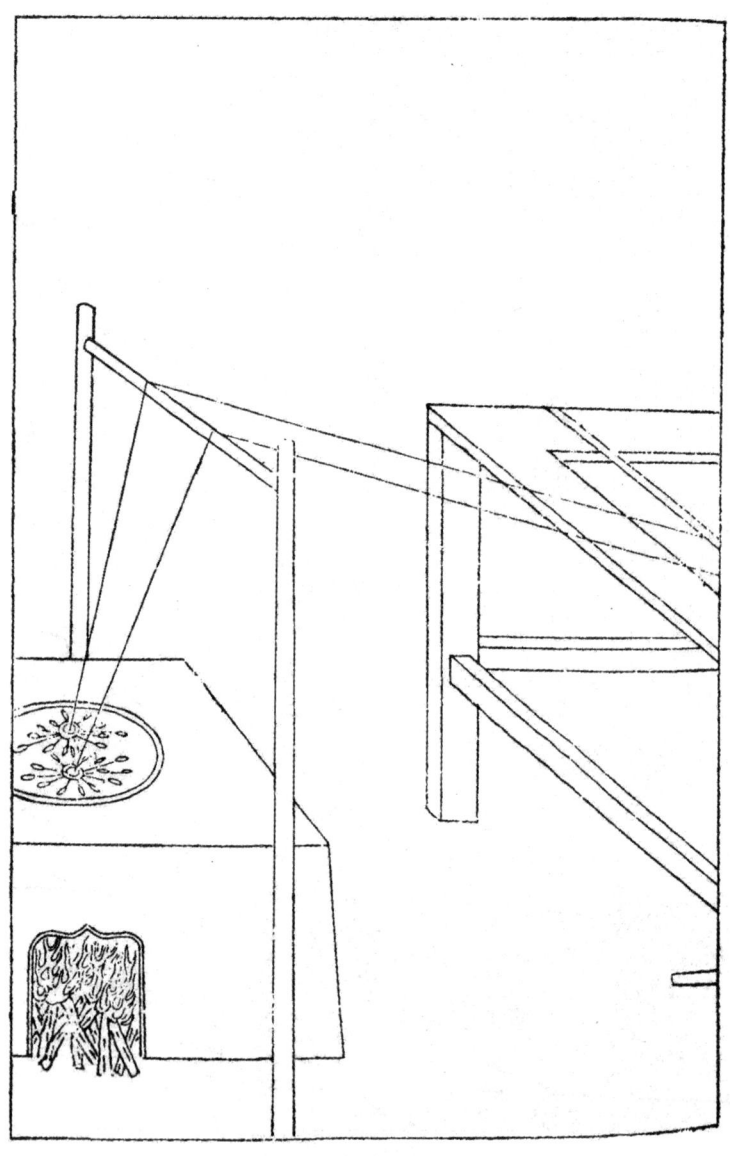

缫车二

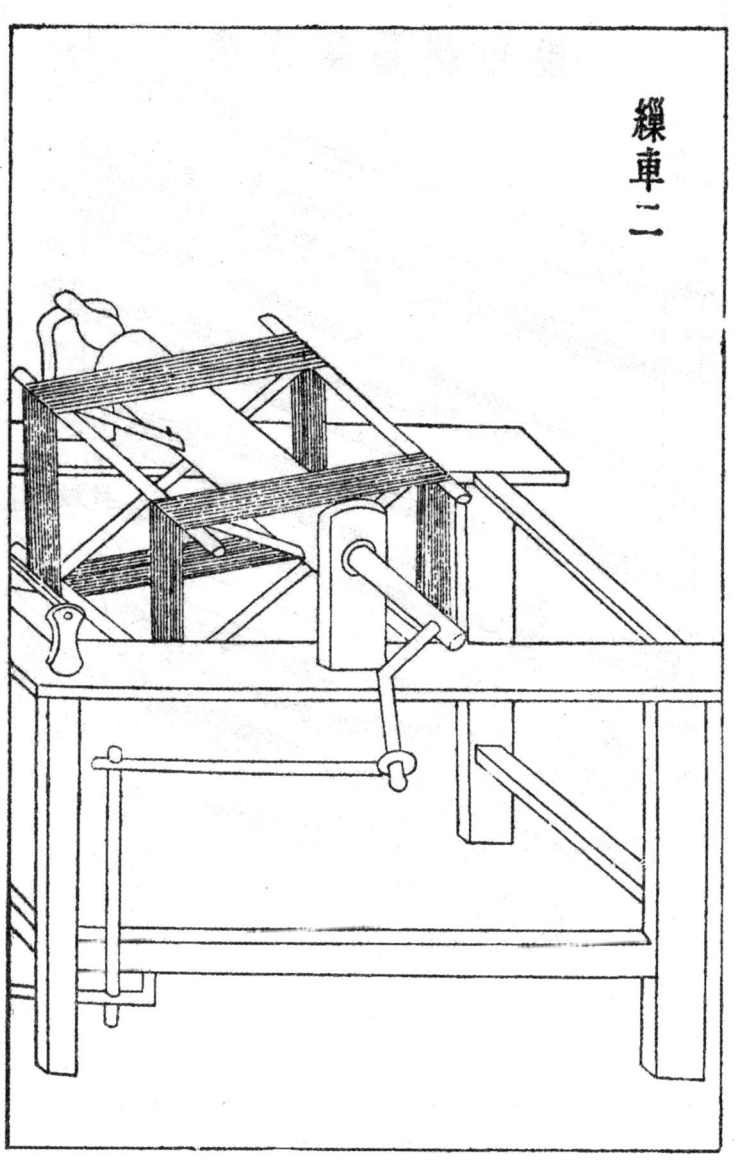

溜眼掌扇经耙图

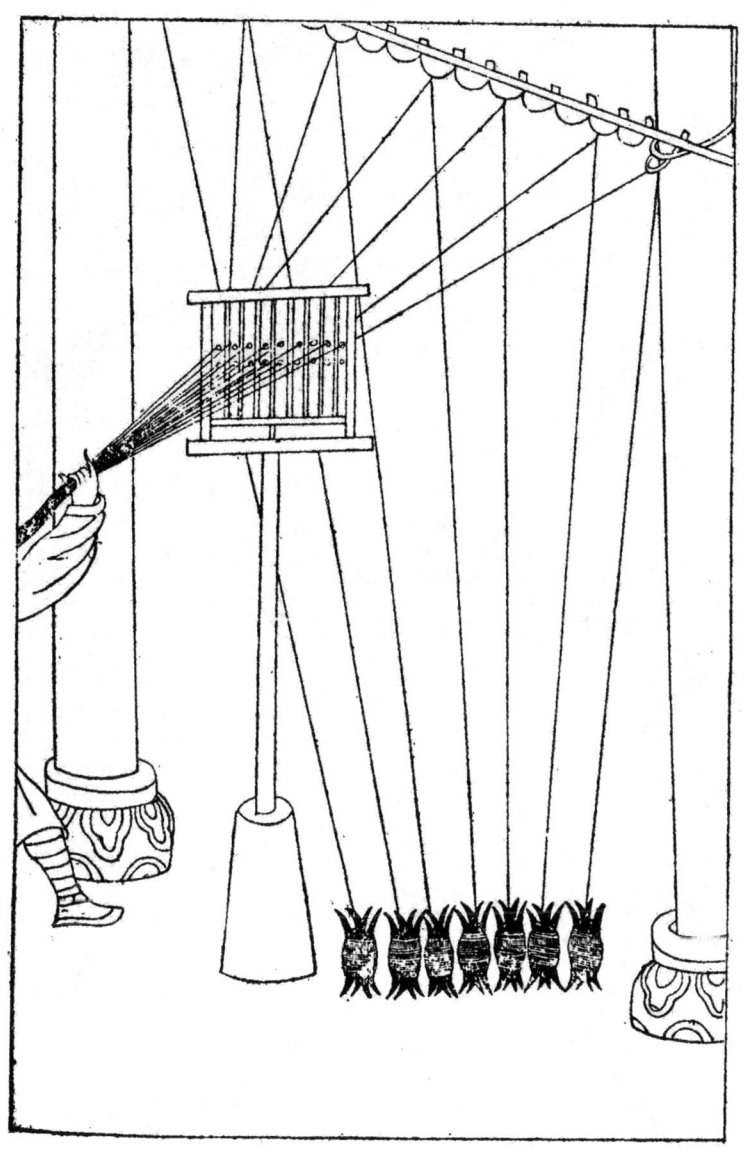

纺车图

印架过糊图

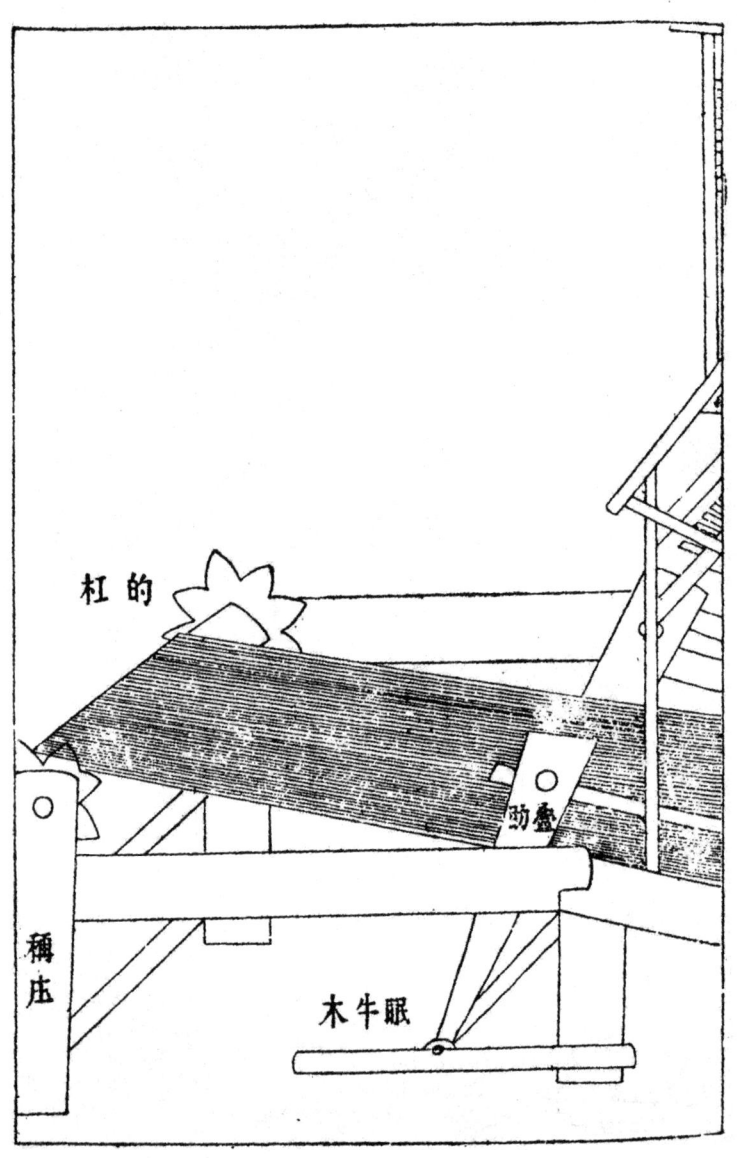

花机图

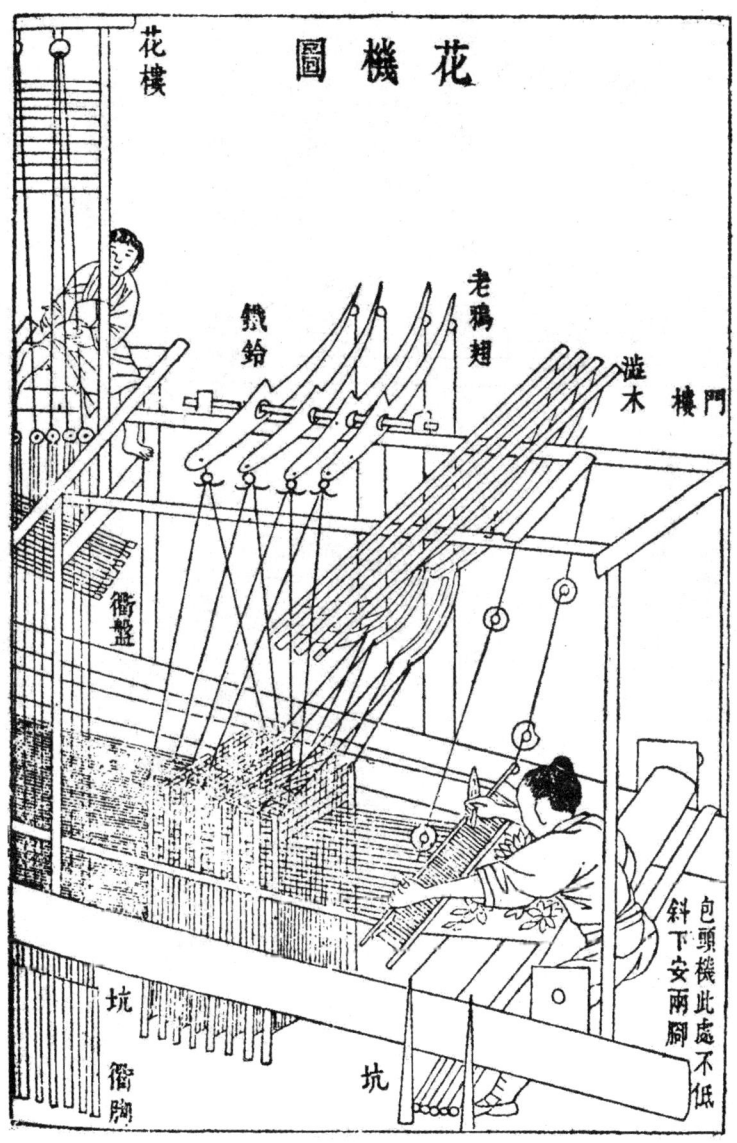

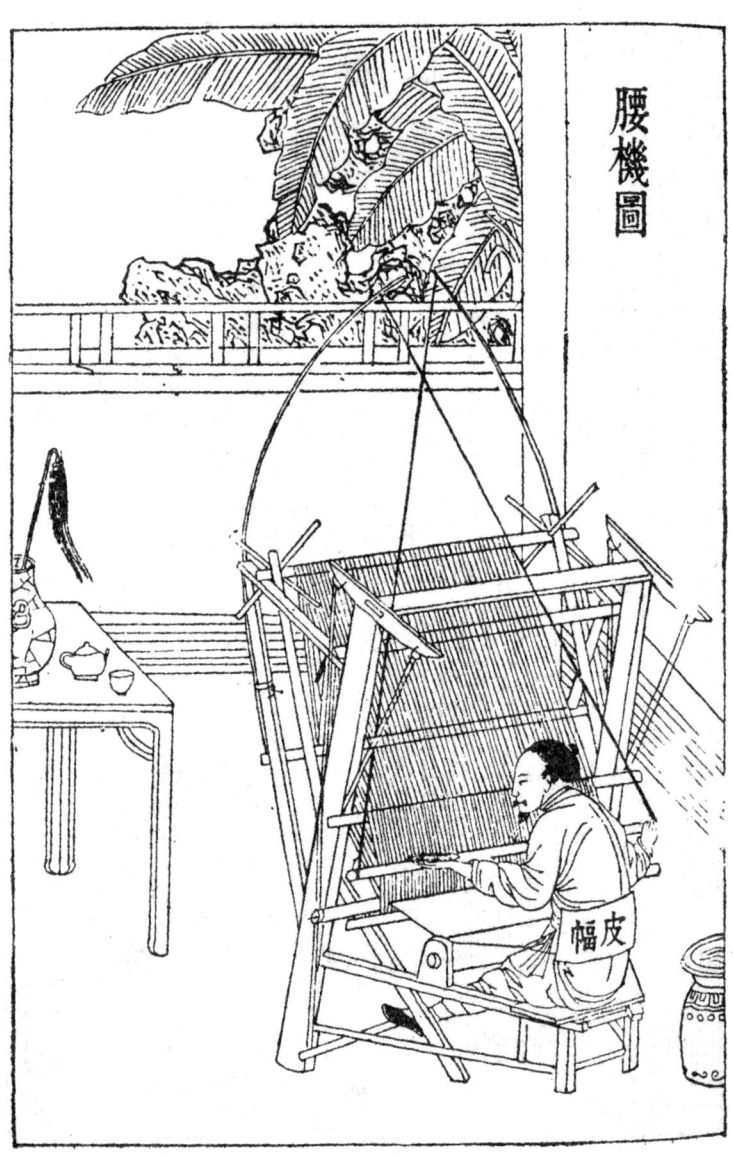

腰机图

赶棉图

弹棉图

擦条图

纺缕图一

纺缕图二

彰施第三

宋子曰,霄汉之间云霞异色,阎浮之内花叶殊形。天垂象而圣人则之,以五彩彰施于五色,有虞氏岂无所用其心哉。飞禽众而凤则丹,走兽盈而麟则碧。夫林林青衣望阙而拜黄朱也,其义亦犹是矣。君子曰,甘受和,白受彩。世间丝、麻、裘、褐皆具素质,而使殊颜异色得以尚焉。谓造物不劳心者,吾不信也。

诸色质料

大红色。其质红花饼一味,用乌梅水煎出,又用碱水澄数次。或稻藁灰代碱,功用亦同。澄得多次,色则鲜甚。染房讨便宜者,先染芦水打脚。凡红花最忌沉、麝,袍服与衣香共收,旬月之间其色即毁。凡红花染帛之后,若欲退转,但浸湿所染帛,以碱水、稻灰水滴上数十点。其红一毫收转,仍还原质。所收之水藏于绿豆粉内,放出染红,半滴不耗。染家以为秘诀,不以告人。莲红、桃红色、银红、水红色。以上质亦红花饼一味,浅深分两加减而成。是四色皆非黄茧丝所可为,必用白丝方现。木红色。用苏木煎水,入明矾、棓子。紫色。苏木为地,青矾尚之。褚黄色。制未详。鹅黄色。黄蘖煎水染,靛水盖上。金黄色。芦木煎水染,复用麻藁灰淋,碱水漂。茶褐色。莲子壳煎水染,复用青矾水盖。大红官绿色。槐花煎水染,蓝淀盖,浅深皆用明矾。豆绿色。黄蘖水染,靛水盖。今用小叶苋蓝煎水盖者名草豆绿,色甚鲜。油绿色。槐花薄染,青矾盖。天青色。入靛缸【菅本作碉,下同】浅染,苏木水盖。蒲萄青色。入靛缸深染,苏木水深盖。蛋青色。黄蘖水染,然后入靛缸。翠蓝、天蓝。二色俱靛水分深浅。玄色。靛水染深青,芦木、杨梅皮等分煎水盖。又一法,将蓝芽叶水浸,然后下青矾、棓子同浸,令布帛易朽。月白、草白二色。俱靛水微染,今法用苋蓝煎水,半生半熟染。象牙色。芦木煎水薄染,或用黄土。藕褐色。苏木水薄染,入莲子壳、青矾水薄盖。附染包头青色。此黑不出蓝靛,用栗壳或莲子壳煎煮一日,漉起,然后入铁砂、皂矾锅内,再煮一宵,即成深黑色。附染毛青布色法。布青初尚芜湖千百年矣。以其浆碾成青光,边方外国皆贵重之。人情久则生厌。毛青乃出近代,其法取松【菅本作淞】江美布。染成深青,不复浆碾,吹干,用胶水参豆浆水一过。先蓄好靛,名曰标缸,入内薄染即起。红焰之色隐然,此布一时重用。

蓝淀

凡蓝五种皆可为淀。茶蓝即菘蓝,插根活。蓼蓝、马蓝、吴蓝等皆撒子生。近又出蓼蓝小叶者,俗名苋蓝,种更佳。凡种茶蓝法,冬月割获,将叶片片削下,入窖造淀。其身斩去上下,近根留数寸,薰干,埋藏土内。春月烧净山土,使极肥松,然后用锥锄其锄勾末向身,长八寸许。刺土打斜眼，插入于内，自然活根生叶。其余蓝皆收子撒种畦圃中。暮春生苗，六月采实，七月刈身造淀。

凡造淀，叶与茎多者入窖，少者入桶与缸。水浸七日，其汁自来。每水浆一石，下石灰五升，搅动数十下。淀信即结。水性定时，淀沉【菅本误澄】于底。近来出产，闽人种山皆茶蓝，其数倍于诸蓝。山中结箬篓轮入舟航，其掠出浮沫晒干者曰靛花。凡靛入缸【菅本作碙】，必用稻灰水先和。每日手执竹棍搅动，不可计数。其最佳者曰标缸【菅本作碙】。

红花

红花场圃撒子种，二月初下种。若太早种者，苗高尺许即生虫如黑蚁，食根立毙。凡种地肥者，苗高二三尺。每路打橛，缚绳横拦，以备狂风拗折。若瘦地，尺五以下者，不必为之。红花入夏即放绽，花下作梂汇多刺，花出梂上，采花者必侵晨带露摘取。若日高露旰，其花即已结闭成实，不可采矣。其朝阴雨无露，放花较少，旰摘无妨【菅本误防】。以无日色故也。红花逐日放绽，经月乃尽。入药用者，不必制饼。若入染家用者，必以法成饼然后用，则黄汁净尽，而真红乃现也。其子煎压出油，或以银箔贴扇面，用此油一刷，火上照干，立成金色。

造红花饼法

带露摘红花，捣熟。以水淘布袋，绞去黄汁。又捣以酸粟或米泔清。

又淘，又绞袋去汁。以青蒿覆一宿，捏成薄饼，阴干收贮。染家得法，我朱孔扬，所谓猩红也。染纸吉礼用，亦必用制饼【陶本用制饼三字作紫铆二字】，不然全无色。

附：燕脂

燕脂古造法以紫铆染绵者为上，红花汁及山榴花汁者次之。近济宁路但取染残红花滓为之，值甚贱。其滓干者名曰紫粉，丹青家或收用，染家则糟粕弃也。

槐花

凡槐树十余年后方生花实，花初试未开者曰槐蕊，绿衣所需，犹红花之成红也。取者张度篾稠其下而承之。以水煮一沸，漉干捏成饼。入染家用，既放之花色渐入黄，收用者以石灰少许，晒拌而藏之。

粹精第四

宋子曰,天生五谷以育民,美在其中。有"黄裳"之意焉。稻以糠为甲,麦以麸为衣。粟、粱、黍、稷,毛羽隐然。播精而择粹,其道宁终秘也。饮食而知味者,食不厌精。杵臼之利,万民以济。盖取诸《小过》。为此者,岂非人貌而天者哉?

攻稻

击禾　风车　石碾【陶本作辗,但后文中变作碾】　碓　轧禾　水碓　臼　筛　(皆具图)

凡稻刈获之后,离藁取粒。束藁于手而击取者半,聚藁于场而曳牛滚石以取者半。凡束手而击者,受击之物或用木桶,或用石板。收获之时,雨多霁少。田稻交湿不可登场者,以木桶就田击取。晴霁稻干,则用石板甚便也。

凡服牛曳石滚压场中，视人手击取者力省三倍。但作种之谷，恐磨去壳尖减削生机，故南方多种之家，场禾多借牛力。而来年作种者，宁向石板击取也。凡稻最佳者，九穰一秕。倘风雨不时，耘耔失节，则六穰四秕者容有之。凡去秕，南方尽用风车扇去。北方稻少，用扬法。即以扬麦、黍者扬稻。盖不若风车之便也。

凡稻去壳用砻，去膜用舂、用碾。然水碓主舂，则兼并砻功。燥干之谷入碾亦省砻也。凡砻有二种，一用木为之。截木尺许，质多用松，斫合成大磨形。两扇皆凿纵斜齿，下合植笋穿贯上合，空中受谷。木砻攻米二千余石，其身乃尽，凡木砻，谷不甚燥者入砻亦不碎。故入贡军国、漕储千万，皆出此中也。一土砻，析竹匡围成圈，实洁净黄土于内，上下两面各嵌竹齿。上合篘空受谷，其量倍于木砻。谷稍滋湿者，入其中即碎断。土砻攻米二百石，其身乃朽。凡木砻必用健夫，土砻即孱妇弱子可胜其任。庶民饔飧皆出此中也。

凡既砻，由风扇以去糠秕，倾入筛中团转。谷未剖破者，浮出筛面，重复入砻。凡筛大者围五尺，小者半之。大者其中心偃隆而起，健夫利用。小者弦高二寸，其中平窒，妇子所需也。凡稻米既筛之后，入臼而舂，臼亦两种。八口以上之家，掘地藏石臼其上。臼量大者容五斗，小者半之。横木穿插碓头，碓嘴冶【菅本误治】铁为之，用醋滓合上。足踏其末而舂之。不及则粗，太过则粉，精粮从此出焉。晨炊无多者，断木为手杵，其臼或木或石以受舂也。既舂以后，皮膜成粉，名曰细糠，以供犬豕之豢。荒歉之岁人亦可食也。细糠随风扇播扬分去，则膜尘净尽而粹精见矣。

凡水碓，山国之人居河滨者之所为也，攻稻之法省人力十倍，人乐为之。引水成功，即筒车灌田同一制度也。设臼多寡不一，值流水少而地窄者,或两三臼。流水洪而地室宽者,即并列十臼无忧也。江南信郡水碓之法巧绝。盖水碓所愁者,埋臼之地卑则洪潦为患,高则承流不及。信郡造法即以一舟为地。撅桩【菅本误橛桩】维之。筑土舟中,陷臼于其上。中流微堰石梁,而碓已造成,不烦椓木壅坡之力也。又有一举而三用者,激水转轮头,一节转磨成面,二节运碓成米,三节引水灌稻田。此心计无遗者之所为也。

凡河滨水碓之国,有老死不见砻者,去糠、去膜皆以臼相终始。惟风筛之法则无不同也。凡硙砌石为之,承藉、转轮皆用石。牛犊、马驹,惟人所使。盖一牛之力,日可得五人。但入其中者必极燥之谷,稍润则碎断也。

攻麦

扬　磨　罗　（具图）

凡小麦其质为面。盖精之至者,稻中再舂之米;粹之至者,麦中重罗之面也。小麦收获时,束藁击取,如击稻法。其去秕法,北土用扬,盖风扇流传未遍率土也。凡扬不在宇下,必待风至而后为之。风不至,雨不收,皆不可为也。

凡小麦既扬之后,以水淘洗尘垢净尽,又复晒干,然后入磨。凡小麦有紫、黄二种,紫胜于黄。凡佳者每石得面一百二十斤,劣者损三分之一也。凡磨大小无定形,大者用肥健【菅本误犍】力牛曳转。其牛曳磨时用桐壳掩眸,不然则眩晕。其腹系桶以盛遗,不然则秽也。次者用驴磨,斤两稍轻。又次小磨,则止用人推挨着。

凡力牛一日攻麦二石，驴半之，人则强者攻三斗，弱者半之。若水磨之法，其详已载《攻稻·水碓》中。制度相同，其便利又三倍于牛犊也。凡牛马与水磨，皆悬袋磨上，上宽下窄，贮麦数斗于中，溜入磨眼。人力所挨则不必也。

凡磨石有两种，面品由石而分。江南少粹白上面者，以石怀沙滓，相磨发烧，则其麸并破，故黑类参和面中，无从罗去也。江北石性冷腻，而产于池郡之九华山者美更甚。以此石制磨，石不发烧，其麸压至扁秕之极不破，则黑疵一毫不入，而面成至白也。凡江南磨二十日即断齿，江北者经半载方断。南磨破麸得面百斤，北磨只得八十斤。故上面之值增十之二，然面觔、小粉皆从彼磨出，则衡数已足，得值更多焉。

凡麦经磨之后，几番入罗。勤者不厌重复。罗匡之底用丝织罗地绢为之。湖丝所织者，罗面千石不损【菅本误捐】。若他方黄丝所为，经百石而已朽也。凡面既成后，寒天可经三月，春夏不出二十日则郁坏。为食适口，贵及时也。凡大麦则就舂去膜，炊饭而食，为粉者十无一焉。荞麦则微加舂杵去衣，然后或舂或磨以成粉而后食之。盖此类之视小麦，精粗贵贱大径庭也。

攻黍 稷 粟 梁 麻 菽

小碾 枷 （具图）

凡攻治小米，扬得其实，舂得其精，磨得其粹。风扬、车扇而外，簸法生焉。其法篾织为圆盘，铺米其中，挤匀扬播。轻者居前，簸弃地下。重者在后，嘉实存焉。凡小米舂、磨、扬、播制器，已详《稻》《麦》之中。惟小碾一制在《稻》《麦》之外。北方攻小米者，家置石墩，中高边下，边沿不开槽。铺米墩上，妇子两人相向，接手而碾之。其碾石圆长如牛赶石，而两头插木柄。米堕边时，随手以小篲扫上。家有此具，杵臼竟悬也。

凡胡麻刈获，于烈日中晒干，束为小把。两手执把相击，麻粒绽落，承借以簟席也。凡麻筛与米筛小者同形，而目密五倍。麻从目中落，叶残、角屑皆浮筛上而弃之。凡豆菽刈获，少者用枷，多而省力者仍铺场。烈日晒干，牛曳石赶而压落之。凡打豆枷，竹木竿为柄，其端锥圆眼，拴木一条，长三尺许，铺豆于场执柄而击之。凡豆击之后，用风扇扬去荚叶，筛以继之，嘉实洒然入廪矣。是故舂、磨不及麻。碾、碾不及菽也。

湿田击稻图

场中打稻图

打枷图

赶稻及菽图

篩谷

风车

飏扇

砻

土砻

木砻

碓

水碓

礶

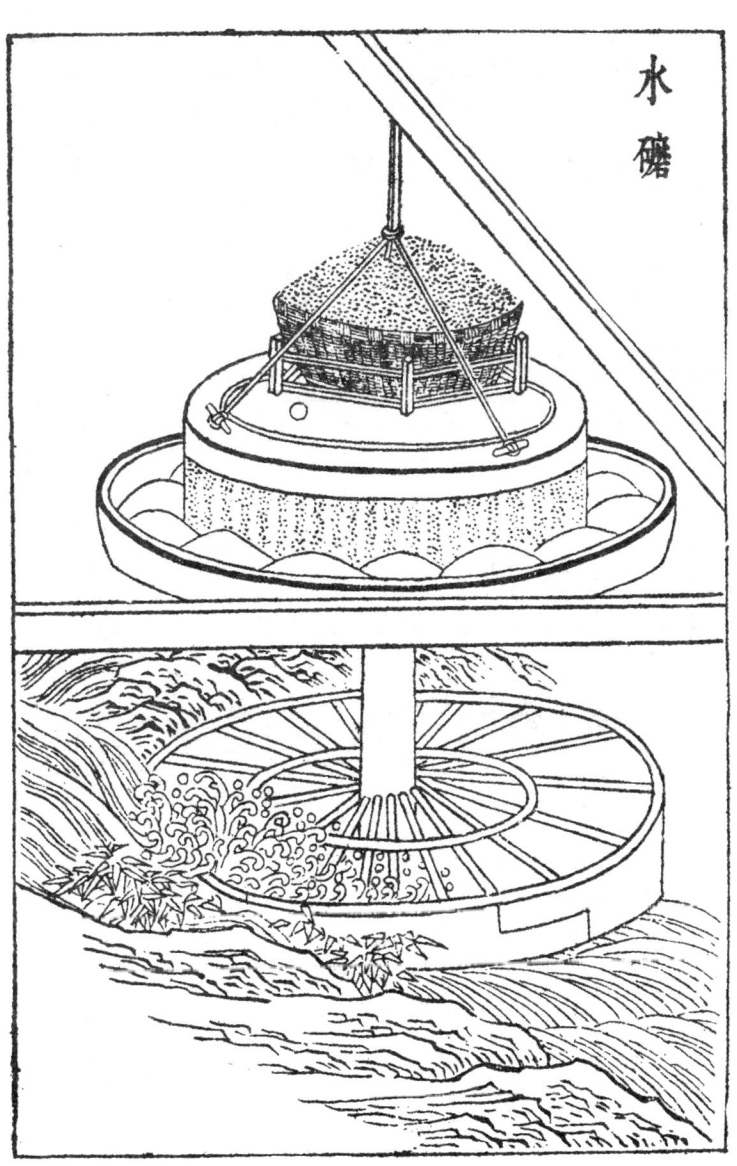

水磤

茗磨

小辗

石辗

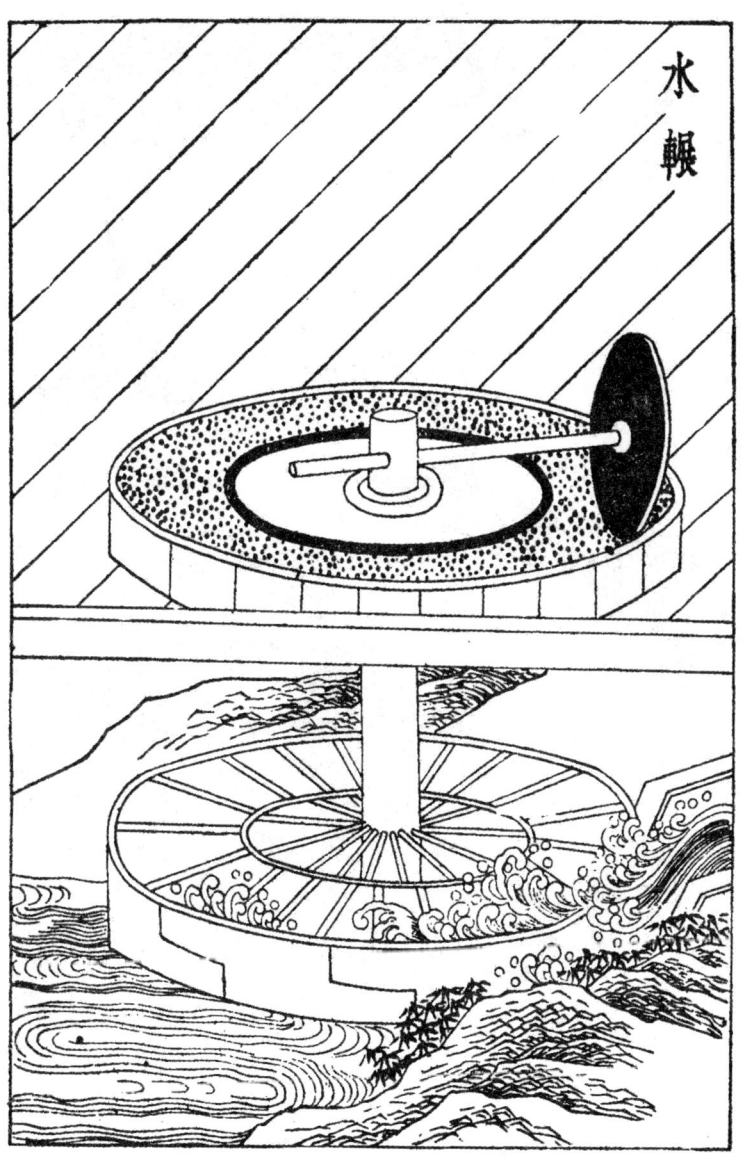

水辗

击麻

簸扬

舂臼

面罗

作咸第五

宋子曰,天有五气,是生五味。润下作咸,王访箕子而首闻其义焉。口之于味也,辛、酸、甘、苦,经年绝一无恙。独食盐禁戒旬日,则缚鸡胜匹,倦怠怃然。岂非天一生水,而此味为生人生气之源哉?四海之中,五服而外,为蔬为谷,皆有寂灭之乡。而斥卤则巧生以待,孰知其所【菅本无所字】以【陶本作已】然。

盐产

凡盐产最不一,海、池、井、土、崖、砂石,略分六种,而东夷树叶、西戎光明不与焉。赤县之内,海卤居十之八,而其二为井、池、土碱,或假人力,或由天造。总之,一经舟车穷窘,则造物应付出焉。

海水盐

凡海水自具咸质，海滨地高者名潮墩，下者名草荡，地皆产盐。同一海卤传神，而取法则异，一法，高堰地，潮波不没者，地可种盐。种户各有区画经界，不相侵越。度诘朝无雨，则今日广布稻、麦藁灰及芦茅灰寸许于地上，压使平匀。明晨露气冲腾，则其下盐茅勃发。日中晴霁，灰、盐一并扫起淋煎。

一法，潮波浅被地，不用灰压。候潮一过，明日天晴，半日晒出盐霜，疾趋扫起煎炼。一法，逼海潮深地先掘深坑，横架竹木，上铺席苇，又铺沙于苇席之上。俟潮灭顶冲过，卤气由沙渗下坑中，撤去沙苇。以烛灯之，卤气冲灯即灭，取卤水煎炼。总之，功在晴霁，若淫雨连旬，则谓之盐荒。又淮场地面，有日晒自然生霜如马牙者，谓之大晒盐。不由煎炼，扫起即食。海水顺风飘来断草，勾取煎炼，名蓬盐。

凡淋煎法，掘坑二个，一浅一深。浅者尺许，以竹木架芦席于上。将扫来盐料不论有灰无灰，淋法皆同。铺于席上，四围隆起，作一堤垱形，中以海水灌淋，渗下浅坑中。深者深七八尺，受浅坑所淋之汁，然后入锅煎炼。

凡煎盐锅，古谓之"牢盆"，亦有两种制度。其盆周阔数丈，径亦丈许。用铁者以铁打成叶片，铁钉拴合，其底平如盂，其四周高尺二【菅本误一】寸。其合缝处一经卤汁结塞，永无隙漏。其下列灶燃薪，多者十二三眼，少者七八眼，共煎此盘。南海有编竹为者，将竹编成阔丈深尺，糊以蜃灰，附于釜背。火燃釜底，滚沸延及成盐，亦名盐盆。然不若铁叶镶成之便也。凡煎卤未即凝结，将皂角椎碎和粟米糠二味，卤沸之时投入其中搅和，盐即顷刻结成。盖皂角结盐，犹石膏之结腐也。

凡盐，淮、扬场者，质重而黑，其它质轻而白。以量较之，淮场者一升重十两，则广、浙、长芦者，只重六七两。凡蓬草盐不可常期，或数年一至，或一月数至。凡盐见水即化，见风即卤，见火愈坚。凡收藏不必用仓廪，盐性畏风不畏湿，地下叠藁三寸，任从卑湿无伤，周遭以土砖泥隙，上盖茅草尺许，百年如故也。

池盐

凡池盐宇内有二，一出宁夏，供食边镇。一出山西解池，供晋、豫诸郡县。解池界安邑、猗氏、临晋之间，其池外有城堞，周遭禁御。池水深聚处，其色绿沉。土人种盐者，池傍耕地为畦陇，引清水入所耕畦中，忌浊水参入，即淤淀盐脉。凡引水种盐，春间即为之，久则水成赤色。待夏秋之交，南风大起，则一宵结成，名曰颗盐，即古志所谓大盐也。以海水煎者细碎，而此成粒颗，故得大名。其盐凝结之后，扫起即成食味。种盐之人，积扫一石交官，得钱数十文而已。其海丰、深州引海水入池晒成者，凝结之时，扫食不加入力，与解盐同。但成盐时日与不借南风，则大异也。

井盐

凡滇、蜀两省，远离海滨，舟车难通，形势高上，其咸脉即韫藏地中。凡蜀中石山去河不远者，多可造井取盐。盐井周围【菅本误圆】不过数寸，其上口一小盂覆之有余，深必十丈以外乃得卤性【菅本作信】，故造井功费甚难。其器冶铁锥，如碓嘴形，其尖使极刚利，向石山舂凿成孔。其身破竹缠绳，夹悬此锥。每舂深入数尺，则又以竹接其身，使引而长。初入丈许，或以足踏碓稍，如舂米形。太深则用手捧持顿下。所舂石成碎粉，随以长竹接引，悬钱盏挖之而上。大抵深者半载，浅者月余，乃得一井成就。

盖井中空阔，则卤气游散，不克结盐故也。井及泉后，择美竹长丈者，凿净其中节，留底不去。其喉下安消息，吸水入筒，用长緪系竹沉下其中，水满，井上悬桔槔、辘轳【菅本作卢】诸具，制盘驾牛。牛拽盘转，辘轳【菅本作卢】绞緪，汲水而上，入于釜中煎炼，只用中釜，不用牢盆。顷刻结盐，色成至白。西川有火井，事奇甚。其井居然冷水，绝无火气。但以长竹剖开去节，合缝漆布，一头插入井底。其上曲接，以口紧对釜脐，注卤水釜中，只见火意烘烘，水即滚沸。启竹而视之，绝无半点焦炎意。未见火形而用火神，此世间大奇事也。凡川、滇盐井，逃课掩盖至易，不可穷诘。

末盐

凡地碱煎盐，除并州末盐外，长芦分司地，工人亦有刮削煎成者，带杂黑色，味不甚佳。

崖盐

凡西省阶、凤等州邑,海、井交穷,其岩穴自生盐。色如红土,恣人刮取,不假煎炼。

布灰种盐

淋水先入浅坑

海卤煎炼

量较收藏

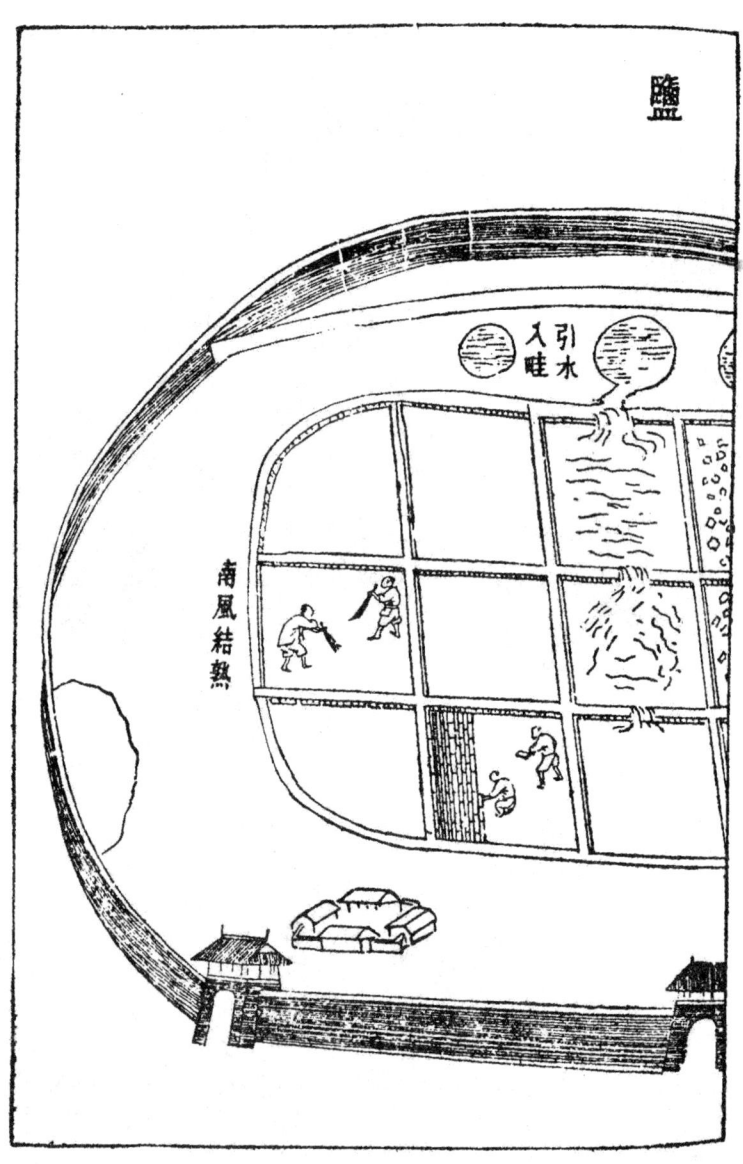

池盐

池

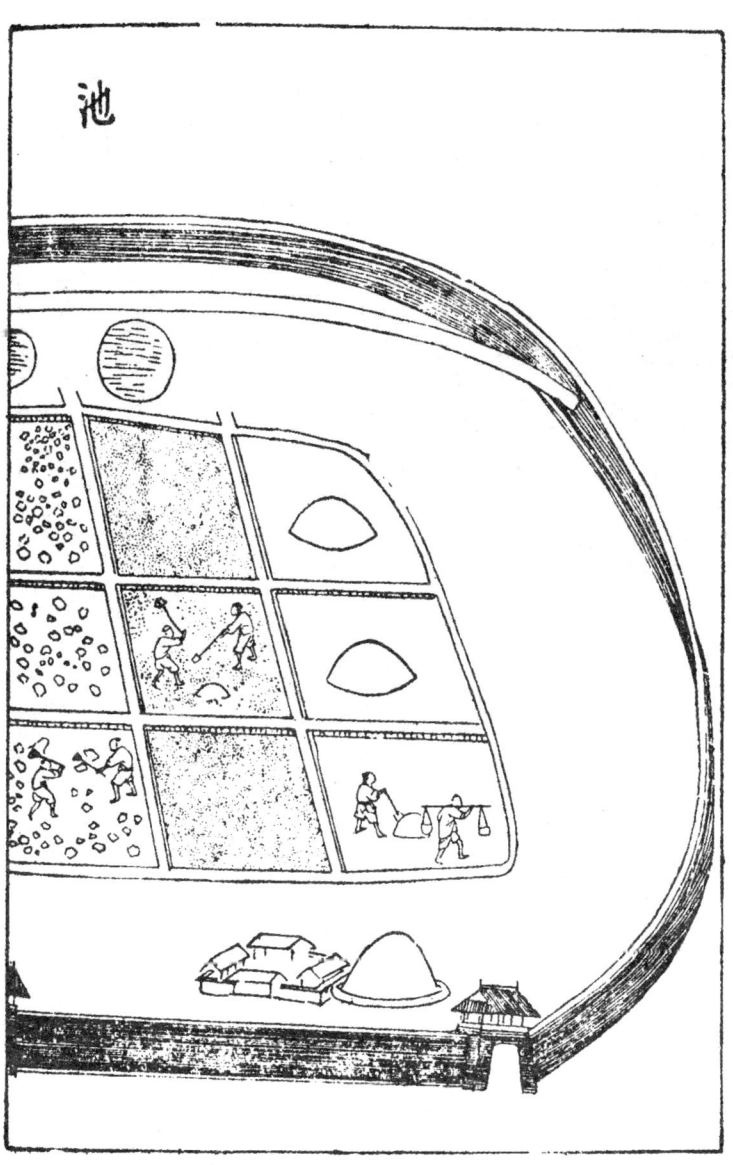

开井口

下石圈

凿井

制木竹

下木竹

汲卤

场灶煮盐

井火煮盐

川滇载运

甘嗜第六

宋子曰，气至于芳，色至于艳，味至于甘，人之大欲存焉。芳而烈，艳而艳，甘而甜，则造物有尤异之思矣。世间作甘之味，什八产于草木，而飞虫竭力争衡，采取百花酿成佳味，使草木无全功。孰主张是而颐养遍于天下哉？

蔗种

凡甘蔗有二种，产繁闽、广间。他方合并，得其什【管本作十】一而已。似竹而大者为果蔗，截断生啖，取汁适口，不可以造糖。似荻而小者为糖蔗，口啖即棘伤唇舌，人不敢食。白霜、红砂皆从此出。凡蔗古来中国不知造糖，唐大历间，西僧邹和尚游蜀中遂宁，始传其法。今蜀中种盛，亦自西域渐来也。

凡种荻蔗，冬初霜将至，将蔗砍【陶本作斫】伐，去杪与根，埋藏土内。土忌窒聚水湿处。雨水前五六日，天色晴明即开出，去外壳，砍【陶本作斫】断约五六寸长，以两个节为率，密布地上，微以土掩之。头尾相枕，若鱼鳞然。两芽平放，不得一上一下，致芽向土难发。芽长一二寸，频以清粪水浇之，俟长六七寸，锄起分栽。

凡栽蔗必用夹沙土，河滨洲土为第一。试验土色，掘坑尺五许，将沙土入口尝味，味苦者不可栽蔗。凡洲土近深山上流河滨者，即土味甘亦不可种。盖山气凝寒，则他日糖味亦焦苦。去山四五十里，平阳洲土择佳而为之。黄泥脚地，毫不可为。

凡栽蔗治畦，行阔四尺，犁沟深四寸。蔗栽沟内，约七尺列三丛，掩土寸许，土太厚则芽发稀少也。芽发三四个或六七个时，渐渐下土。过【陶本作遇】锄耨时加之，加土渐厚，则身长根深，蔗免欹倒之患。凡锄耨不厌勤过，浇粪多少视土地肥硗。长至一二尺，则将胡麻或芸苔枯浸和水灌，灌肥欲施行内。高二三尺，则用牛进行内耕之。半月一耕，用犁一次垦【菅本误垦】土，断傍根，一次掩土培根。九月初培土护根，以防砍【陶本作斫】后霜雪。

蔗品

凡获蔗造糖，有凝冰、白霜、红砂三品。糖品之分，分于蔗浆之老嫩。凡蔗性至秋渐转红黑色，冬至以后，由红转褐，以成至白。五岭以南，无霜国土，蓄蔗不伐，以取糖霜。若韶、雄以北，十月霜侵，蔗质遇霜即杀，其身不能久待，以成白色，故速伐以取红糖也。凡取红糖，穷十日之力而为之。十日以前，其浆尚未满足；十日以后，恐霜气逼侵，前功尽弃。故种蔗十亩之家，即制车釜一付，以供急用。若广南无霜，迟早惟人也。

造糖

（具图）

凡造糖车，制用横板二片，长五尺，厚五寸，阔二尺，两头凿眼安柱。上笋出少许，下笋出板【菅本作版】二三尺，埋筑土内，使安稳不摇。上板中凿二眼，并列巨轴两根，木用至坚重者。轴木大七尺围方妙。两轴一长三尺，一长四尺五寸，其长者出笋安犁担。担用屈木，长一丈五尺，以便驾牛团转走。轴上凿齿，分配雌雄，其合缝处须直而圆，圆而缝合。夹蔗于中，一轧而过，与棉花赶车同义。

蔗过浆流，再拾其滓，向轴上鸭嘴扱入，再轧又三轧之，其汁尽矣，其滓为薪。其下板承轴，凿眼只深一寸五分，使轴脚不穿透，以便板上受汁也。其轴脚嵌安铁锭于中，以便捩转。凡汁浆流板有槽枧，汁入于缸【菅本作硐】内。每汁一石下石灰五合于中。凡取汁煎糖，并列三锅如"品"字，先将稠汁聚入一锅，然后逐加稀汁两锅之内。若火力少束薪，其糖即成顽糖，起沫不中用。

造白糖

凡闽、广南方，经冬老蔗，用车同前法。榨【菅本作筰】汁入缸，看水花为火色。其花煎至细嫩，如煮羹沸，以手捻试，粘手则信来矣。此时尚黄黑色，将桶盛贮，凝成黑沙，然后以瓦溜教陶家烧造。置缸上。其溜上宽下尖，底有一小孔，将草塞住，倾桶中黑沙于内。待黑沙结定，然后去孔中塞草，用黄泥水淋下。其中黑滓入缸内，溜内尽成白霜。最上一层厚五寸许，洁白异常，名曰西洋糖，西洋糖绝白美，故名。下者稍黄褐。

造冰糖者，将洋糖煎化，蛋青澄去浮滓，候视火色。将新青竹破成篾片，寸斩撒入其中。经过一宵，即成天然冰块。造狮、象、人物等，质料精粗由人。凡白糖有五品，"石山"为上，"团枝"次之，"瓮鉴"次之，"小颗"又次，"沙脚"为下。

蜂蜜 【陶本在饴饧后】

凡酿蜜蜂，普天皆有，唯蔗盛之乡，则蜜蜂自然减少。蜂造之蜜，出山崖【菅本作岩】、土穴者十居其八，而人家招蜂造酿而割取者，十居其二也。凡蜜无定色，或青或白，或黄或褐，皆随方土、花性而变。如菜花蜜、禾花蜜之类，百千其名不止也。凡蜂不论于家、于野，皆有蜂王。王之所居，造一台如桃大，王之子世为王。王生而不采花，每日群蜂轮值分班采花供王。王每日出游两度，春夏造蜜时。游则八蜂轮值以侍。蜂王自至孔隙口，四蜂以头顶腹，四蜂傍翼，飞翔而去。游数刻而返，翼顶如前。

畜家蜂者，或悬桶檐端，或置箱庑下。皆锥圆孔眼数十，俟其进入。凡家人杀一蜂、二蜂皆无恙，杀至三蜂，则群起螫人，谓之蜂反。凡蝙蝠最喜食蜂，投隙入中，吞噬无限。杀一蝙蝠悬于蜂前，则不敢食，俗谓之"枭令"。凡家畜【菅本作蓄】蜂，东邻分而之西舍，必分王之子去而为君。去时如铺扇拥卫，乡人有撒酒糟香而招之者。

凡蜂酿蜜，造成蜜脾，其形鬣鬣然。咀嚼花心汁，吐积而成。润以【陶本作似】人小遗，则甘芳并至，所谓"臭腐神奇"也。凡割脾取蜜，蜂子多死其中，其底则为黄腊。凡深山崖石上，有经数载未割者，其蜜已经时自熟。土人以长竿刺取，蜜即流下。或未经年而扳【陶本作攀】缘可取者，割炼与家蜜同也。土穴所酿，多出北方；南方卑湿，有崖蜜而无穴蜜。凡蜜脾一斤炼取十二两，西北半天下，盖与蔗浆分胜云。

饴饧

凡饴饧，稻、麦、黍、粟皆可为之。《洪范》云："稼穑作甘。"及此乃穷其理。其法用稻、麦之类，浸湿生芽暴干，然后煎炼调化而成。色以白者为上。赤色者名曰胶饴，一时宫中尚之，含于口内即溶化，形如琥珀。南方造饼饵者，谓饴饧为小糖，盖对蔗浆而得名也。饴饧人巧千方以供甘旨，不可枚述。惟尚方用者名"一窝丝"，或流传后代，不可知也。

兽糖

凡造兽糖者，每巨釜一口受糖五十斤，其下发火慢煎。火从一角烧灼，则糖头滚旋而起。若釜心发火，则尽尽沸溢于地。每釜用鸡子三个，去黄取清，入冷水五升化解。逐匙滴下用火糖头之上，则浮沤、黑滓尽起水面。以笊篱捞去，其糖清白之甚。然后打入铜铫，下用自风慢火温之，看定火色，然后入模。凡狮、象糖模，两合如瓦为之。杓写糖入，随手覆转倾下。模冷糖烧，自有糖一膜靠模凝结，名曰享糖，华筵用之。

澄结糖霜瓦器

轧蔗取浆图

卷中

陶埏第七

宋子曰，水火既济而土合。万室之国，日勤千人而不足，民用亦繁矣哉。上栋下室以避风雨，而瓴建焉。王公设险以守其国，而城垣、雉堞，寇来不可上矣。泥瓮坚而醴酒欲清，瓦登洁而醯醢以荐。商周之际，俎豆以木为之，毋亦质重之思耶。后世方土效灵，人工表异，陶成雅器，有素肌玉骨之象焉。掩映几【菅本误幾】筵，文明可掬，岂终固哉！

瓦

凡埏泥造瓦，掘地二尺余，择取无沙粘土而为之。百里之内，必产合用土色，供人居室之用。凡民居瓦形皆四合分片，先以圆桶为模骨，外画四条界。调践熟泥，叠成高长方条。然后用铁线弦弓，线上空三分，以尺限定，向泥不平戛一片，似揭纸而起，周包圆桶之上。待其稍干，脱模而出，自然裂为四片。凡瓦大小古【菅本误苦】无定式，大者纵横八九寸，小者缩十之三。室宇合沟中，则必需其最大者，名曰沟瓦，能承受淫雨不溢漏也。

凡坯既成，干燥之后，则堆积窑中，燃薪举火。或一昼夜，或二昼夜，视陶中多少，为熄火久暂。浇水转釉【菅本泑误锈】，音右。与造砖同法。其垂于檐端者有"滴水"，下于脊沿者有"云瓦"，瓦掩覆脊者有"抱同"，镇脊两头者有鸟兽诸形象，皆人工逐一做成，载于窑内，受水火而成器则一也。

若皇家宫殿所用，大异于是。其制为琉璃瓦者，或为板片，或为宛筒，以圆竹与斫木为模，逐片成造。其土必取于太平府舟运三千里方达京师，参沙之伪，雇役、搬舡之扰，害不可极。即承天皇陵，亦取于此，无人议正。造成，先装入琉璃窑内，每柴五千斤烧瓦百片。取出成色，以无名异、棪桐毛等煎汁涂染成绿，黛赭石、松香、蒲草等涂染成黄。再入别窑，减杀薪火，逼成琉璃宝色。外省亲王殿与仙佛宫观，间亦为之，但色料各有配【菅本作譬】合，采取不必尽同，民居则有禁也。

砖

凡埏泥造砖，亦掘地验辨土色，或蓝或白，或红或黄，闽广多红泥，蓝者名善泥，江浙居多。皆以粘而不散，粉而不沙者为上。汲水滋土，人逐数牛，错趾踏成稠泥。然后填满木框之中，铁线弓戛平其面，而成坯形。

凡郡邑城雉、民居垣墙所用者，有眠砖、侧砖两色。眠砖方长条，砌城郭与民人饶富家，不惜工费，直叠【陶本作垒】而上。民居算计者，则一眠之上，施侧砖一路，填土砾其中以实之，盖省啬之义也。凡墙砖而外，甃地者名曰方墁砖。㮮桷【菅本误桶】上用以承瓦者曰楻板砖，圆鞠小桥梁与圭门与窀穸墓穴者曰刀砖，又曰鞠砖。凡刀砖削狭一偏面，相靠挤紧，上砌成圆。车马践压不能损陷，造方墁砖，泥入方框中，平板盖面，两人足立其上，研转而坚固之，烧成效用。石工磨斫四沿，然后甃地。刀砖之直视墙砖稍溢一分，楻板砖则积十以当墙砖之一，方墁砖则一以敌墙砖之十也。

凡砖成坯之后，装入窑中。所装百钧则火力一昼夜，二百钧则倍时而足。凡烧砖有柴薪窑，有煤炭窑。用薪者出火成青黑色，用煤者出火成白色。凡柴薪窑，巅上侧凿三孔以出烟，火足止薪之候，泥固塞其孔，然后使水转𬭆【菅本误锈】。凡火候少一两，则𬭆【菅本误锈】色不光，少三两则名嫩火砖，本色杂现。他日经霜冒雪，则立成解散，仍还土质。火候多一两，则砖面有裂纹，多三两，则砖形缩小拆裂，屈曲不伸。击之如碎铁然，不适于用，巧用者以之埋藏土内为墙脚，则亦有砖之用也。凡观火候，从窑门透视内壁，土受火精，形神摇荡。若金银镕化之极然，陶长辨之，凡转𬭆【菅本误锈】之法，窑颠【陶本作巅】作一平田样，四围稍弦起，灌水其上。砖瓦百钧，用水四十石，水神透入土膜之下，与火意相感而成。水火既济，其质千秋矣。若煤炭窑，视柴窑深欲倍之，其上圆鞠渐小，并不封顶。其内以煤造成尺五径阔饼，每煤一层，隔砖一层，苇薪垫地发火。若皇家居所用砖，其大者厂在临清，工部分司主之。初名色有副砖、券砖、平身砖、望板砖、斧刃砖、方砖之类，后革去半。运至京师，每漕舫搭四十块，民舟半之。又细料方砖以甃正殿者，则由苏州造解，其琉璃砖色料已载《瓦》款，取薪台基厂，烧出黑窑云。

罂瓮

凡陶家为缶属，其类百千。大者缸瓮，中者钵盂，小者瓶罐【菅本误罅，下各罐字同】。款制各从方土，悉数之不能。造此者必为圆而不方之器。试土寻泥之后，仍制陶车旋盘。工夫精熟者，视器大小捏【陶本误掐】泥，不甚增多少。两人扶泥旋转，一捏而就。其朝廷所用龙凤缸窑在真定曲阳与扬州仪真。与南直花缸，则厚积其泥，以俟雕镂，作法全不相同。故其值或百倍，或五十倍也。

凡罂缶有耳嘴者，皆另为合上，以沠【菅本误锈】水涂粘。陶器皆有底，无底者则陕西炊甑用瓦不用木也。凡诸陶器，精者中外皆过沠【陶本作釉，菅本误锈，下各沠字同】，粗者或沠其半体。惟沙盆、齿钵之类，其中不沠，存其粗涩以受研擂之功。沙锅、沙罐不沠，利于透火性以熟烹也。凡沠质料随地而生，江浙、闽、广用者，蕨蓝草一味，其草乃居民供灶之薪，长不过三尺，枝叶似杉木，勒而不棘人。其名数十，各地不同。陶家取来燃灰，布袋灌水澄滤，去其粗者，取其绝细。每灰二碗，参以红土泥水一碗，搅令极匀，蘸涂坯上，烧出自成光色。北方未详用何物，苏州黄罐沠亦别有料，惟上用龙凤器则仍用松香与无名异也。

凡瓶窑烧小器，缸窑烧大器。山西、浙江省分缸窑、瓶窑，余省则合一处为之。凡造敞口缸，旋成两截，接合处以木椎内外打紧。匝口坛、瓮亦两截，接合【菅本作内，依原校及陶本改】不便用椎，预于别窑烧成瓦圈，如金刚圈形，托印其内，外以木椎打紧，土性自合。

缸窑、瓶窑不于平地，必于斜阜山冈之上，延长者或二三十丈，短者亦十余丈，连接为数十窑，皆一窑高一级。盖依傍山势，所以驱流水湿滋之患，而火气又循级透上，其数十方成陶【陶本作窑】者，其中苦无重值物,合并众力、众资而为之也。其窑鞠成之后,上铺覆以绝细土,厚三寸许。窑隔五尺许,则透烟窗,窑门两边相向而开。装物以至小器,装载头一低窑,绝大缸瓮装在最末尾高窑。发火先从头一低窑起,两人对面交看火色,大抵陶器一百三十斤,费薪百斤。火候足时,掩闭其门,然后次发第二火,以次结竟至尾云。

白瓷 附青瓷

凡白土曰【陶本误白】垩土,为陶家精美器用。中国出惟五六处,北则真定、定州、平凉、华亭、太原、平定、开封、禹州,南则泉郡、德化、土出永定,窑在德化。徽郡、婺源、祁门。他处白土,陶范不粘,或以扫壁为墁。德化窑惟以烧造瓷仙、精巧人物、玩器,不适实用。真、开等郡瓷窑所出,色或黄滞无宝光。合并数郡,不敌江西饶郡产。浙省处州丽水、龙泉两邑,烧造过汹杯碗,青黑如漆,名曰处窑。宋元时龙泉琉华山下,有章氏造窑,出款贵重,古董行所谓哥窑器者即此。

若夫中华四裔驰名猎取者,皆饶郡浮梁景德镇之产也。此镇从古及今,为烧器地,然不产白土。土出婺源、祁门两山,一名高梁山,出粳米土,其性坚硬;一名开化山,出糯米土,其性粢软。两土和合,瓷器方成。其土作成方块,小舟运至镇。造器者将两土等分,入臼舂一日,然后入缸水澄。其上浮者为细料,倾跌过一缸,其下沉底者为粗料。细料缸中再取上浮者,倾过为最细料,沉底者为中料。既澄之后,以砖砌方长塘,逼靠火窑,以借火力。倾所澄之泥于中吸干,然后重用清水,调和造坯。

凡造瓷坯有两种,一曰印器,如方圆不等瓶、瓮、炉、盒之类,御器则有瓷屏风、烛台之类。先以黄泥塑成模印，或两破或两截，亦或囫囵【陶本误圆】。然后埏白泥印成，以沥水涂合其缝，烧出时自圆成无隙，一曰圆器。凡大小亿万杯盘之类，乃生人日用必需，造者居十九，而印器则十一。造此器坯，先制陶车。车竖直木一根，埋三尺入土内，使之安稳。上高二尺许，上下列圆盘，盘沿以短竹棍拨运旋转，盘顶正中用檀木刻成盔头冒其上。

凡造杯盘，无有定形模式，以两手捧泥盔冒之上，旋盘使转。拇指剪去甲，按定泥底，就大指薄旋而上，即成一杯【菅本误杯】碗之形。初学者任从作废【菅本误费】，破坯取泥再造。功多业熟，即千万如出一范。凡盔冒上造小坯者，不必加泥，造中盘、大碗，则增泥大其冒，使干燥而后受功。凡手指旋成坯后，覆转用盔冒一印，微晒留滋润，又一印，晒成极白干。入水一汶，漉上盔冒，过利刀二次。过刀时，手脉微振，烧出即成雀口。然后补整碎缺，就车上旋转打圈。圈后，或画或书字，画后喷水数口，然后过沥。

凡为碎器与千钟粟与褐色杯等，不用青料。欲为碎器，利刀过后，日晒极热，入清水一蘸而起，烧出自成裂文【陶本作纹】。千钟粟则沥浆捷点，褐色则老茶叶煎水一抹也。古碎器，日本国极珍重，真者不惜千金。古香炉碎器，不知何代造，底有铁钉，其钉掩光色不锈。

凡饶镇白瓷沥，用小港嘴泥浆和桃竹叶灰调成，似清泔汁泉郡瓷仙用松毛水调泥浆，处郡青瓷沥未详所出。盛于缸内。凡诸器过沥，先荡其内，外边用指一蘸涂弦，自然流遍。凡画碗青料，总一味无名异，漆匠煎油，亦用以收火色。此物不生深土，浮生地面。深者掘下三尺即止。各省直皆有之，亦辨认上料、中料、下料，用时先将炭火丛红煅过。上者出火成翠毛色，中者微青，下者近土褐。上者每斤煅出只得七两，中、下者以次缩减。如上品细料器及御器龙凤等，皆以上料画成，故其价每石值银二十四两，中者半之，下者则十之三而已。

凡饶镇所用，以衢、信两郡山中者为上料，名曰浙料。上高诸邑者为中，丰城诸处者为下也。凡使料煅过之后，以乳钵极研，其钵底留粗，不转泑。然后调画水。调研时，色如皂，入火则成青碧色。凡将碎器为紫霞色杯者，用胭脂打湿，将铁线纽一兜络，盛碎器其中，炭火炙热，然后以湿胭脂一抹即成。凡宣红器，乃烧成之后出火，另施工巧微炙而成者，非世上朱【陶本误殊】砂能留红质于火内也。宣红元末已失传，正德中历试复造出。

凡瓷器经画过泑之后，装入匣钵。装时手拿微重，后日烧出即成坳口，不复周正。钵以粗泥造，其中一泥饼托一器，底空处以沙实之。大器一匣装一个，小器十余共一匣钵。钵佳者装烧十余度，劣者一二次即坏。凡匣钵装器入窑，然后举火。其窑上空十二圆眼，名曰天窗。火以十二时辰为足，先发门火十个时，火力从下攻上。然后天窗掷柴烧两时，火力从上透下。器在火中，其软如棉絮。以铁叉取一以验火候之足，辨认真足，然后绝薪止火，共计一坯【菅本误杯】工力，过手七十二方克成器。其中微细节目，尚不能尽也。

窑变　回青

正德中，内使监造御器。时宣红失传不成，身家俱丧。一人跃入自焚，托梦他人造出，竟传窑变，好异者遂妄传烧出鹿、象诸异物也。又回青乃西域大青，美者亦名佛头青。上料无名异，出火似之，非大青能入洪炉存本色也。

造瓦

泥造砖坯

砖瓦济水转釉窑

煤炭烧砖窑

造瓶

瓶窑连接缸窑

造缸

瓷器窑

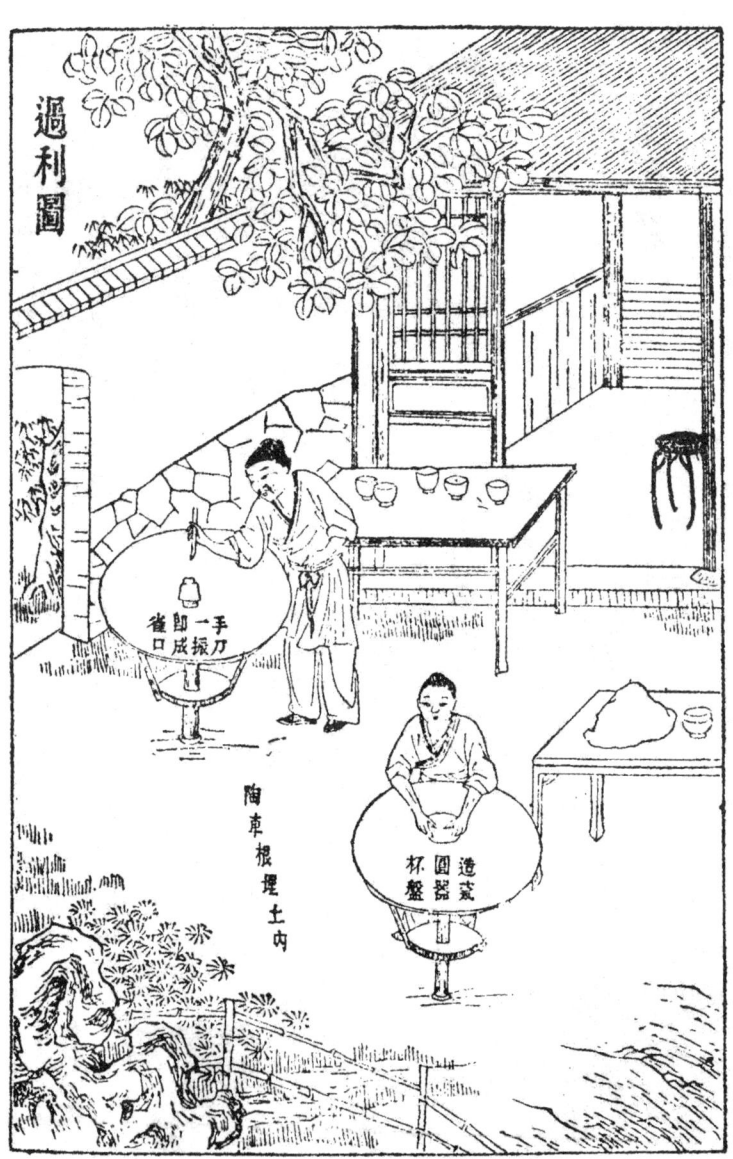

过利图

瓷器汲水

打圈图

瓷器过釉

冶铸第八

宋子曰，首山之采，肇自轩辕，源流远矣哉。九牧贡金，用襄禹鼎。从此火金功用日异而月新矣。夫金之生也，以土为母。及其成形而效用于世也，母模子肖，亦犹是焉。精粗巨细之间，但见钝者司舂，利者司垦，薄其身以媒合水火而百姓繁。虚其腹以振荡空灵而八音起，愿者肖仙梵之身，而尘凡有至象。巧者夺上清之魄，而海寓遍流泉。即屈指唱筹，岂能悉数，要之人力不至于此。

鼎

凡铸鼎，唐、虞以前不可考。唯禹铸九鼎，则因九州贡赋壤则已成。入贡方物，岁例已定。疏浚河道已通，《禹贡》业已成书。恐后世人君增赋重敛，后代侯国冒贡奇淫，后日治水之人不由其道，故铸之于鼎。不如书籍之易去，使有所遵守、不可移易，此九鼎所为铸也。

年代久远，末学寡闻。如蜃珠、暨鱼、狐狸、织皮之类，皆其刻画于鼎上者，或漫灭改形亦未可知，陋者遂以为怪物。故《春秋传》有使知神奸、不逢魑魅之说也。此鼎入秦始亡，而春秋时郜大鼎、莒二方鼎，皆其列国自造，即有刻画，必非《禹贡》初旨。【必下依菅本原校补非禹二字，陶本作失禹】此但存名为古物。后世图籍繁多。百倍上古，亦不复铸鼎，特并志之。

钟

凡钟为金乐之首，其声一宣，大者闻十里，小者亦及里之余。故君视朝官出署，必用以集众。而乡饮酒礼必用以和歌。梵宫、仙殿，必用以摄谒者之诚，幽起鬼神之敬。凡铸钟高者铜质，下者铁质。今北极朝钟则纯用响铜，每口共费铜四万七千斤、锡四千斤、金五十两、银一百二十两于内。成器亦重二万斤，身高一丈一尺五寸，双龙蒲牢高二尺七寸，口径八尺，则今朝钟之制也。

凡造万钧钟，与铸鼎法同。掘坑深丈几尺，燥筑其中如房舍，埏泥作模骨。其模骨【陶本无其模骨三字】用石灰、三和土筑，不使有丝毫隙拆。干燥之后以牛油、黄蜡附其上数寸。油、蜡分两，油居什八，蜡居什二。其上高蔽抵晴雨，夏月不可为，油不冻结。油蜡墁定，然后雕镂书文、物象，丝发成就。然后舂筛绝细土与炭末为泥，涂墁以渐而加厚至数寸。使其内外透体干坚，外施火力炙化其中油蜡，从口上孔隙熔流净尽，则其中空处即钟鼎托体之区也。

凡油、蜡一斤虚位，填铜十斤。塑油时尽油十斤，则备铜百斤以俟之。中既空净，则议熔铜。凡火铜至万钧，非手足所能驱使。四面筑炉，四面泥作槽道。其道上口承接炉中，下口斜低以就钟鼎入铜孔，槽傍一齐红炭炽围。洪炉镕化时，决开槽梗，先泥土为梗塞住。一齐如水横流。从槽道中枧注而下，钟鼎成矣。凡万钧铁钟与炉、釜，其法皆同，而塑法则由人省啬也。

若千斤以内者，则不须如此劳费。但多捏十数锅炉，炉形如箕，铁条作骨，附泥做就。其下先以铁片圈筒直透作两孔，以受杠穿。其炉垫于土墩之上，各炉一齐鼓鞴【菅本作韛】镕化。化后以两杠穿炉下，轻者两人，重者数人抬起，倾注模底孔中。甲炉既倾，乙炉疾继之，丙炉又疾继之，其中自然粘合。若相承迂缓，则先入之质欲冻，后者不粘，衅所由生也。

凡铁钟模不重费油蜡者，先埏土作外模，剖破两边形或为两截。以子口串合，翻刻书文于其上。内模缩小分寸，空其中体，精算而就。外模刻文后，以牛油滑之，使他日器无粘烂【菅本作栏】。然后盖上，泥合其缝而受铸焉。巨磬、云板，法皆仿此。

釜

凡釜储水受火，日用司命系焉。铸用生铁或废铸铁器为质。大小无定式，常用者径口二尺为率，厚约二分。小者径口半之，厚薄不减。其模内外为两层，先塑其内，俟久日干燥，合釜形分寸于上，然后塑外层盖模。此塑匠最精，差之毫厘则无用。

模既成就干燥，然后泥捏冶炉，其中如釜，受生铁于中。其炉背透管通风，炉面捏嘴出铁。一炉所化约十釜、二十釜之料。铁化如水，以泥固纯铁柄勺，从嘴受注。一勺约一釜之料，倾注模底孔内。不俟冷定即揭开盖模，看视罅绽未周之处。此时釜身尚通红未黑，有不到处即浇少许于上补完，打湿草片按平，若无痕迹。

凡生铁初铸釜，补绽者甚多。唯废破釜铁熔铸，则无复隙漏。朝鲜国俗，破釜必弃之山中，不以还炉。凡釜既成后，试法以轻杖敲之。响声如木者佳，声有差响，则铁质未熟之故，他日易为损坏。海内丛林大处，铸有千僧锅者，煮糜受米二石，此真【菅本误直，依原校及陶本改】痴物也【菅本作云】。

像

凡铸仙佛铜像，塑法与朝钟同。但钟鼎不可接，而像则数接为之。故写时为力甚易，但接模之法，分寸最精云。

炮

凡铸炮，西洋【菅本误羊】红夷、佛郎机等用熟铜造，信炮、短提铳等用生熟铜兼半造，襄阳、盏口、大将军、二将军等用铁造。

镜

凡铸镜模，用灰沙，铜用锡和。不用倭铅。《考工记》亦云："金锡相半，谓之鉴燧之剂。"开面成光，则水银附体而成，非铜有光明如许也。唐开元宫中镜，尽以白银与铜等分铸成。每口值银数两者以此故。朱砂斑点乃金银精华发现。古炉有入金于内者。我朝宣炉亦缘某库偶灾，金、银杂铜、锡化作一团，命以铸炉。真者错现金色。唐镜、宣炉皆朝廷盛世物也【陶本作云】。

钱

凡铸铜为钱，以利民用。一面刊国号通宝四字，工部分司主之。凡钱通利者，以十文抵银一分值。其大钱当五、当十，其弊便于私铸，反以害民。故中外行而辄不行也。凡铸钱每十斤，红铜居六七。倭铅京中名水锡。居三四【菅本作四三】，此等分大略。倭铅每见烈火，必耗四分之一。我朝行用钱高色者，唯北京宝源局黄钱与广东高州炉青钱。高州钱行盛漳、泉路。其价一文敌南直、江浙等二文。黄钱又分二等，四火铜所铸曰金背钱，二火铜所铸曰火漆钱。

凡铸钱镕铜之罐，以绝细土末打碎干土砖妙。和炭末为之。京炉用牛蹄甲，未详何作用。罐料十两，土居七而炭居三，以炭灰性暖，佐土使易化物也。罐长八寸，口径二寸五分。一罐约载铜、铅十斤。铜先入化，然后投铅，洪沪扇合，倾入模内。

凡铸钱模，以木四条为空框。木长一尺一寸，阔一寸二分。土炭末筛令极细，填实框中。微洒杉木炭灰或柳木炭灰于其面上，或熏模则用松香与清油。然后以母钱百文，用锡雕成。或字或背布置其上。又用一框如前法填实合盖之。既合之后，已成面、背两框，随手覆转，则母钱尽落后框之上。又用一框，填实合上后框，如是转覆，只合十余框。然后以绳捆【菅本作捆】定。其木框上弦原留入铜眼孔，铸工用鹰嘴钳，洪炉提出镕罐。一人以别钳扶抬罐底相助，逐一倾入孔中。冷定解绳开框，则磊落百文如花果附枝。模中原印空梗，走铜如树枝样。挟出逐一摘断，以待磨错成钱。凡钱先错边沿，以竹木条直贯数百文受错，后错平面则逐一为之。

　　凡钱高低，以铅多寡分。其厚重与薄削则昭然易见。铅贱铜贵，私铸者至对半为之。以之掷阶石上，声如木石者，此低钱也。若高钱铜九铅一，则掷地作金声矣。凡将成器废铜铸钱者，每火十耗其一。盖铅质先走，其铜色渐高，胜于新铜初化者。若琉球诸国银钱，其模即凿锲铁钳头上。银化之时入锅夹取，淬于冷水之中，即落一钱其内。

　　附：铁钱

　　铁质贱甚，从古无铸钱。起于唐藩镇魏博诸地，铜货不通，始冶为之。盖斯须之计也。皇家盛时，则冶银为豆。杂伯衰时，则铸铁为钱。并志博物者感慨。

铸鼎图

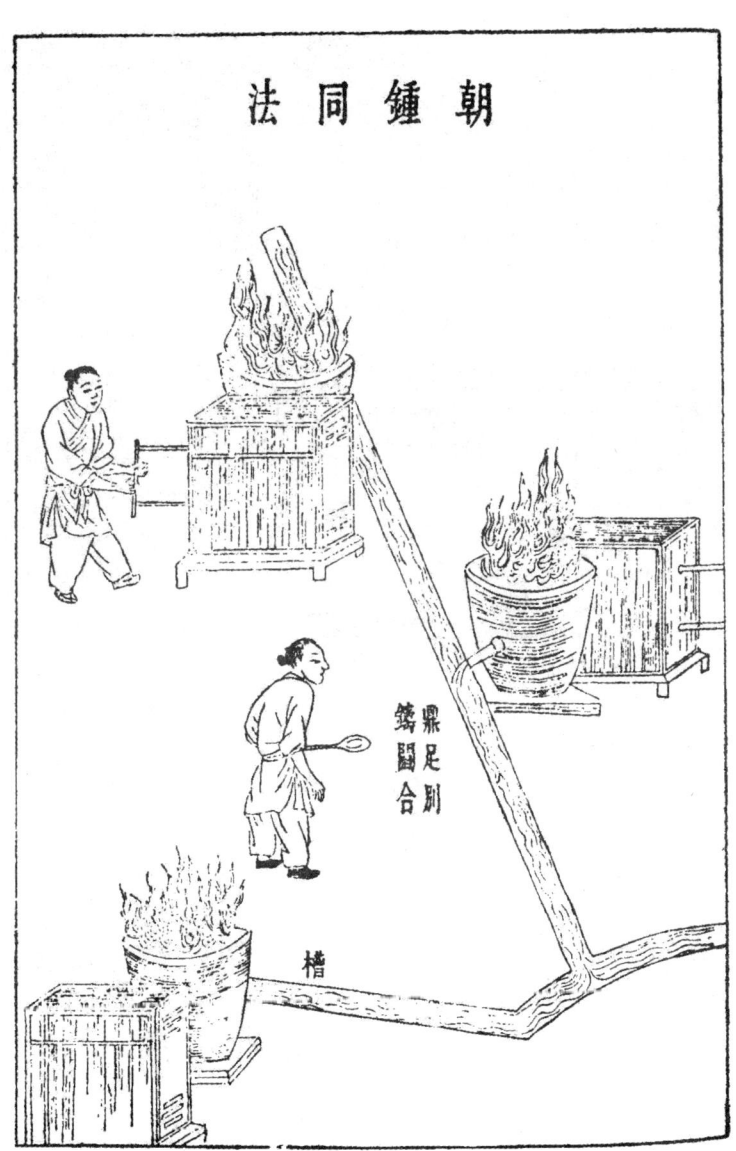

朝钟同法

铸千斤

钟与仙佛像图

塑钟模图

铸釜图

铸钱图

锉钱

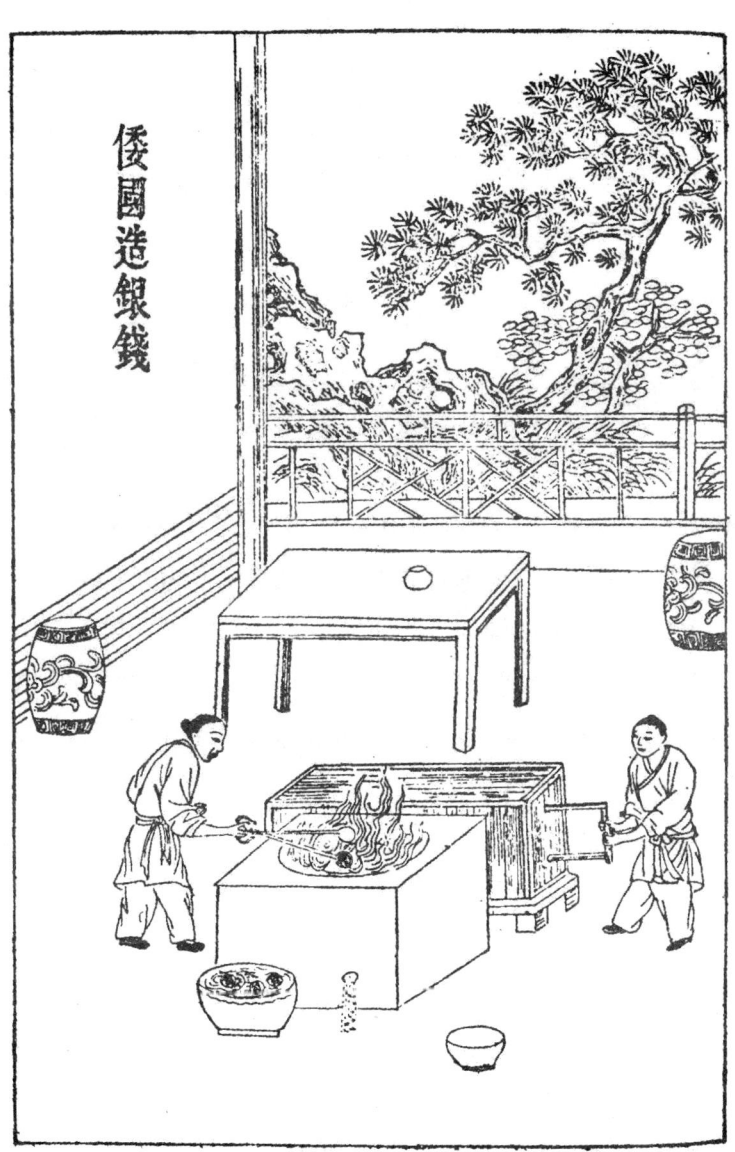

倭国造银钱

舟车第九

宋子曰，人群分而物异产，来往贸【陶本作懋】迁以成宇宙。若各居而老死，何藉有群类哉？人有贵而必出，行畏周行。物有贱而必须，坐穷负贩。四海之内，南资舟而北资车。梯航万国，能使帝京元气充然。何其始造舟车者不食尸祝之报也？浮海长年，视万顷波如平地，此与列子所谓御泠【菅本误作冷】风者无异。传所称奚仲之流，倘所谓神人者非耶。

舟

凡舟古名百千，今名亦百千。或以形名、如海鳅、江鳊、山梭之类。或以量名、载物之数。或以质名，各色木料。不可殚述。游海滨者得见洋船，居江湄者得见漕舫。若局趣山国之中，老死平原之地，所见者一叶扁舟、截流乱筏而已。粗载数舟制度，其余可例推云。

漕舫

凡京师为军民集区，万国水运以供储，漕舫所由兴也。元朝混一，以燕京为大都。南方运道由苏州、刘家港、海门黄连沙开洋，直抵天津。制度用遮洋船，永乐间因之。以风涛多险，后改漕运。平江伯陈某，始造平底浅船，则今粮船【菅本作舡】之制也。

凡船制底为地，枋为宫墙，阴阳竹为覆瓦。伏狮前为阀阅，后为寝堂。桅为弓弩，弦篷【菅本、陶本并误蓬】为翼。橹为车马，篙纤为履鞡。绁索为鹰雕，筋骨招为先锋。舵为指挥主帅，锚为扎军营寨。

粮船【菅本作舡】初制，底长五丈二尺，其板厚二寸。采巨木，楠为上，栗次之。头长九尺五寸，梢【菅本误稍】长九尺五寸。底阔九尺五寸，底头阔六尺，底梢【菅本误稍】阔五尺。头伏狮阔八尺，梢【菅本误稍】伏狮阔七尺。梁头一十四座。龙口梁阔一丈，深四尺。使风梁阔一丈四尺，深三尺八寸。后断水梁阔九尺，深四尺五寸。两廒【菅本误厫】共阔七尺六寸。此其初制。载米可近二千石。交兑每只止足五百石。后运军造者，私增身长二丈，首尾阔二尺余，其量可受三千石。而运河闸口原阔一丈二尺，差可度过。凡今官坐船【菅本作舡】，其制尽同，第窗户之间宽其出径，加以精工彩饰而已。

凡造船【菅本作舡】先从底起，底面傍靠墙【菅本、陶本并作樯。今依菅本原校改，下同】上承栈，下亲地面。隔位列置者曰梁，两傍峻立者曰墙。盖墙巨木曰正枋，枋上曰弦。梁前竖桅位曰锚坛，坛底横木夹桅本者曰地龙。前后维曰伏狮，其下曰拏狮。伏狮下封头木曰连三枋。船【菅本作舡】头面中缺一方曰水井。其下藏缆索等物。头面眉际树两木以系缆者曰将军柱。船【菅本作舡】尾下斜上者曰草鞋底，后封头下曰短枋，枋下曰挽脚

梁。船【菅本作舡】梢【菅本误稍】掌舵所居，其上曰【陶本作者】野鸡篷。使风时，一人坐篷巅，收守篷索。【菅本篷均误蓬】

凡舟身将十丈者，立桅必两。树中桅之位，折中过前二位，头桅又前丈余。粮船【菅本作舡】中桅，长者以八丈为率，短者缩十之一二。其本入窗内亦丈余，悬篷之位约五六丈。头桅尺寸则不及中桅之半，篷纵横亦不敌三分之一。苏湖六郡运米，其船【菅本作舡】多过石瓮桥下，且无江汉之险。故桅与篷尺寸全杀。若湖广、江西省舟，则过湖冲江，无端风浪。故锚、缆、篷、桅必极尽制度，而后无患。凡风篷尺寸，其则一视全舟横身，过则有患，不及则力软。

凡船【菅本作舡】篷，其质乃析篾成片织就。夹维竹条，逐块折叠，以俟悬挂。粮船【菅本作舡】中桅篷，合并十人力方克凑顶。头篷则两人带之有余。凡度篷索，先系空中寸圆木关捩于桅巅之上，然后带索腰间，缘木而上，三股交错而度之。凡风篷之力，其末一叶敌其本三叶。调匀和畅，顺风则绝顶张篷，行疾奔马。若风力洊至，则以次减下。遇风鼓急不下，以钩搭扯。狂甚则只带一两叶而已。

凡风从横来，名曰抢风。顺水行舟则挂篷【菅本误蓬】，"之、玄"游走。或一抢向东，止寸平过，甚至却【菅本作邦，原校谓疑当作所】退数十丈。未及岸时，捩舵转篷，一抢向西。借贷水力兼带风力轧下，则顷刻十余里。或湖水平而不流者，亦可缓轧。若上水舟，则一步不可行也。凡船性随水，若草从风。故制舵障水，使不定向流。舵板一转，一泓从之。

凡舵尺寸与船腹切齐。若长一寸，则遇浅之时船【菅本作舡】腹已过，其梢尼【菅本作稍尾】舵使胶住。设风狂力劲，则寸木为难不可言。舵短一寸，则转运力怯，回头不捷。凡舵力所障水，相应及船头而止。其腹底之下，俨若一派急顺流，故船头不约而正，其机妙不可言。舵上所操柄，名曰关门棒，欲船北，则南向揽转。欲船南，则北向揽转。船身太长而风力横劲，舵力不甚应手，则急下一偏披水板以抵其势。

凡舵用直木一根，粮船用者围三尺，长丈余为身。上截衡受棒，下截界开衔口，纳板其中如斧形，铁钉固拴以障水。梢【菅本误稍】后隆起处，亦名曰舵楼。凡铁锚所以沉水系舟，一粮船计用五六锚。最雄者曰看家锚，重五百斤内外，其余头用二枝，梢【菅本误稍】用二枝。凡中流遇逆风，不可去又不可泊，或业已近岸，其下有石非沙，亦不可泊，惟打锚深处。则下锚沉水底。其所系绋，缠绕将军柱上。锚爪一遇泥沙，扣底抓住。十分危急，则下看家锚。系此锚者名曰"本身"，盖重言之也。或同行前舟阻滞，恐我舟顺势急去，有撞伤之祸，则急下梢【菅本、陶本并误稍】锚提住，使不迅速流行。风息开舟，则以云车绞缆，提锚使上。

凡船板合隙缝，以白麻斫絮为筋。钝凿扱入，然后筛过细石灰，和桐油春杵成团调舱。温、台、闽、广即用蛎灰。凡舟中带篷【菅本误蓬】索，以火麻秸一名大麻。绚绞，粗成径寸以外者，即系万钧不绝。若系锚缆，则破析青篾为之。其篾线入釜煮熟，然后纠绞。拽䌫䉡亦煮熟篾线绞成，十丈以往。中作圈为接驱。遇阻碍可以掐【陶本误掐】断。凡竹性直，篾一线千钧。三峡入川上水舟，不用纠绞䉡䌫，即破竹阔寸许者，整条以次接长，名曰火【陶本误大】杖。盖沿崖石棱如刃，惧破篾易损也。

凡木色桅用端直杉木，长不足则接。其表铁箍逐寸包围。船【菅本作舡】窗前道，皆当中空阙，以便树桅。凡树中桅，合并数巨舟承载，其末长缆系表而起。梁与枋樯用楠木、槠木、樟木、榆木、槐木。樟木春夏伐者，久则粉蛀。栈板不拘何木。舵杆用榆木、榔木、槠木，关门棒用椆【菅本误稠】木、榔木，橹用杉木、桧木、楸木。此其大端云。

海舟

凡海舟，元朝与国初运米者曰遮洋浅船，次者曰钻风船。即海鳅。所经道里止万里长滩、黑水洋、沙门岛等处，苦无大险。与出使琉球、日本暨商贾爪哇、笃泥等船制度，工费不及十分之一。凡遮洋运船【菅本作舡，下同】制，视漕船长一丈六尺，阔二尺五寸，器具皆同。唯舵杆必用铁力木，艌灰用鱼油和桐油，不知何义。凡外国海舶制度，大同小异。闽、广闽由海澄开洋，广由香山岙。洋船截竹两破排栅，树于两傍以抵浪。登、莱制度又不然。倭国海舶两傍列橹手栏板抵水，人在其中运力。

朝鲜制度又不然。至其首尾各安罗经盘以定方向，中腰大横梁出头数尺，贯插腰舵，则皆同也。腰舵非与梢【菅本误稍】舵形同，乃阔板斫成刀形插入水中，亦不捩转。盖夹卫扶倾之义。其上仍横柄栓于梁上，而遇浅则提起。有似乎舵，故名腰舵也。凡海舟以竹筒贮淡水数石，度供舟内人两日之需，遇岛又汲。其何国何岛合用何向，针指示昭然。恐非人力所祖。舵工一群主佐，直是识力造到死生浑忘地，非鼓勇之谓也。

杂舟

江汉课船【菅本作舡，下同】　身甚狭小而长。上列十余仓，每仓容止一人卧息。首尾共桨【陶本误桨】六把，小桅篷一座。风涛之中，恃有多桨挟持。不遇逆风，一昼夜顺水行四百余里，逆水亦行百余里。国朝盐课，淮、扬数颇多。故设此运银，名曰课船。行人欲速者亦买之。其船南自章、贡，西自荆、襄，达于瓜、仪而止。

三吴浪船【菅本作舡，下同】。凡浙西、平江，纵横七百里内，尽是深沟、小水湾环。浪船最小者名曰塘船。以万亿计。其舟行人贵贱来往，以代马车、屝屦。舟即小者，必造窗牖堂房，质料多用杉木。人物载其中，不可偏重一石。偏即敧侧，故俗名"天平船"。此舟来往七百里内，或好逸便者径买，北达通、津。只有镇江一横渡，俟风静涉过。又渡清【菅本误青】江浦，溯黄河浅水二百里，则入闸河安稳路矣。至长江上流风浪，则没世避而不经也。浪船行力在梢【菅本作稍】后，巨橹一枝，两三人推轧前走，或恃䊸箮。至于风篷，则小席如掌，所不恃也。

东浙西安船【陶本作舡】。浙东自常山至钱塘八百里，水径入海，不通他道。故此舟自常山、开化、遂安等小河起，至【菅本脱至字】钱塘而止。更无他涉。舟制，箬篷【陶本误帆】如卷瓦为上盖，缝布为帆，高可二丈许。绵索张带，初为布帆者，原因钱塘有潮涌，急时易于收下。此亦未然。其费似侈于箓、席，总不可晓。

福建清流、梢篷船。【菅本稍误稍，船作舡，下同】其船自光泽、崇安两小河起，达于福州洪塘而止，其下水道皆海矣。清流船以载货物、客商。梢篷船大，差可坐卧，官贵家属用之。其船皆以杉木为地。滩石甚险，破损者其常。遇损则急舣向岸，搬物掩塞。船梢径不用舵，船首列一巨招，捩头使转。每帮五只方行，经一险滩，则四舟之人皆从尾后曳缆，以缓其趋势。长年即寒冬不裹【菅本误果】足，以便频濡，风篷竟悬不用云。

四川八橹等船【菅本作舡，下同】。凡川水源通江、汉，然川船达荆州而止，此下则更舟矣。逆行而上，自夷陵入峡，挽缱者以巨竹破为四片或六片，麻绳约接，名曰火杖。舟中鸣鼓若竞渡，挽人从山石中闻鼓声而咸力。中夏至中秋，川水封峡，则断绝行舟数月。过此消退，方通往来。其新滩等数极险处，人与货尽盘岸行半里许，只余空舟上下。其舟制腹圆而首尾尖狭，所以辟滩浪云。

黄河满篷梢【菅本误稍】。其船【菅本作舡】自河入淮，自淮溯汴用之。质用楠木，工价颇优。大小不等，巨者载三千石，小者五百石。下水则首颈之际，横压一梁，巨橹两枝，两傍推轧而下。锚、缆、篷、帆【菅本作蓬】制与江汉相仿云。

广东黑楼船、【菅本作舡，下同】**盐船**。北自南雄，南达会省。下此惠、潮通漳、泉，则由海汊乘海舟矣。黑楼船为官贵所乘，盐船以载货物。舟制两傍可行走，风帆编蒲为之。不挂独竿桅，双柱悬帆，不若中原随转。逆流凭借缱力，则与各省直同功云。

黄河秦船【菅本船作舡】。俗名摆子船。造作多出韩城。巨者载石数万钧，顺流而下，供用淮、徐地面。舟制首尾方阔均等。仓梁平下，不甚隆起。急流顺下，巨橹两傍夹推。来往不凭风力，归舟挽缱多至二十余人，甚有弃舟空返者。

车

凡车利行平地。古者秦、晋、燕、齐之交，列国战争必用车。故"千乘""万乘"之号，起自战国。楚、汉血争，而后日辟。南方则水战用舟，陆战用步马。北膺胡虏，交使铁骑，战车遂无所用之。但今服马驾车以运重载，则今日骡车即同彼时战车之义也。凡骡车之制，有四轮者，有双轮者。其上承载支架，皆从轴上穿斗而起。四轮者前后各横轴一根，轴上短柱起架直梁，梁上载箱。马止脱驾之时，其上平整，如居屋安稳之象。若两轮者，驾马行时，马曳其前，则箱地平正。脱马之时，则以短木从地支撑而住，不然则欹卸也。

凡车轮，一曰辕。俗名车陀。其大车中毂俗名车脑。长一尺五寸，见小戎朱【陶本误车】注。所谓外受辐、中贯轴者。辐计三十片，其内插毂，其外接辅。车轮之中，内集轮、外接辋，圆转一圈者是曰辅也。辋际尽头则曰轮辕也。凡大车脱时，则诸物星散收藏。驾则先上两轴，然后以次间架。凡轼、衡、轸、轭，皆从轴上受基也。

凡四轮大车，量可载五十石。骡马多者或十二挂，或十挂，少亦八挂。执鞭掌御者居箱之中，立足高处。前马分为两班，战车四马一班，分骖、服。纠黄麻为长索，分系【陶本作繫】马顶。后套总结，收入衡内两傍。掌御者手执长鞭，鞭以麻为绳，长七尺许，竿身亦相等。察视不力者，鞭及其身。箱内用二人踹绳，须识马性与索性者为之。马行太紧，则急起踹绳。否则翻车之祸从此起也。凡车行时，遇前途行人应避者，则掌御者急以声呼，则群马皆止。凡马索总系透衡入箱处，皆以牛皮束缚。《诗经》所谓"胁驱"是也。

凡大车饲马，不入肆舍。车上载有柳盘，解索而野食之。乘车人上下皆缘小梯。凡遇桥梁中高边下者，则十马之中，择一最强力者，系【陶本作繫】于车后。当其下坂，则九马从前缓曳，一马从后竭力抓住，以杀其驰趋之势，不然则险道也。凡大车行程，遇河亦止，遇山亦止，遇曲径小道亦止。徐、兖、汴梁之交，或达三百里者，无水之国所以济舟楫之穷也。

凡车质惟先择长者为轴，短者为毂，其木以槐、枣、檀、榆用槲榆。为上。檀质太久劳则发烧，有慎用者，合抱枣、槐，其至美也。其余轸、衡、箱、轭，则诸木可为耳。此外，牛车以载刍粮，最盛晋地。路逢隘道，则牛颈系【陶本作繫】巨铃，名曰"报君知"，犹之骡车群马尽系铃声也。

又北方独辕车，人推其后，驴曳其前。行人不耐骑坐者，则雇觅之。鞠席其上以蔽风日。人必两傍对坐，否则敧倒。此车北上【营本误止】长安、济宁，径达帝京。不载人者，载货约重四五石而止。其驾牛为轿车者，独盛中州。两傍双轮，中穿一轴，其分寸平如水。横架短衡，列轿其上，人可安坐，脱驾不敧。其南方独轮推车则一人之力是视。容载两石，遇坎即止。最远者止达百里而已，其余难以枚述。但生于南方者不见大车，老于北方者不见巨舰，故粗载之。

南方独推车图

漕舫图

六桨课船图

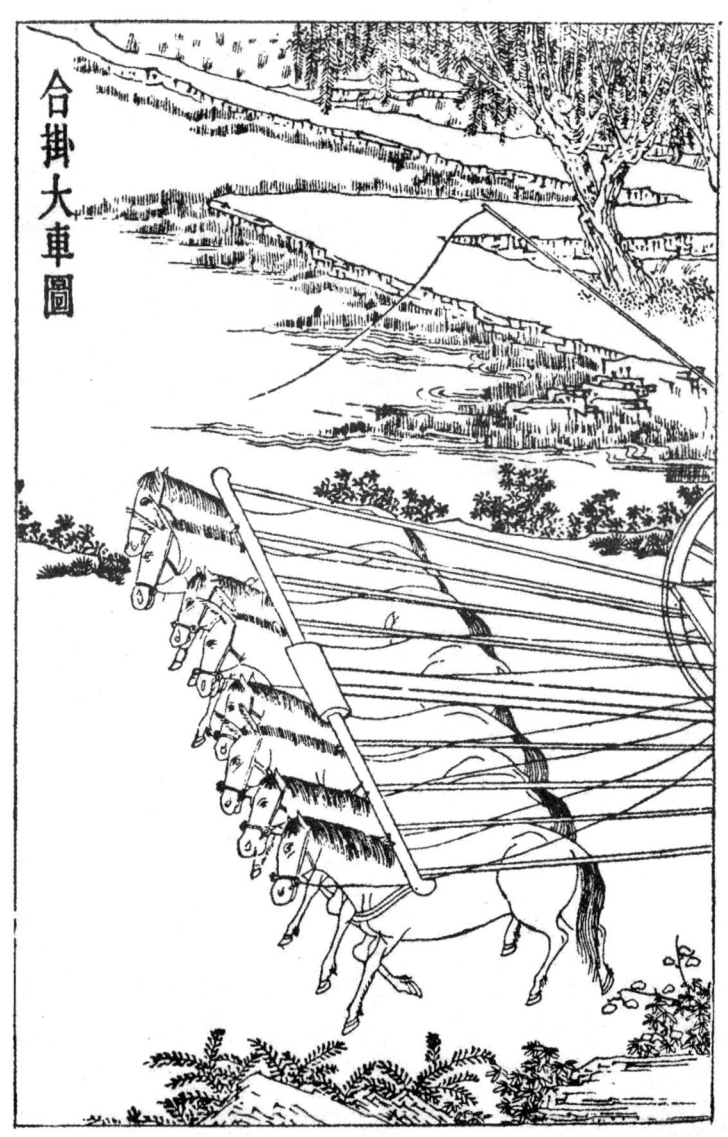

合挂大车图

双缱独辕车图

锤锻第十

宋子曰，金木受攻而物象曲成。世无利器，即般、倕安所施其巧哉？五兵之内，六乐之中，微钳锤之奏功也。生杀之机泯然矣。同出洪炉烈火，大小殊形。重千钧者系巨舰于狂渊，轻一羽者透绣纹于章服。使冶钟铸鼎之巧，束手而让神功焉。莫邪、干将，双龙飞跃，毋其说亦有征焉者乎！

治铁

凡治铁成器，取已炒熟铁为之。先铸铁成砧，以为受锤之地。谚云万器以钳为祖，非无稽之说也。凡出炉熟铁名曰毛铁。受锻之时，十耗其三为铁华、铁落。若已成废器未锈烂者，名曰劳铁。改造他器与本器，再经锤锻，十止耗去其一也。凡炉中炽铁用炭，煤炭居十七，木炭居十三。凡山林无煤之处，锻工先择坚硬条木烧成火墨，俗名火矢。扬烧不闭穴火。其炎更烈于煤。即用煤炭，也别有铁炭一种，取其火性内攻，焰不虚腾者，与炊炭同形而有分类也。凡铁性逐节粘合，涂上黄泥于接口之上，入火挥槌，泥滓成枵而去。取其神气为媒合。胶结之后，非灼红斧斩，永不可断也。

凡熟铁、钢铁，已经炉锤，水火未济，其质未坚。乘其出火时入清水淬之，名曰健钢、【菅本误刚，依原校及陶本改】健铁。言乎未健之时为钢为铁，弱性犹存也。凡焊铁之法，西洋诸国别有奇药。中华小焊用白铜末，大焊则竭力挥锤而强合之。历岁之久，终不可坚。故大炮西番有锻成者，中国惟事冶铸也。

斤斧

凡铁兵薄者为刀剑，背厚而面薄者为斧斤。刀剑绝美者，以百炼钢包裹【菅本误果】其外，其中仍用无钢铁为骨。若非钢表铁里，则劲力所施，即成折断。其次寻常刃斧，止嵌钢于其面。即重价宝刀，可斩钉截凡铁者，经数千遭磨砺，则钢尽而铁现也。倭国刀背阔不及二分许，架于手指之上，不复敧倒，不知用何锤法，中国未得其传。

凡健刀斧皆嵌钢、包钢，整齐而后入水淬之，其快利则又在砥石成功也。凡匠斧与椎，其中空管受柄处，皆先打冷铁为骨，名曰羊头。然后热铁包裹，冷者不黏【菅本作沾】，自成空隙。凡攻石椎，日久四面皆空。镕铁补满平填，再用无弊。

锄镈

凡治地生物用锄、镈之属，熟铁锻成，镕化生铁淋口，入水淬健即成刚劲。每锹、锄重一斤者，淋生铁三钱为率。少则不坚，多则过刚而折。

锉

凡铁锉纯钢为之，未健之时钢性亦软。以已健钢錾划成纵斜文理。划时斜向入，则文方成焰。划后烧红，退微冷，入水健。久用乖平，入水退去健性，再用錾划。凡锉开锯齿用茅叶锉，后用快弦锉。治铜钱用方长牵锉，锁钥之类用方条锉。治骨角用剑面锉。朱注所谓鑢锡。治木末则锥成圆眼，不用纵斜文者，名曰香锉。划锉纹时，用羊角末和盐、醋先涂。

锥

凡锥熟铁锤成，不入钢和。治书编之类用圆钻，攻皮革用扁钻。梓人转索通眼，引钉合木者用蛇头钻。其制颖上二分许，一面圆，一【菅本误二】面剜入。傍起两棱，以便转索。治铜叶用鸡心钻。其通身三棱者名旋钻，通身四方而末锐者名打钻。

锯

凡锯，熟铁锻【菅本误断】成薄条，不钢亦不淬健。出火退烧后，频加冷锤坚性，用锉开齿。两头衔木为梁，纠篾张开，促紧使直。长者剖【陶本误刮】木，短者截木，齿最细者截竹。齿钝之时频加锉锐而后使之。

刨

凡刨，磨砺嵌钢寸铁，露刃秒忽。斜出木口之面，所以平木，古名曰準。巨者卧準露刃，持木抽削，名曰推刨。圆桶家使之。寻常用者，横木为两翅，手执前推。梓人为细功者，有起线刨，刃阔二分许。又刮木使极光者名蜈蚣刨，一木之上衔【陶本误冲】十余小刀，如蜈蚣之足。

凿

凡凿，熟铁锻成。嵌钢于口，其本空圆以受木柄。先打铁骨为模，名曰羊头，构柄同用。斧从柄催，入木【菅本误水】透眼。其末粗者阔寸许，细者三分而止。需圆眼者则制成剜凿为之。

锚

凡舟行遇风难泊，则全身系命于锚。战船、海船【菅本船均作舡】有重千钧者。锤法先成四爪，以次逐节接身。其三百斤以内者，用径尺阔砧安顿炉傍。当其两端皆红，掀去炉炭，铁包木棍夹持上砧。若千【陶本误干】斤内外者，则架木为棚。多人立其上，共持铁练。两接锚身，其末皆带巨铁圈练套，提起捩转，咸力锤合。合药不用黄泥，先取陈久壁土筛细。一人频撒接口之中，浑合方无微罅。盖炉锤之中，此物其最巨者。

针

凡针，先锤铁为细条，用铁尺一根锥成线眼。抽过条铁成线，逐寸剪断为针。先鎈其末成颖，用小槌敲扁其本，钢【菅本误刚】锥穿鼻，复鎈其外。然手入釜，慢火炒熬。炒后以土末入松木、火矢、豆豉三物掩盖，下用火蒸。留针二三口插于其外，以试火候。其外针入手捻成粉碎，则其下针火候皆足。然后开封，入水健之。凡引线成衣与刺绣者，其质皆刚。惟马尾刺工为冠者，则用柳条软针，分别之妙，在于水火健法云。

冶铜

凡红铜，升黄而后镕化造器，用砒升者为白铜器，工费倍难，侈者事之。凡黄铜，原从炉甘石升者，不退火性受锤。从倭铅升者，出炉退火性，以受冷锤。凡响铜入锡参和法具《五金》卷。成乐器者，必圆成无焊。其余方圆用器，走焊、炙火粘合，用锡末者为小焊，用响铜末者为大焊。碎铜为末，用饭粘和打。入水洗去饭，铜末具存，不然则撒散。若焊银器，则用红铜末。

凡锤乐器，锤钲俗名锣。不事先铸，熔团即锤。锤镯俗名铜鼓。与丁宁，则先铸成圆片然后受锤。凡锤钲、镯皆铺团于地面，巨者众共挥力，由小阔开，就身起弦声，俱从冷锤点发。其铜鼓中间突起隆炮，而后冷锤开声。声分雌与雄，则在分厘起伏之妙。重数锤者其声为雄。凡铜经锤之后，色成哑白，受鎈复现黄光。经锤折耗，铁损其十者，铜只去其一。气腥而色美，故锤工亦贵重铁工一等云。

锤锚图

抽线琢针图

锤钲与镯图

燔石第十一

宋子曰，五行之内，土为万物之母。子之贵者岂惟五金哉！金与火相守而流，功用谓莫尚焉矣。石得燔而成功，盖愈出而愈奇焉。水浸淫【陶本误谣】而败物，有隙必攻。所谓不遗丝发者，调和一物以为外拒，漂海则冲洋澜，粘甃则固城雉。不烦历候远涉，而至宝得焉。燔石之功，殆莫之与京矣。至于矾现五色之形，硫为群石之将，皆变化于烈火。巧极丹铅炉火，方士纵焦劳唇舌，何尝肖像天工之万一哉！

石灰

凡石灰经火焚炼为用。成质之后，入水永劫不坏。亿万舟楫，亿万垣墙，窒隙防淫【陶本误谣】是必由之。百里内外，土中必生可燔石。石以青色为上，黄白次之。石必掩土内二三尺，掘取受燔，土面见风者不用。燔灰火料，煤炭居什【菅本作十】九。薪炭居什一。先取煤炭泥和做成饼。

每煤饼一层，叠石一层。铺薪其底，灼火燔之。最佳者曰矿灰，最恶者曰窑滓灰。火力到后，烧酥石性，置于风中。久自吹化成粉，急用者以水沃之，亦自解散。

凡灰用以固舟缝，则桐油、鱼油调。厚绢、细罗和油杵千下塞舱。用以砌墙石，则筛去石块，水调粘合。甃墁则仍用油灰，用以垩墙壁，则澄过入纸筋涂墁。用以襄墓及贮水池，则灰一分入河沙、黄土二分。用糯米、粳米、【菅本粳下脱米字，陶本糯下无米字】羊桃藤汁和匀，轻筑坚固，永不隳坏，名曰三和土。其余造淀、造纸，功用难以枚述。凡温、台、闽、广海滨，石不堪灰者，则天生蛎蚝以代之。

蛎灰

凡海滨石山傍水处，咸浪积压，生出蛎房，闽中曰蚝房。经年久者长成数丈，阔则数亩，崎岖如石假山形象。蛤之类压入岩中，久则消化作肉团，名曰蛎黄，味极珍美。凡燔蛎灰者，执椎与凿，濡足取来，药铺所货牡蛎，即此碎块。叠煤架火燔成，与前石灰共法。粘砌城【陶本误成】墙、桥梁，调和桐油造舟，功皆相同。有误以蚬灰即蛤粉。为蛎灰者，不格物之故也。

煤炭

凡煤炭普天皆生，以供锻炼金石之用。南方秃山无草木者，下即有煤,北方勿论。煤有三种,有明煤、碎煤、末煤。明煤大块如斗许,燕、齐、秦、晋生之。不用风箱鼓扇,以木炭少许引燃,熯炽达昼夜,其傍夹带碎屑,则用洁净黄土调水作饼而烧之。碎煤有两种,多生吴、楚。炎高者曰饭炭,用以炊烹。炎平者曰铁炭,用以冶锻。入炉先用水沃湿,必用鼓鞴【菅本、陶本并误鞴】后红。以次增添而用。末炭如面者,名曰自来风。泥水调成饼,入于炉内。既灼之后,与明煤相同,经昼夜不灭。半供炊爨,半供镕铜、化石、升朱。至于燔石为灰与矾、硫,则三煤皆可用也。

　　凡取煤经历久者,从土面能辨有无之色,然后掘挖。深至五丈许,方始得煤。初见煤端时,毒气灼人。有将巨竹凿去中节,尖锐其末,插入炭中,其毒烟从竹中透上。人从其下施钁拾取者,或一井而下,炭纵横广有,则随其左右阔取。其上枝板,以防压崩耳。

　　凡煤炭取空而后,以土填实其井。经二三十年后,其下煤复生长,取之不尽。其底及四周石卵,土人名曰铜炭者,取出烧皂矾与硫黄。详后款。凡石卵单取硫黄者,其气薰甚,名曰臭煤。燕京房山、固安,湖广荆州等处间有之。凡煤炭经焚而后,质随火神化去,总无灰滓。盖金与土石之间,造化别现此种云。凡煤炭不生茂草盛木之乡,以见天心之妙。其炊爨功用所不及者,唯结腐一种而已。结豆腐者,用煤炉则焦苦。

矾石　白矾

　　凡矾,燔石而成,白矾一种亦所在有之。最盛者山西晋、【菅本原校谓晋下,当有州字,按句末有州字晋下似可无】南直无为等州。值价低贱,与寒水石相仿。然煎水极沸，投矾化之。以之染物，则固结肤膜之间，外水永不入。故制糖饯与染画纸、红纸者需之。其末干撒，又能治浸淫恶水，故湿创家亦急需之也。

凡白矾，掘土取磊块石层，叠煤炭饼锻炼，如烧石灰样。火候已足，冷定入水。煎水极沸时，盘中有溅溢，如物飞出。俗名蝴蝶矾者，则矾成矣。煎浓之后，入水缸内澄。其上隆结曰吊矾，洁白异常。其沉下者曰缸矾，轻虚如棉絮者曰柳絮矾。烧汁至尽，白如雪者谓之巴石。方药家锻过用者曰枯矾云。

青矾　红矾　黄矾　胆矾

凡皂、红、黄矾，皆出一种而成，变化其质。取煤炭外矿石俗名铜炭。子，每五百斤入炉，炉内用煤炭饼自来风，不用鼓鞲【菅本、陶本并误鞴】者。千余斤，周围包裹【菅本误果】此石。炉外砌筑土墙圈围，炉颠空一圆孔，如茶碗口大，透炎直上，孔傍以矾滓厚罨。此滓不知起自何世，欲作新炉者，非旧滓罨盖则不成。然后从底发火，此火度经十日方熄，其孔眼时有金色光直上。取硫，详后款。

锻经十日后，冷定取出。半酥杂碎者另拣出，名曰时矾，为煎矾红用。其中精粹如矿灰形者，取入缸中浸三个时，漉入釜中煎炼。每水十石，煎至一石，火候方足。煎干之后，上结者皆佳好皂矾，下者为矾滓。后炉用此盖。此皂矾染家必需用，中国煎者亦惟五六所。原石五百斤，成皂矾二百斤，其大端也。其拣出时矾，俗又名鸡屎矾。每斤入黄土四两，入罐【菅本、陶本并误罐】熬炼，则成矾红，圬墁及油漆家用之。

其黄矾所出又奇甚。乃即炼皂矾炉侧土墙，春夏经受火石精气，至霜降、立冬之交，冷静之时，其墙上自然爆出此种，如淮北砖墙生焰硝样。刮取下来，名曰黄矾，染家用之。金色淡者涂炙，立成紫赤也。其黄矾自外国来，打破中有金丝者，名曰波斯矾，别是一种。

又山、陕烧取硫黄山上，其滓弃地。二三年后，雨水浸淋，精液流入沟麓之中，自然结成皂矾。取而货用，不假煎炼。其中色佳者，人取以混石胆云。石胆一名胆矾者，亦出晋、隰等州，乃山石穴中自结成者，故绿色带宝光。烧铁器淬于胆矾水中，即成铜色也。本草载矾虽五种，并未分别原委。其昆仑矾状如黑泥，铁矾状如赤石脂者，皆西域产也。

硫黄

凡硫黄乃烧石承液而结就，著书者误以焚石为矾石，遂有矾液之说。然烧取硫黄石，半出特生白石，半出煤矿烧矾石，此矾液之说所由混也。又言中国有温泉处必有硫黄，今东海、广南产硫黄处又无温泉，此因温泉水气似硫黄，故意度言之也。

凡烧硫黄石，与煤矿石同形。掘取其石，用煤炭饼包裹【菅本误果】丛架，外筑土作炉。炭与石皆载千斤于内，炉上用烧硫旧滓罨盖，中顶隆起，透一圆孔其中。火力到时，孔内透出黄焰金光。先教陶家烧一钵盂，其盂当中隆起，边弦卷成鱼袋样，覆于孔上。石精感受火神，化出黄光飞走，遇盂掩住，不能上飞，则化成汁液靠着盂底，其液流入弦袋之中。其弦又透小眼，流入冷道灰槽小池，则凝结而成硫黄矣。

其炭煤矿石烧取皂矾者，当其黄光上走时，仍用此法掩盖，以取硫黄。得硫一斤，则减去皂矾三十余斤。其矾精华已结硫黄，则枯滓遂为弃物。凡火药，硫为纯阳，硝为纯阴，两精逼合，成声成变，此乾坤幻出神物也。硫黄不产北狄，或产而不知炼取亦不可知。至奇炮出于西洋与红夷，则东徂西数万里，皆产硫黄之地也。其琉球土硫黄、广南水硫黄，皆误纪也。

砒石

凡烧砒霜质料，似土而坚，似石而碎，穴土数尺而取之。江西信郡、河南信阳州皆有砒井，故名信石。近则出产独盛衡阳，一厂有造至万钧者。凡砒石井中，其上常有浊绿水。先绞水尽，然后下凿。砒有红、白两种，各因所出原石色烧成。

凡烧砒，下鞠土窑，纳石其上，上砌曲突，以铁釜【陶本误斧】倒悬覆突口。其下灼炭举火，其烟气从曲突内熏贴釜上。度其已贴一层，厚结寸许，下复息火。待前烟冷定，又举次火，熏贴如前。一釜之内，数层已满，然后提下，毁釜而取砒。故今砒底有铁沙，即破釜滓也。凡白砒止一法，红砒则分金炉内银铜脑【菅本作恼】气有闪成者。

凡烧砒时，立者必于上风十余丈外。下风所近，草木皆死。烧砒之人经两载即改徙，否则须发尽落。此物生人食过分厘立死。然每岁千万金钱速售不滞者，以晋地菽、麦必用伴种，且驱田中黄鼠害。宁、绍郡稻田必用蘸秧根，则丰收也。不然，火药与染铜需用能几何哉。

剖面

挖煤

煤饼烧石成灰

凿取蛎房

烧皂矾图

烧取硫黄图

烧矾图

膏液第十二

宋子曰，天道平分昼夜，而人工继晷以襄事，岂好劳而恶逸哉？使织女燃薪、书生映雪，所济成何事也？草木之实，其中韫藏膏液，而不能自流。假媒水火，凭借木石，而后倾注而出焉。此人巧聪明，不知于何禀度也。人间负重致远，恃有舟车。乃车得一铢而辖转，舟得一石而罅完，非此物之为功也不可行矣。至茹蔬之登釜也，莫或膏之，犹啼儿之失乳焉。斯其功用一端而已哉。

油品

凡油供馔食用者，胡麻、一名脂麻。莱菔子、黄豆、菘菜子一名白菜。为上。苏麻、形似紫苏，粒大于胡麻。芸苔子江南名菜子。次之，樣子其树高丈余，子如金罂子，去肉取仁。次之，苋菜子次之。大麻仁粒如胡荽子，剥取其皮，为绋索用者。为下。

燃灯则桕【菅本作檴。原校谓檴俗柏字，下同】仁内水油为上。芸苔次之，亚麻子陕西所种，俗名壁虱脂麻，气恶不堪食。次之，棉花子次之，胡麻次之。燃灯最易竭。桐油与桕混油为下。桐油毒气熏人，桕【菅本误柏】油连皮膜则冻结不清。造烛则桕皮油为上。蓖麻子次之，桕混油每斤入白蜡冻结次之，白蜡结冻诸清油又次之，樟树子油又次之，其光不减，但有避香气者。冬青子油又次之。韶郡专用，嫌其油少，故列次。北土广用牛油，则为下矣。

凡胡麻与蓖麻子、樟树子，每石得油四十斤；莱菔子每石得油二十七斤；甘美异常，益人五脏。芸苔子每石得油三十斤，其耨勤而地沃、榨法精到者，仍得四十斤。陈历一年，则空内而无油。榤子每石得油一十五斤，油味似猪脂，甚美，其枯则止可种火及毒鱼用。桐子仁每石得油三十三斤。桕子分打时，皮油得二十斤、水油得十五斤。混打时共得三十三斤。此须绝净者。冬青子每石得油十二斤，黄豆每石得油九斤。吴下取油食后，以其饼充豕粮。菘菜子每石得油三十斤，油出清如绿水。棉花子每百斤得油七斤，初出甚黑浊，澄半月清甚。苋菜子每石得油三十斤，味甚甘美，嫌性冷滑。亚麻、大麻仁每石得油二十余斤。此其大端，其他未穷究试验，与夫一方已试而他方未知者，尚有待云。

法具

凡取油，榨法而外，有两镬煮取法以治蓖麻与苏麻。北京有磨法、朝鲜有舂法，以治胡麻。其余则皆从榨出也。凡榨，木巨者围必合抱，而中空之。其木樟为上，檀与杞次之。杞木为者防【菅本误妨】地湿，则速朽。此三木者，脉理循环结长，非有纵直文。故竭力挥椎【菅本误推】，实尖其中，而两头无罍拆之患。他木有纵文者不可为也。中土江北少合抱木者，则取四根合并为之，铁箍裹定，横拴串合而空其中，以受诸质。则散木有完木之用也。

凡开榨空中，其量随木大小。大者受一石有余，小者受五斗不足。凡开榨辟中凿划平槽一条，以宛凿入中，削圆上下。下沿凿一小孔，剜一小槽，使油出之时流入承藉器中。其平槽约长三四尺，阔三四寸。视其身而为之，无定式也。实槽尖与枋，唯檀木、柞子木两者宜为之，他木无望焉。其尖过斤斧而不过刨，盖欲其涩，不欲其滑，惧报转也。撞木与受撞之尖，皆以铁圈裹首，惧披散也。

榨具已整理，则取诸麻、菜子入釜。文火慢炒，凡柏、桐之类属树木生者，皆不炒而碾蒸。透出香气，然后碾碎受蒸。凡炒诸麻、菜子，宜铸平底锅，深止六寸者，投子仁于内，翻拌最勤。若釜底太深，翻拌疏慢，则火候交伤，减丧油质。炒锅亦斜安灶上，与蒸锅大异。凡碾埋槽土内，木为者以铁片掩之。其上以木竿衔铁陀，两人对举而椎【菅本作推】之。资本广者则砌石为牛碾，一牛之力可敌十人。亦有不受碾而受磨者，则棉子之类是也。既碾而筛，择粗者再碾，细者则入釜甑受蒸。蒸气腾足取出，以稻秸与麦秸包裹【菅本误果】如饼形，其饼外圈箍或用铁打成，或破篾绞刺而成，与榨中则寸相稳合。

凡油原因气取，有生于无。出甑之时，包裹【菅本误果】怠缓，则水火郁蒸之气游走，为此损油。能者疾倾、疾裹而疾箍之，得油之多，诀由于此。榨工有自少至老而不知者。包裹既定，装入榨中，随其量满，挥撞挤轧，而流泉出焉矣。包内油出滓存，名曰枯饼。凡胡麻、莱菔、芸苔诸饼，皆重新碾碎，筛去秸芒，再蒸、再裹而再榨之。初次得油二分，二次得油一分。若桕、桐诸物，则一榨已尽流出，不必再也。若水煮法，则并用两釜。将蓖麻、苏麻子碾碎，入一釜中注水滚煎，其上浮沫即油。以杓掠取，倾于干釜内，其下慢火熬干水气，油即成矣。然得油之数毕竟减杀。北磨麻油法，以粗麻布袋揽绞，其法再详。

皮油

凡皮油造烛，法起广信郡。其法取洁净桕子，刡囵入釜甑蒸。蒸后倾于臼内受舂。其臼深约尺五寸，碓以石为身，不用铁嘴。石取深山结而腻者，轻重斫成限四十斤，上嵌衡木之上而舂之。其皮膜上油尽脱骨而纷落，挖起，筛于盘内再蒸，包裹、入榨皆同前法。皮油已落尽，其骨为黑子。用冷腻小石磨不惧火煅者，此磨亦从信郡深山觅取。以红火矢围壅煅热，将黑子逐把灌入疾磨。磨破之时，风扇去其黑壳，则其内完全白仁，与梧桐子无异。将此碾、蒸，包裹、入榨与前法同。榨出水油清亮无比，贮小盏之中，独根心草燃至天明，盖诸清油所不及者。入食馔即不伤人，恐有忌者宁不用耳。

其皮油造烛，截苦竹筒两破，水中煮涨，不然则粘带。小篾箍勒【菅本误勤】定。用鹰嘴铁杓挽油灌【陶本误礶】入，即成一枝。插心于内，顷刻冻结，捋箍开筒而取之。或削棍为模，裁纸一方卷于其上而成纸筒，灌入亦成一烛。此烛任置风尘中，再经寒暑，不敝坏也。

南方榨

推柏子黑粒去壳取仁

楂皮油及諸芸薹胡麻皆同

杀青第十三

宋子曰，物象精华、乾坤微妙，古传今而华达夷，使后起含生目授而心识之，承载者以何物哉？君与民通，师将弟命，凭借呫呫口语，其与几何！持寸符、握半卷，终事诠旨，风行而冰释焉。覆载之间之借有楮先生也，圣顽咸嘉赖之矣。身为竹骨与木皮，杀其青而白乃见。万卷百家，基从此起，其精在此，而其粗效于障风、护物之间。事已开于上古，而使汉、晋时人擅名记者，何其陋哉。

纸料

凡纸质用楮树一名縠树。皮与桑穰、芙蓉膜等诸物者为皮纸。用竹麻者为竹纸。精者极其洁白，供书文、印文、柬、启用。粗者为火纸、包裹纸。所谓杀青，以斩竹得名。汗青以煮沥得名，简即已成纸名，乃煮竹成简。后人遂疑削竹片以纪事，而又误疑"韦编"为皮条穿竹札也。秦火未经时，书籍繁甚，削竹能藏几何？如西番用贝树造成纸叶，中华又疑以贝叶书经典。不知树叶离根即焦【菅本误谯】，与削竹同一可哂也。

造竹纸

凡造竹纸，事出南方，而闽省独专其盛。当笋生之后，看视山窝深浅，其竹以将生枝叶者为上料。节界芒种则登山砍【陶本作斫】伐。截断五七尺长，就于本山开塘一口，注水其中漂浸。恐塘水有涸时，则用竹枧通引，不断瀑流注入。浸至百日之外，加功槌洗，洗去粗壳与青皮。是名杀青。

其中竹穰形同苎麻样。用上好石灰化汁涂浆，入楻桶下煮，火以八日八夜为率。凡煮竹，下锅用径四【菅本作二，佐原校及陶本改】尺者。锅上泥与石灰捏弦，高阔如广中煮盐牢盆样，中可载水十余石。上盖楻桶，其围丈五尺，其径四尺余。盖定受煮，八日已足。歇火一日，揭楻取出竹麻，入清水漂塘之内洗净。其塘底面、四维皆用木板合缝砌完，以防【菅本误妨】泥污。造粗纸者，不须为此。洗净，用柴灰浆过，再入釜中。其上按平，平铺稻草灰寸许。桶内水滚沸，即取出别桶之中，仍以灰汁淋下。倘水冷，烧滚再淋。如是十余日，自然臭烂。取出入臼受舂，山国皆有水碓。舂至形同泥面，倾入槽内。

凡抄纸槽，上合方斗，尺寸阔狭，槽视帘，帘视纸。竹麻已成，槽内清水浸浮其面三寸许，入纸药水汁于其中，形同桃竹叶，方语无定名。则水干自成洁白。凡抄纸帘，用刮磨绝细竹丝编成。展卷张开时，下有纵横架框。两手持帘入水，荡起竹麻入于帘内。厚薄由人手法，轻荡则薄，重荡则厚。竹料浮帘之顷，水从四际淋下槽内。然后覆帘，落纸于板上，叠积千万张。数满则上以板压，俏绳入棍，如榨酒法，使水气净尽流干。然后以轻细铜镊，逐张揭起焙干。凡焙纸，先以土砖砌成夹巷，下以砖盖巷地面，数块以往即空一砖。火薪从头穴烧发，火气从砖隙透巷，外砖尽热，湿纸逐张贴上焙干，揭起成帙。

近世阔幅者名大四连，一时书文贵重。其废纸洗去朱墨、污秽，浸烂入槽再造，全省从前煮浸之力。依然成纸，耗亦不多。南方竹贱之国，不以为然。北方即寸条片角在地，随手拾取再造，名曰还魂纸。竹与皮、精与粗，皆同之也。若火纸、糙纸，斩竹煮麻、灰浆水淋，皆同前法。唯脱帘之后不用烘焙，压水去湿，日晒成干而已。

盛唐时，鬼神事繁，以纸钱代焚帛，北方用切条，名曰板钱。故造此者名曰火纸。荆楚近俗，有一焚侈至千斤者。此纸十七供冥烧，十三供日用。其最粗而厚者名曰包裹纸，则竹麻和宿田晚稻稿所为也。若铅山诸邑所造柬纸，则全用细竹料厚质荡成，以射重价。最上者曰官柬，富贵之家通刺用之。其纸敦厚而无筋膜，染红为吉柬，则先以白矾水染过，后上红花汁云。

造皮纸

凡楮树取皮，于春末、夏初剥取。树已老者，就根伐去，以土盖之。来年再长新条，其皮更美。凡皮纸，楮皮六十斤，仍入绝嫩竹麻四十斤，同塘漂浸。同用石灰浆涂，入釜煮糜。近法省啬者，皮、竹十七而外，或入宿田稻稿十三，用药得方，仍成洁白。凡皮料坚固纸，其纵文扯断如绵丝，故曰绵纸。衡断且费力。其最上一等，供用大内糊窗格者，曰棂纱纸。此纸自广信郡造，长过七尺，阔过四尺。五色颜料，先滴色汁槽内和成，不由后染。其次曰连四纸，连四中最白者曰红上纸。皮、竹而与稻稿参和而成料者，曰揭帖呈文纸。

芙蓉等皮造者，统曰小皮纸。在江西则曰中夹纸。河南所造，未详何草木为质。北供帝京，产亦甚广。又桑皮造者曰桑穰纸，极其敦厚。东浙所产，三吴收蚕种者必用之。及糊雨伞与油扇，皆用小皮纸。凡造皮纸长阔者，其盛水槽甚宽。巨帘非一人手力所胜，两人对举荡成。若棂纱则数人方胜其任。凡皮纸供用画幅，先用矾水荡过，则毛茨不起。纸以逼帘者为正面，盖料即成泥浮其上者，粗意犹存也。

朝鲜白硾纸不知用何质料。倭国有造纸不用帘抄者，煮料成糜时，以巨阔青石覆于炕面，其下爇火，使石发烧。然后用糊刷蘸糜，薄刷石面，居然顷刻成纸一张，一揭而起。其朝鲜用此法与否，不可得知。中国有用此法者，亦不可得知也。永嘉蠲糨纸亦桑穰造，四川薛涛笺亦芙蓉皮为料煮糜，入芙蓉花末汁。或当时薛涛所指，遂留名至今。其美在色，不在质料也。

透火焙干

煮楻足火

斩竹漂塘

覆帘压纸

荡料入帘

卷下

五金第十四

宋子曰，人有十等。自王公至于舆台，缺一焉而人纪不立矣。大地生五金以利天下与后世，其义亦犹是也。贵者千里一生，促亦五六百里而生。贱者舟车稍艰之国，其土必广生焉。黄金美者，其值去黑铁一万六千倍。然使釜鬵、斤斧不呈效于日用之间，即得黄金，直高而无民耳。贸【陶本作懋】迁有无，货居《周官》泉府，万物司命系焉。其分别美恶而指点重轻，孰开其先，而使相须于不朽焉？

黄金

凡黄金为五金之长，镕化成形之后，住世永无变更。白银入洪炉虽无折耗，但火候足时，鼓鞴【菅本、陶本并误鞲，下同】而金花闪烁，一现即没，再鼓则沉而不现。惟黄金则竭力鼓鞴，一扇一花，愈烈愈现，其质所以贵也。凡中国产金之区，大约百余处，难以枚举。山石中所出，大者名马蹄金，中者名橄榄金、带胯金，小者名瓜子金。水沙中所出，大者名狗头金，小者名麸麦金、糠金。平地掘井得者名面沙金，大者名豆粒金。皆待先淘洗后冶炼而成颗块。

金多出西南，取者穴山至十余丈见伴金石，即可见金。其石褐色，一头如火烧黑状。水金多者出云南金沙江，古名丽水。此水源出吐蕃，绕流丽江府，至于北胜州，回环五百余里，出金者有数截。又川北、潼川等州邑与湖广沅陵、溆浦等，皆于江沙水中淘沃取金。千百中间有获狗头金一块者，名曰金母，其余皆麸麦形。

入冶煎炼，初出色浅黄，再炼而后转赤也。儋、崖有金田，金杂沙土之中，不必深求而得。取太频则不复产，经年淘炼，若有则限。然岭南夷獠洞穴中，金初出如黑铁落。深挖数丈得之黑焦石下。初得时咬之柔软，夫匠有吞窃腹中者，亦不伤人。河南蔡、巩等州邑，江西乐平、新建等邑，皆平地掘深井取细沙淘炼成，但酬答人功，所获亦无几耳。大抵赤县之内，隔千里而一生。《岭表录》云，居民有从鹅鸭屎中淘出片屑者，或日得一两，或空无所获。此恐妄记也。

凡金质至重。每铜方寸重一两者，银照依其则，寸增重三钱。银方寸重一两者，金照依其则，寸增重二钱。凡金性又柔，可屈折如枝柳。其高下色分七青、八黄、九紫、十赤。登试金石上此石广信郡河中甚多，大者如斗，小者有拳。入鹅汤中一煮，光黑如漆。立见分明。凡足色金参和伪售者，唯银可入，余物无望焉。欲去银存金，则将其金打成薄片剪碎。每块以土泥裹【菅本误果】涂，入坩锅中，硼【菅本误鹏】砂镕化，其银即吸入土内，让金流出以成足色。然后入铅少许，另入坩锅内。勾出土内银，亦毫厘具在也。

凡色至于金，为人间华美贵重，故人工成箔而后施之。凡金箔每金七厘造寸方金一千片，粘铺物面可盖纵横三尺。凡造金箔，即成薄片后，包入乌金纸内，竭力挥椎【菅本误推，下注同】打成。打金椎短柄，约重八斤。凡乌金纸由苏、杭造成，其纸用东海巨竹膜为质，用豆油点灯，闭塞周围，止留针孔通气，熏染烟光而成此纸。每纸一张打金箔五十度，然后弃去，为药铺包朱用，尚未破损。盖人巧造成异物也。

凡纸内打成箔后，先用硝熟猫皮绷急为小方板。又铺线香灰撒墁皮上，取出乌金纸内箔覆于其上，钝刀界画成方寸。口中屏息，手执轻杖，唾湿而挑起，夹于小纸之中。以之华物，先以熟漆布地，然后粘贴。贴字者多用楮树浆。秦中造皮金者，硝扩羊皮使最薄，贴金其上，以便剪裁服饰用。皆煌煌至色存焉。凡金箔粘物，他日敝弃之时，刮削火化，其金仍藏灰内。滴清油数点，伴落聚底，淘洗入炉，毫厘无恙。

凡假借金色者，杭扇以银箔为质，红花子油刷盖，向火熏成。广南货【菅本误贷】物，以蝉蜕壳调水描画，向火一微炙而就，非真金色也。其金成器物，呈分浅淡者，以黄矾涂染，炭火炸炙，即成赤宝色。然风尘逐渐淡去，见火又即还原耳。黄矾详《燔石》卷。

银

凡银中国所出，浙江、福建旧有坑场，国初或采或闭。江西饶、信、瑞三郡有坑从未开。湖广则出辰州，贵州则出铜仁，河南则宜阳赵保山、永宁秋树坡、卢氏高嘴【陶本作嘴】儿、嵩县马槽山，与四川会川密勒山、甘肃大黄山等，皆称美矿。其他难以枚举，然生气有限。每逢开采，数不足则括派以赔偿。法不严则窃争而酿乱，故禁戒不得不苛。燕、齐诸道，则地气寒而石骨薄，不产金银。然合八省所生，不敌云南之半。故开矿、煎银，唯滇中可永行也。

凡云南银矿，楚雄、永昌、大理为最盛，曲靖、姚安次之，镇沅又次之。凡石山硐中有铆砂，其上现磊然小石，微带褐色者，分丫成径路。采者穴土十丈或二十丈，工程不可日月计。寻见土内银苗，然后得礁砂所在。凡礁砂藏深土，如枝分派别。各人随苗分径横挖而寻之，上楷横板架顶以防崩压。采工篝灯逐径施钁，得矿方止。凡土内银苗，或有黄色碎石，或土隙石缝有乱丝形状，此即去矿不远矣。

凡成银者曰礁，至碎者曰砂。其面分丫若枝形者曰铆。其外包环石块曰矿。矿石大者如斗，小者如拳，为弃置无用物。其礁砂形如煤炭，底衬石而不甚黑。其高下有数等。商民凿穴得砂，先呈官府验辨，然后定税。出土以斗量，付与冶工。高者六七两一斗，中者三四两，最下一二两。其礁砂放光甚者，精华泄漏，得银偏少。

凡礁砂入炉，先行拣净淘洗。其炉土筑巨墩，高五尺许，底铺瓷屑、炭灰。每炉受礁砂二石，用栗木炭二百斤，周遭丛架。靠炉砌砖墙一朵，高阔皆丈余。风箱安置墙背，合两三人力，带拽透管通风。用墙以抵炎热，鼓鞴【菅本作韝，陶本误鞲】之人方克安身。炭尽之时，以长铁叉添入。风火力到，礁砂镕化成团。此时银隐铅中，尚未出脱。计礁砂二石，镕出团约重百斤。

冷定取出，另入分金炉一名虾蟆炉。内。用松木炭匝围，透一门以辨火色。其炉或施风箱，或使交箑。火热功到，铅沉下为底子。其底已成陀僧样，别入炉炼，又成扁担铅。频以柳枝从门隙入内燃照，铅气净尽，则世宝凝然成象矣。此初出银亦名生银。倾定无丝纹，即再经一火，当中止现一点圆星，滇人名曰茶经。逮后入铜少许，重以铅力镕化，然后入槽成丝。

丝必倾槽而现，以四围匡住，宝气不横溢走散。其楚雄所出又异，彼铜砂铅气甚少，向诸郡购铅佐炼。每礁百斤先坐铅二百斤于炉内，然后煽炼成团。其再入虾蟆炉，沉铅结银，则同法也。此世宝所生，更无别出。方书、本草，无端妄想、妄注，可厌之甚。

大抵坤元精气，出金之所三百里无银，出银之所三百里无金。造物之情亦大可见。其贱役扫刷泥尘，入水漂淘而煎者，名曰淘厘锱。一日功劳，轻者所获三分，重者倍之。其银俱日用剪、斧口中委余。或鞵底粘带布于衢市，或院宇扫屑弃于河沿，其中必有焉，非浅浮土面能生此物也。

凡银为世用，惟红铜与铅两物可杂入成伪。然当其合琐碎而成钣锭，去疵伪而造精纯。高炉火中，坩锅足炼。撒硝少许，而铜、铅尽滞锅底，名曰银锈。其灰池中敲落者名曰炉底。将锈与底同入分金炉内，填火土甑之中，其铅先化，就低溢流。而铜与粘带余银用铁条逼就分拨，井然不紊。人工、天工亦见一斑云。炉式并具于左。

附：朱砂银

凡虚伪方士以炉火惑人者，唯朱砂银愚人易惑。其法以投铅、朱砂与白银等分，入罐【菅本、铁本并误罐】封固。温养三七日后，砂盗银气，煎成至宝。拣出其银，形存神丧，块然枯物。入铅煎时，逐火轻折，再经数火，毫忽无存。折去砂价、炭资，愚者贪惑犹不解，并志于此。

铜

凡铜供世用，出山与出炉止有赤铜。以炉甘石或倭铅参和，转色为黄铜。以砒霜等药制【陶本作制，下同】炼为白铜。矾、硝等药制炼为青铜，广锡参和为响铜，倭铅和写为铸铜。初质则一味红铜而已。凡铜坑所在有之。《山海经》言，出铜之山四百三十七，或有所考据也。今中国供用者，西自四川、贵州为最盛。东南间自海舶来，湖广武昌、江西广信皆饶铜穴。其衡、瑞等郡出最下品，曰蒙山铜者，或入冶铸混人，不堪升炼成坚质也。

凡出铜山夹土带石，穴凿数丈得之，仍有矿包其外，矿状如姜石而有铜星，亦名铜璞，煎炼仍有铜流出，不似银矿之为弃物。凡铜砂在矿内形状不一，或大或小，或光或暗，或如输石，或如姜铁。淘洗去土滓，然后入炉煎炼。其熏蒸傍溢者为自然铜，亦曰石髓铅。凡铜质有数种，有全体皆铜不夹铅、银者，洪炉单炼而成。有与铅同体者，其煎炼炉法，傍通高低二孔。铅质先化从上孔流出，铜质后化从下孔流出。东夷铜又有托体银矿内者。入炉炼时，银结于面，铜沉于下。商舶漂入中国，名曰日本铜，其形为方长板条。漳郡人得之，有以炉再炼，取出零银，然后写成薄饼，如川铜一样货卖者。

凡红铜升黄色为锤煅用者，用自风煤炭此煤碎如粉，泥糊作饼，不用鼓风，通红则自昼达夜。江西则产袁郡及新喻邑。百斤，灼于炉内。以泥瓦罐【菅本误礶，下同】载铜十斤，继入炉甘石六斤，坐于炉内，自然镕化。后人因炉甘石烟洪飞损，改用倭铅。每红铜六斤，入倭铅四斤，先后入罐镕化。冷定取出，即成黄铜，唯人打造。

凡用铜造响器，用出山广锡无铅气者入内。钲、今名锣。镯今名铜鼓。

之类，皆红铜八斤，入广锡二斤。铙、钹，铜与锡更加精炼。凡铸器，低者红铜、倭铅均平分两，甚至铅六铜四。高者名三火黄铜、四火熟铜，则铜七而铅三也。凡造低伪银者，唯本色红铜可入。一受倭铅、砒、矾等气，则永不和合。然铜入银内，使白质顿成红色。洪炉再鼓，则清浊浮沉立分，至于净尽云。

附：倭铅

凡倭铅古书本无之，乃近世所立名色。其质用炉甘石熬炼而成，繁产山西太行山一带，而荆、衡为次之。每炉甘石十斤，装载入一泥罐内，封裹【菅本误果】泥固，以渐砑干。勿使见火拆裂，然后逐层用煤炭饼垫盛，其底铺薪，发火煅红。罐中炉甘石镕化成团，冷定毁罐取出。每十耗去其二，即倭铅也。此物无铜收伏，入火即成烟飞去。以其似铅而性猛，故名之曰倭云。

铁

凡铁场所在有之，其质浅浮土面，不生深穴。繁生平阳冈埠，不生峻岭高山。质有土锭、碎砂数种。凡土锭铁，土面浮出黑块，形似称锤。遥望宛然如铁，捻之则碎土。若起冶煎炼，浮者拾之，又乘雨湿之后牛耕起土，拾其数寸土内者。耕垦之后，其块逐日生长，愈用不穷。西北甘肃、东南泉郡，皆锭铁之薮也。燕京、遵化与山西平阳，则皆砂铁之薮也。

凡砂铁，一抛土膜即现其形。取来淘洗，入炉煎炼，镕化之后与锭铁无二也。

凡铁分生、熟。出炉未炒则生，既炒则熟。生熟相和，炼成则钢。凡铁炉用盐做造，和泥砌成。其炉多傍山穴为之，或用巨木匡围，塑造盐泥。穷月之力不容造次。盐泥有罅，尽弃全功。凡铁一炉载土二千余斤，或用硬木柴，或用煤炭，或用木炭，南北各从利便。扇炉风箱，必用四人、六人带拽。土化成铁之后，从炉腰孔流出。炉孔先用泥塞，每旦昼六时、一时，出铁一陀。既出即又【陶本误叉】泥【营本误汍】塞，鼓风再镕。

凡造生铁为冶铸用者，就此流成长条、圆块，范内取用。若造熟铁，则生铁流出时相连数尺内，低下数寸，筑一方塘，短墙抵之。其铁流入塘内，数人执持柳木棍排立墙上。先以污潮泥晒干，舂筛细罗如面。一人疾手撒淹【陶本作焰】，众人柳棍疾搅，即时炒成熟铁。其柳棍每炒一次，烧折二三寸。再用则又更之。炒过稍冷之时，或有就塘内斩划成方块者，或有提出挥椎【营本误推】打圆后货者。若浏阳诸冶，不知出此也。

凡钢铁炼法，用熟铁打成薄片如指头阔，长寸半许。以铁片束包尖紧，生铁安置其上。广南生铁名堕子生钢者，妙甚。又用破草履盖其上，粘带泥土者，故不速化。泥涂其底下。洪炉鼓鞲【营本、陶本并误鞲】，火力到时生钢先化。渗淋熟铁之中，两情投合。取出加锤，再炼再锤，不一而足。俗名团钢，亦曰灌钢者是也。其倭夷刀剑有百炼精纯，置日光檐下则满室辉曜者。不用生熟相和炼，又名此钢为下乘云。夷人又有以地溲淬刀剑者，地溲乃石脑油之类，不产中国。云钢可切玉，亦未之见也。凡铁内有硬处不可打者，名铁核，以香油涂之即散。凡产铁之阴，其阳出慈石，第有数处不尽然也。

锡

凡锡，中国偏出西南郡邑，东北寡生。古书名锡为"贺"者，以临贺郡产锡最盛而得名也。今衣被天下者，独广西南舟、河池二州居其十八，衡、永则次之。大理、楚雄即产锡甚盛，道远难致也。凡锡有山锡、水锡两种，山锡中又有锡瓜、锡砂两种。锡瓜块大如小瓠，锡砂如豆粒，皆穴土不甚深而得之。间或土中生脉充牣，致山土自颓，恣人拾取者。水锡衡、永出溪中，广西则出南丹州河内。其质黑色，粉碎如重罗面。南丹河出者，居民旬前从南淘至北，旬后又从北淘至南。愈经淘取，其砂日长，百年不竭。但一日功劳，淘取煎炼，不过一斤。会计炉炭资本，所获不多也。南丹山锡出山之阴，其方无水淘洗，则接连百竹为枧，从山阳枧水淘洗土滓，然后入炉。

凡炼煎亦用洪炉，入砂数百斤，丛架木炭亦数百斤，鼓鞴【菅本、陶本并误鞲】镕化。火力已到，砂不即镕，用铅少许勾引，方始沛然流注。或有用人家炒锡剩灰勾引者，其炉底炭末、瓷灰铺作平池，傍安铁管小槽道，镕时流出炉外低池。其质初出洁白，然过刚，承锤即拆裂。入铅制柔，方充造器用。售者杂铅太多，欲取净则镕化。入醋淬八九度，铅尽化灰而去。出锡唯此道。方书云，马齿苋取草锡者，妄言也。谓砒为锡苗者，亦妄言也。

铅【菅本作鈆】

凡产铅山穴，繁于铜、锡。其质有三种，一出银矿中，包孕白银。初炼和银成团,再炼脱银沉底,曰银矿铅,此铅云南为盛。一出铜矿中,入洪炉炼化,铅先出,铜后随,曰铜山铅,此铅贵州为盛。一出单生铅穴,取者穴山石,挟油灯寻脉,曲折如采银铆。取出淘洗、煎炼,名曰草节铅,此铅蜀中嘉、利等州为盛。其余雅州出钓脚铅,形如皂荚子,又如蝌斗子,生山涧沙中。广信郡上饶、饶郡乐平出杂铜铅,剑州出阴平铅,难以枚举。

凡银铆中铅,炼铅成底,炼底复成铅。草节铅单入洪炉煎炼,炉傍通管,注入长条土槽内,俗名扁担铅,亦曰出山铅,所以别于凡银炉内频经煎炼者。凡铅物值虽贱,变化殊奇。白粉、黄丹,皆其显像。操银底于精纯,勾锡成其柔软,皆铅力也。

附:胡粉

凡造胡粉,每【菅本误母】铅百斤镕化,削成薄片,卷作筒,安木甑内。甑下、甑中,各安醋一瓶,外以盐泥固济,纸糊甑缝。安火四两,养之七日。期足启开,铅片皆生霜粉,扫入水缸内。未生霜者入甑,依旧再养七日。再扫,以质尽为度。其不尽者留作黄丹料。

每扫下霜一斤,入豆粉二两、蛤粉四两,缸内搅匀,澄去清水。用细灰按成沟,纸隔数层,置粉于上。将干,截成瓦定形,或如磊块,待干收货。此物古因辰、韶诸郡专造,故曰韶粉。俗误朝粉。今则各省直饶为之矣。其质入丹青,则白不减。楂【菅本作查】妇人颊,能使本色转青。胡粉投入炭炉中,仍还镕化为铅,所谓色尽归皂者。

附：黄丹

凡炒铅【菅本作鈆，下二铅字同】丹，用铅一斤，土硫黄十两，硝石一两。镕铅成汁，下醋点之。滚沸时下硫一块，少顷，入硝少许。沸定再点醋，依前。渐下硝、黄，待为末，则成丹矣。其胡粉残剩者，用硝石、矾石炒成丹，不复用醋也。欲丹还铅，用葱白汁拌黄丹慢炒。金汁出时，倾出即还铅矣。

炼锡炉

开采银矿图

開採銀礦

镕礁结银与铅图

沉铅结银图

沉鉛結銀

分金炉清锈底图一

分金爐清銹底

分金炉清锈底图二

升炼倭铅

穴取铜铅

垦土拾锭

淘洗铁砂

生熟炼铁炉

锡山池河

南丹水锡

佳兵第十五

宋子曰，兵非圣人之得已也。虞舜在位五十载，而有苗犹弗率。明王圣帝谁能去兵哉。"弧矢之利，以威天下"，其来尚矣。为老氏者，有葛天之思焉，其词有曰："佳兵者，不祥之器。"盖言慎也。火药机械之窍，其先凿自西番与南裔，而后乃及于中国。变幻百出，日盛月新。中国至今日，则即戎者以为第一义，岂其然哉！虽然，主人纵有巧思，乌能至此极也。

弧矢

凡造弓，以竹与牛角为正中干质，东北夷无竹，以柔木为之。桑枝木为两弰【菅本、陶本并误稍】。弛则竹为内体，角护其外。张则角向内而竹居外。竹一条而角两接，桑弰则其末刻锲，以受弦彄。其本则贯插接笋于竹丫，而光削一面以贴角。凡造弓先削竹一片，竹宜秋冬伐，春夏则朽蛀。中腰微亚小，两头差大，约长二尺许。一面粘胶靠角，一面铺置牛筋与胶而固之。牛角当中牙接，北虏【陶本作边】无修长牛角，则以羊角四接而束之。广弓则黄牛明角亦用，不独水牛也。固以筋胶。胶外固以桦皮，名曰暖靶。凡桦木，关外产辽阳，北土繁生遵化，西陲繁生临洮郡。闽、广、浙亦皆有之。其皮护物，手握如软绵，故弓靶所必用。即刀柄与枪干，亦需用之。其最薄者则为刀剑鞘室也。

凡牛脊梁每只生筋【菅本、陶本并作筋】一方条，约重三十两。杀取晒干，复浸水中，析破如苎麻丝。胡虏【陶本作北边】无蚕丝，弓弦处皆纠合此物为之。中华则以之铺护弓干，与为棉花弹弓弦【陶本误絃】也。凡胶乃鱼脬、杂肠所为，煎治多属宁国郡，其东海石首鱼，浙中以造白鲞者，取其脬为胶，坚固过于金铁。北虏【陶本作边】取海鱼脬煎成，坚固与中华无异，种性则别也。天生数物，缺一而良弓不成，非偶然也。

凡造弓初成坯后，安置室中梁阁上，地面勿离火意。促者旬日，多者两月，透干其津液，然后取下磨光。重加筋、胶与漆，则其弓良甚。货弓之家不能俟日足者，则他日解释之患因之。凡弓弦取食柘叶蚕茧，其丝更坚韧。每条用丝线二十余根作骨，然后用线横缠紧约。缠丝分三停，隔七寸许则空一二分不缠。故弦不张弓时，可折叠三曲而收之。往者北虏【陶本作边】弓弦，尽以牛筋为质，故夏月雨雾防【菅本误妨】其解脱，不相侵犯。今则丝弦亦广有之。涂弦或用黄腊，或不用亦无害也。凡弓两弰系彄处，或切最厚牛皮，或削柔木如小棋子，钉粘角端，名曰垫弦，义同琴轸。放弦归返时，雄力向内，得此而抗止。不然则受损也。

凡造弓视人力强弱为轻重。上力挽一百二十斤，过此则为虎力，亦不数出。中力减十之二三，下力及其半。彀满之时，皆能中的。但战阵之上，洞胸彻札，功必归于挽强者。而下力倘能穿杨贯虱，则以巧胜也。凡试弓力，以足踏弦【陶本误绖】就地，称钩搭挂弓腰。弦满之时，推移称锤所压，则知多少。其初造料分两，则上力挽强者，角与竹片削就时，约重七两。筋与胶、漆与缠约丝绳约重八钱，此其大略，中力减十之一二，下力减十之二三也。凡成弓，藏时最嫌霉湿。霉气先南后北，岭南谷雨时，江南小满。江北六月，燕、齐七月。然淮、扬雾气独盛。将士家或置烘厨、烘箱，日以炭火置其下。春秋雾雨皆然，不但霉气。小卒无烘厨，则安顿灶突之上。稍息不勤，立受朽解之患也。近岁命南方诸省造弓解北，纷纷驳回，不知离火即坏之故，亦无人陈说本章者。

凡箭笴中国南方竹质，北方萑柳质，北虏【陶本作边】桦质，随方不一。笴长二尺，镞长一寸，其大端也。凡竹箭削竹四条或三条，以胶粘合，过刀光削而圆成之。漆、丝缠约两头，名曰"三不齐"箭杆。浙与广南有生成箭竹不破合者。柳与桦杆则取彼圆直枝条而为之，微费刮削而成也。凡竹箭其体自直，不用矫揉。木杆则燥时必曲，削造时以数寸之木刻槽一条，名曰"箭端"。将木杆逐寸戛拖而过，其身乃直。即首尾轻重，亦由过端而均停也。

凡箭，其本刻衔口以驾弦，其末受镞。凡镞冶铁为之。《蜀贡》砮石乃方物，不适用。北虏【陶本作边】制如桃叶枪尖，广南黎人矢镞如平面铁铲，中国则三棱锥象也。响箭则以寸木空中锥眼为窍，矢过招风而飞鸣，即《庄子》所谓"嚆矢"也。凡箭行端斜与疾慢，窍纱皆系本端翎羽之上。箭本近衔处，剪翎直贴三条，其长三寸。鼎足安顿，粘以胶，名曰箭羽。此胶亦忌霉湿，故将卒勤者，箭亦时以火烘。

羽以雕膀为上，雕似鹰而大，尾长翅短。角鹰次之，鸱鹞又次之。南方造箭者，雕无望焉。即鹰、鹞亦难得之货，急用塞数，即以雁翎，甚至鹅翎亦为之矣。凡雕翎箭行疾过鹰、鹞翎，十余步而端正，能抗风吹。北房【陶本作边】羽箭多出此料。鹰、鹞翎作法精工，亦恍惚焉。若鹅、雁之质，则释放之时，手不应心，而遇风斜窜者多矣。南箭不及北，由此分也。

弩

凡弩为守营兵器，不利行阵。直者名身，衡者名翼，弩牙发弦者名机。斫木为身，约长二尺许。身之首横拴度翼，其空缺度翼处，去面刻定一分，稍厚则弦发不应节。去背则不论分数。面上微刻直槽一条以盛箭。其翼以柔木一条为【菅本、陶本并误焉】者，名扁担弩，力最雄。或一木之下，加以竹片叠承。其竹一片短一片。【菅本、陶本短一片下有口字，疑伤】名三撑弩，或五撑、七撑而止。身下截刻锲衔弦，其衔傍活钉牙机，上剔发弦。上弦之时，唯力是视。一人以脚踏强弩而弦者，《汉书》名曰"蹶张材官"。弦送矢行，其疾无与比【菅本、陶本并误北】数。

凡弩弦以苎麻为质，缠绕以鹅翎，涂以黄蜡。其弦上翼，则谨放下仍松。故鹅翎可扱首尾于绳内。弩箭羽以箬叶为之。析破箭本，衔于其中而缠约之。其射猛兽药箭，则用草乌一味，熬成浓胶，蘸染矢刃。见血一缕则命即绝，人畜同之。凡弓箭强者行二百余步，弩箭最强者五十步而止。即过咫尺不能穿鲁缟矣。然其行疾则十倍于【陶本误干】弓，而入物之深亦倍之。

国朝军器造神臂弩、克敌弩，皆并发二矢三矢者。又有诸葛弩，其上刻直槽，相承函十矢，其翼取最柔木为之。另安机木，随手扳弦而上。发去一矢，槽中又落下一矢，则又扳木上弦而发。机巧虽工，然其力绵【菅本误棉】甚，所及二十余步而已。此民家防【菅本、陶本并误妨】窃具，非军国器。其山人射猛兽者，名曰窝弩。安顿交迹之衢，机傍引线，俟兽过带发而射之。一发所获，一兽而已。

干

凡干戈，名最古。干与戈相连得名者，后世战卒短兵驰骑者更用之。盖古手执短刀，则左手执干以蔽敌矢。古者车战车【战下菅本、陶本均无车字，佐菅本原校补】之上，则有专司执干，并抵同人之受矢者。若双手执长戈与持戟槊，则无所用之也。凡干长不过三尺，杞柳织成尺径圈，置于项下。上出五寸，亦锐其端，下则轻竿可执。若盾名"中干"，则步卒所持以蔽矢并拒槊者，俗所谓傍牌是也。

火药料

火药、火器，今时妄想进身博官者，人人张目而道，著书以献，未必尽由试验。然亦粗载数叶，附于卷内。凡火药以消石、硫黄为主，草木灰为辅。消性至阴，硫性至阳。阴阳两神物相遇于无隙可容之中。其出也，人物膺之，魂散惊而魄齑粉。凡消性主直，直击者消九而硫一。硫性主横，爆击者消七而硫三。其佐使之灰，则青杨、枯杉、桦根、箬叶、蜀葵、毛竹根、茄秸之类，烧使存性，而其中箬叶为最燥也。

凡火攻有毒火、神火、法火、烂火、喷火。毒火以白砒、硇砂为君，金汁、银锈、人粪和制。神火以朱砂、雄黄为君。烂火以硼砂、磁末、牙皂、秦椒配合。飞火以朱砂、石黄、轻粉、草乌、巴豆配合。劫营火则用桐油、松香。此其大略。其狼粪烟昼黑夜红，迎风直上，与江豚灰能逆风而炽，皆须试见而后详之。

硝石

凡硝，华夷皆生，中国则专产西北。若东南贩者不给官引，则以为私货而罪之。硝质与盐同母，大地之下潮气蒸成，现于地面。近水而土薄者成盐，近山而土厚者成硝。以其入水即硝镕，故名曰硝。长、淮以北，节过中秋，即居室之中隔日扫地，可取少许以供煎炼。凡硝三所最多，出蜀中者曰川硝，生山西者俗呼盐硝，生山东者俗呼土硝。

凡硝刮扫取时，墙中亦或迸出。入缸内水浸一宿，秽杂之物浮于面上，掠取去时，然后入釜注水煎炼。硝化水干，倾于器内，经过一宿即结成硝。其上浮者曰芒硝，芒长者曰马牙硝，皆从方产本质幻出。其下猥杂者曰朴硝。欲去杂还纯，再入水煎炼。入莱菔数枚同煮熟，倾入盆中，经宿结成白雪，则呼盆硝。凡制火药，牙硝、盆硝功用皆同。凡取硝制药，少者用新瓦焙，多者用土釜焙。潮气一干，即取研末。凡研硝不以铁碾入石臼，相激火生，则祸不可测。凡硝配定何药分两，入黄同研，木灰则从后增入。凡硝既焙之后，经久潮性复生。使用巨炮，多从临期装载也。

硫黄 详见《燔石》卷

凡硫黄配硝而后，火药成声。北狄无黄之国空繁硝产，故中国有严禁。凡燃炮，捻硝与木灰为引线，黄不入内，入黄即不透关。凡碾黄难碎，每黄一两和硝一钱同碾，则立成微尘细末也。

火器

西洋炮。熟铜铸就，圆形若铜鼓。引放时，半里之内人马受惊死。平地埶引炮有关捩，前行遇坎方止。点引之人，反走坠入深坑内。炮声在高头，放者方不丧命。**红夷炮**。铸铁为之，身长丈许，用以守城。中藏铁弹并火药数斗，飞激二里，膺其锋者为齑粉。凡炮埶引内灼时，先往后坐千钧力，其位须墙抵住，墙崩者其常。

大将军、二将军。即红夷之次，在中国为巨物。**佛郎机**。水战舟头用。

三眼铳、百子连珠炮。

地雷。埋伏土中，竹管通引，冲土起击，其身从其炸裂。所谓横击，用黄多者。引线用矾油，炮口覆以盆。

混江龙。漆固皮囊，裹【菅本误果】炮沉于水底，岸上带索引机。囊中悬吊火石、火镰，索机一动，其中自发。敌舟行过，遇之则败，然此终痴物也。

鸟铳。凡鸟铳长约三尺，铁管载药，嵌盛木棍之中，以便手握。凡锤鸟铳，先以铁挺一条大如箸者为冷骨，裹红铁锤成。先为三接，接口炽红，竭力撞合。合后以四棱钢锥如箸大者，透转其中使极光净，则发药无阻滞。其本近身处，管亦大于末，所以容受火药。每铳【陶本误铣】约载配硝一钱二分，铅铁弹子二钱。发药不用信引，岭南制度，有用引者。孔口通内处露硝分厘，搥熟苎麻点火。左手握铳对敌，右手发铁机逼苎火于硝上，则一发而去。鸟雀遇于三十步内者，羽肉皆粉碎，五十步外方有完形，若百步则铳力竭矣。鸟枪行远过二百步，制方仿佛鸟铳，而身长药多，亦皆倍此也。

万人敌。凡外郡小邑，乘城却敌，有炮力不具者。即有空悬火炮而痴重难使者，则万人敌近制随宜可用，不必拘执一方也。盖硝、黄火力所射，千军万马立时糜烂。其法用宿干空中泥团，上留小眼，筑实硝黄火药，参入毒火、神火，由人变通增损。贯药安信而后，外以木架匡围。【菅本作圜，依原校及陶本改】或有即用木桶，而塑泥实其内郭者，其义亦同。若泥团，必用木匡，所以防【菅本、陶本并误妨】掷投先碎也。敌攻城时，燃灼引信，抛掷城下。火力出腾，八面旋转。旋向内时，则城墙抵住【菅本作佳，依原校及陶本改】，不伤我兵。旋向外时，则敌人马皆无幸。此为守城第一器。而能通火药之性、火器之方者，聪明由人。作者不上十年，守土者留心可也。

试弓定力

端箭

连发弩

鸟铳

万人敌

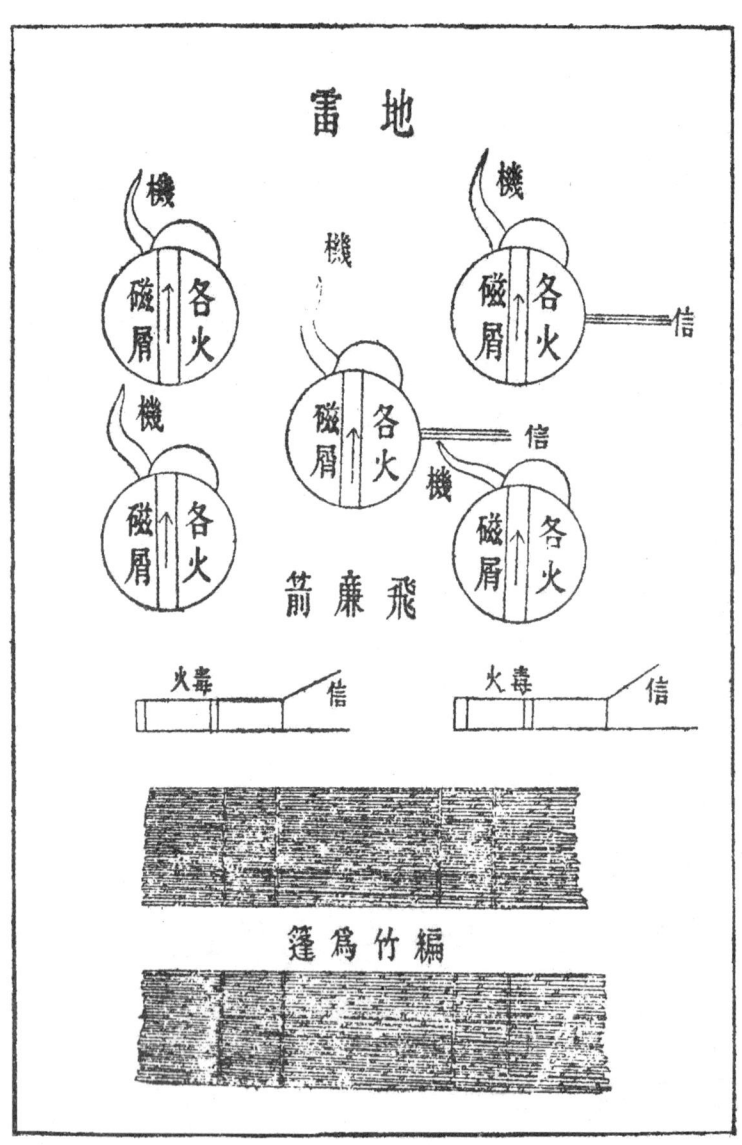

地雷

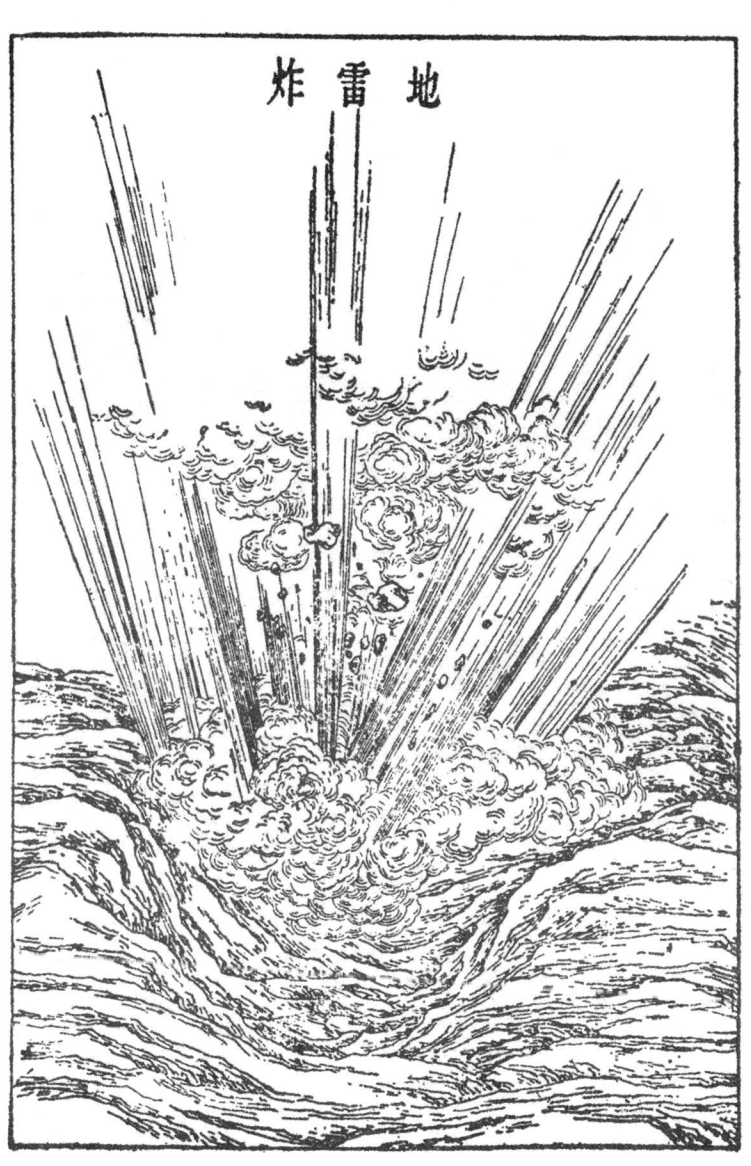

地雷炸

混江龙

混江龙炸

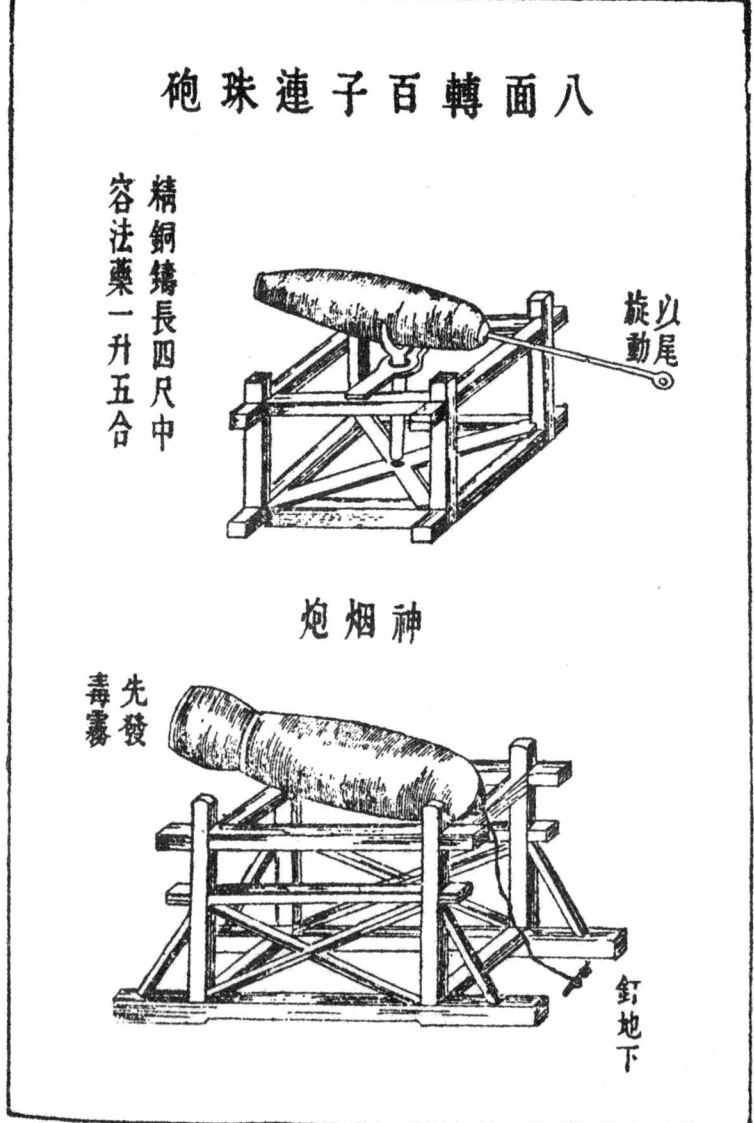

八面转百子连珠炮

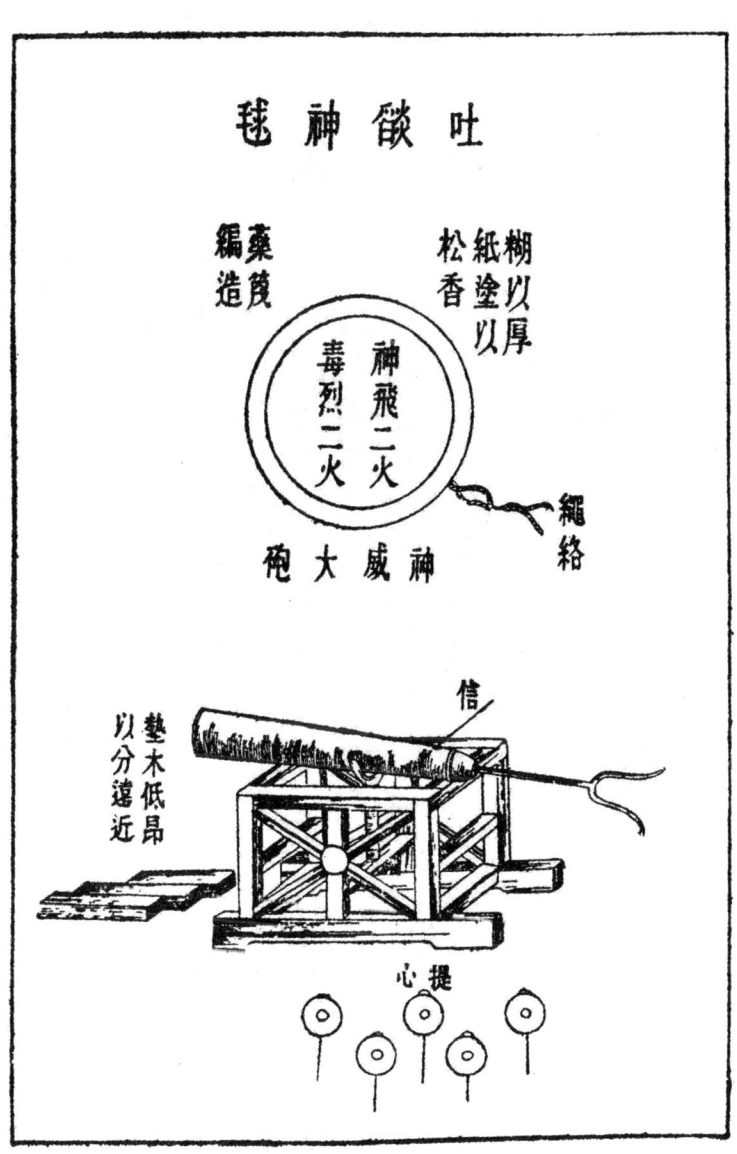

吐焰神球

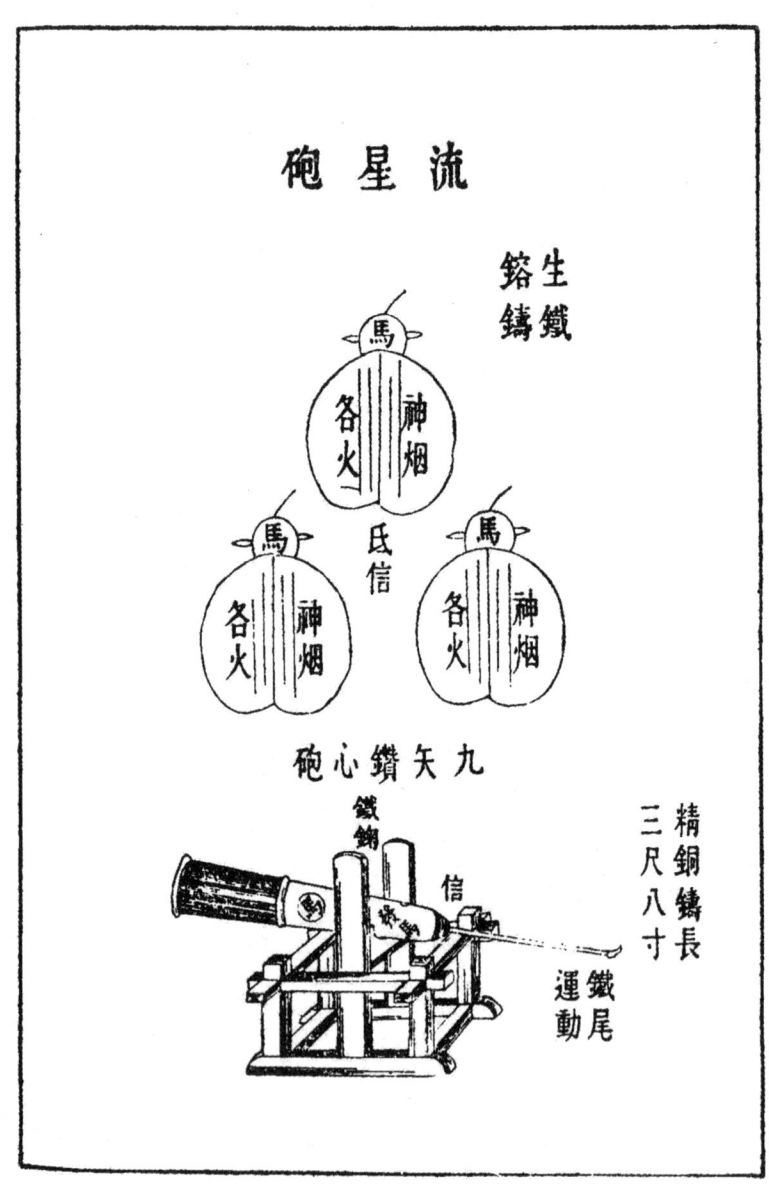

流星炮

丹青第十六

宋子曰：斯文千古之不坠也，注玄尚白，其功孰与京哉！离火红而至黑孕其中，水银白而至红呈其变。造化炉锤，思议何所容也！五章遥降，朱临墨而大号彰；万卷横披，墨得朱而天章焕。文房异宝，珠玉何为？至画工肖象万物，或取本姿，或从配合，而色色咸备焉。夫亦依坎附离，而共呈五行变态，非至神孰能与于斯哉？

朱

凡朱砂、水银、银朱，原同一物。所以异名者，由精粗老嫩而分也。上好朱砂，出辰锦今名麻阳。与西川者，中即孕涌，然不以升炼。盖光明、箭镞、镜面等砂，其价重于水银三倍，故择出为朱砂货鬻；若以升水，反降贱值。唯粗次朱【菅本误米】砂，方以升炼水银，而水银又升银朱也。

凡朱砂上品者，穴土十余丈乃得之。始见其苗，磊然白石，谓之朱砂床。近床之砂，有如鸡子大者。其次砂不入药，只为研供画用与升炼水银者。其苗不必白石，其深数丈即得。外床或杂青黄石，或间沙土，土中孕满，则其外沙石多自折裂。此种砂贵州思、印、铜仁等地最繁，而商州、秦州出亦广也。凡次砂取来，其通坑色带白嫩者，则不以研朱，尽以升㲄。若砂质即嫩而烁视欲丹者，则取来时，入巨铁碾槽中，轧碎如微尘，然后入缸，注清水澄浸。过三日夜，跌取其上浮者，倾入别缸，名曰二朱。其下沉结者，晒干即名头朱也。

凡升水银，或用嫩白次砂，或用缸中跌出浮面二朱，水和搓成大盘条，每三十斤入一釜内升㲄，其下炭质亦用三十斤。凡升㲄，上盖一釜，釜当中留一小孔，釜傍盐泥紧固。釜上用铁打成一曲弓溜管，其管用麻绳密缠通梢【菅本误稍】，仍用盐泥涂固。煅火之时，曲溜一头插入釜中通气，插处一丝固密。一头以中罐【菅本、陶本并误礶，下同】注水两瓶，插曲溜尾于内，釜中之气达于罐中之水而止。其煅五个时辰，其中砂末尽化成㲄，布于满釜。冷定一日，取出扫下。此最妙玄，化全部天机也。《本草》胡乱注：凿地一孔，放【陶本误于】碗一个盛水。

凡将水银再升朱用，故名曰银朱。其法或用罄口泥罐，或用上下釜。每水银一斤，入石亭脂即硫黄制造者。二斤同研不见星，炒作青砂头，装于罐内。上用铁盏盖定，盏上压一铁尺。铁线兜底捆缚，盐泥固济口缝，下用三钉插地鼎足盛罐。打火三炷香久，频以废笔蘸水擦盏，则银自成粉，贴于罐上，其贴口者朱更鲜华。冷定揭出，刮扫取用。其石亭脂沉下罐底，可取再用也。每升水银一斤，得朱十四两，次朱三两五钱，出数藉硫质而生。凡升朱与研朱，功用亦相仿。若皇家贵家画彩，则即用辰锦丹砂研成者，不用此朱也。凡朱，文房胶成条块，石砚则显，若磨于锡砚之上，则立成皂汁。即漆工以鲜物彩，唯入桐油调则显，入漆亦晦也。

凡水银与朱更无他出。其澒海、草澒之说，无端狂妄，耳食者信之。若水银已升朱，则不可复还为澒，所谓造化之巧已尽也。

墨

凡墨，烧烟凝质而为之。取桐油、清油、猪油烟为者，居十之一；取松烟为者，居十之九。凡造贵重墨者，国朝推重徽郡人。或以载油之艰，遣人僦居荆襄辰沅，就其贱值桐油点烟而归。其墨他日登于纸上，日影横射，有红光者，则以紫草汁浸染灯心而燃炷者也。

凡爇油取烟，每油一斤，得上烟一两余。手力捷疾者，一人供事灯盏二百副。若刮取怠缓则烟老，火燃质料并丧也。其余寻常用墨，则先将松树流去胶香，然后伐木。凡松香有一毛未净尽，其烟造墨，终有滓结不解之病。凡松树流去香，木根凿一小孔，炷灯缓炙，则通身膏液，就暖倾流而出也。

凡烧松烟，伐松斩成尺寸，鞠篾为圆屋如舟中雨篷式，接连十余丈。内外与接口，皆以纸及席糊固完成。隔位数节，小孔出烟，其下掩土砌砖先为通烟道路。燃薪数日，歇冷入中扫刮。凡烧松烟，放火通烟，自头彻尾。靠尾一、二节者为清烟，取入佳墨为料。中节者为混烟，取为时墨料。若近头一、二节，只刮取为烟子，货卖刷印书文家，仍取研细用之。其余则供漆工垩工之涂玄者。

凡松烟造墨，入水久浸，以浮沉分精悫。其和胶之后，以搥敲多寡分脆坚。其增入珍料与漱金、衔麝，则松烟、油烟，增减听人。其余墨经、墨谱，博物者自详，此不过粗纪质料原因而已。

【附】

胡粉 至白色，详《五金》卷。

黄丹 红黄色，详《五金》卷。

淀花 至蓝色，详《彰施》卷。

紫粉 缃红色。贵重者用胡粉、银朱对和，粗者用染家红花滓汁为之。

大青 至青色，详《珠玉》卷。

铜绿 至绿色，黄铜打成板片，醋涂其上，裹【菅本、陶本并误果】藏糠内，微藉暖火气，逐日刮取。

石绿 详《珠玉》卷。

代赭石 殷红色。处处山中有之，以代郡者为最佳。

石黄 中黄色，外紫色，石皮内黄，一名石中黄子。

研朱

升炼水银

银复生朱

燃扫清烟

取流松液

烧取松烟

曲蘖第十七

宋子曰：狱讼日繁，酒流生祸，其源则何辜！祀天追远，沉吟商颂、周雅之间，若作酒醴之资曲蘖也，殆圣作而明述矣。惟是五谷菁华变幻，得水而凝，感风而化。供用岐黄者神其名，而坚固食羞者丹其色。君臣自古配合日新，眉寿介而宿痼怯，其功不可殚述。自非炎黄作祖、末流聪明，乌能竟其方术哉！

酒母

凡酿酒，必资曲药成信。无曲，即佳米珍黍，空浩不成。古来曲造酒，蘖造醴，后世厌醴味薄，遂至失传，则并蘖法亦亡。

凡曲，麦、米、面随方土造，南北不同，其义则一。凡麦曲，大、小麦皆可用。造者将麦连皮，井水淘净，晒干，时宜盛暑天，磨碎，即以淘麦水和作块，用楮叶包扎，悬风处，或用稻秸罨黄，经四十九日取用。

造面曲，用白面五斤，黄豆五升，以蓼汁煮烂，再用辣蓼末五两、杏仁泥十两，和踏成饼，楮叶包悬与稻秸罨黄，法亦同前。其用糯米粉与自然蓼汁溲和成饼、生黄收用者，罨法与时日，亦无不同也。其入诸般君臣与草药，少者数味，多者百味，则各土各法，亦不可殚述。

近代燕京，则以薏苡仁为君，入曲造薏酒。浙中宁、绍，则以绿豆为君，入曲造豆酒。二酒颇擅天下佳雄。别载《酒经》。

凡造酒母家，生黄未足，视候不勤，盥拭不洁，则疵药数丸动辄败人石米。故市曲之家，必信著名闻，而后不负酿者。

凡燕、齐黄酒曲药，多从淮郡造成，载于舟车北市。南方曲酒，酿出即成红色者，用曲与淮郡所造相同，统名火曲。但淮郡市者打成砖片，而南方则用饼团。

其曲一味，蓼身为气脉，而米、麦为质料，但必用已成曲、酒糟为媒合。此糟不知相承起自何代，犹之烧矾之必用旧矾滓云。

神曲

凡造神曲所以入药，乃医家别于酒母者。法起唐时，其曲不通酿用也。造者专用白面，每百斤入青蒿自然汁，马蓼、苍耳自然汁相和作饼，麻叶或楮叶包罨如造酱黄法。待生黄衣，即晒收之。其用他药配合，则听好医者增入，苦无定方也。

丹曲

凡丹曲一种，法出近代。其义臭腐神奇，其法气精变化。世间鱼肉最朽腐物，而此物薄施涂抹，能固其质于炎暑之中，经历旬日，蛆蝇不敢近，色味不离初。盖奇药也。

凡造法用籼稻米，不拘早晚。舂杵极其精细，水浸一七日，其气臭恶不可闻，则取入长流河水漂净。必用山河流水，大江者不可用。漂后恶臭犹不可解，入甑蒸饭则转成香气，其香芬甚。凡蒸此米成饭，初一蒸半生即止，不及其熟。出离釜中，以冷水一沃，气冷再蒸，则令极熟矣。熟后，数石共积一堆拌信。

凡曲信必用绝佳红酒糟为料，每糟一斗，入马蓼自然汁三升，明矾水和化。每曲饭一石，入信二斤，乘饭热时，数人捷手拌匀，初热拌至冷。候视曲信入饭，久复微温，则信至矣。凡饭拌信后，倾入箩内，过矾水一次，然后分散入篾盘，登架乘风后。此风力为政，水火无功。

凡曲饭入盘，每盘约载五升。其屋室宜高大，防【菅本误妨】瓦上暑气侵逼。室面宜向南，防【菅本误妨】西晒。一个时中，翻拌约三次。候视者七日之中，即坐卧盘架之下，眠不敢安，中宵数起。其初时雪白色，经一二日成至黑色，黑转褐，褐转代【陶本无代字】赭，赭转红，红极复转微黄。目击风中变幻，名曰"生黄曲"。则其价与入物之力，皆倍于凡曲也。凡黑色转褐，褐转红，皆过水一度。红则不复入水。

凡造此物，曲工盥手与洗净盘簟，皆令极洁。一毫滓秽，则败乃事也。

凉风吹变

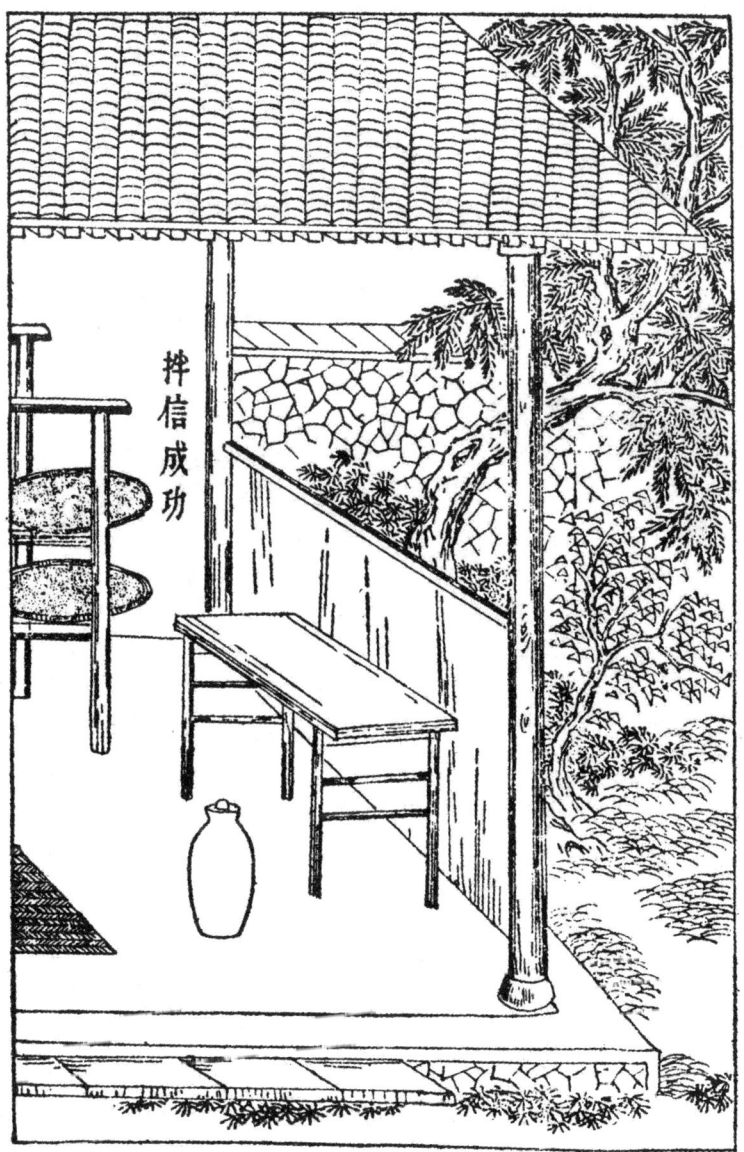

长流漂米

珠玉第十八

宋子曰：玉韫山辉，珠涵水媚，此理诚然乎哉，抑意逆之说也？大凡天地生物，光明者昏浊之反，滋润者枯涩之雠，贵在此则贱在彼矣。合浦、于阗，行程相去二万里，珠雄于此，玉峙于彼，无胫而来，以宠爱人寰之中，而辉煌廊庙之上。使中华无端宝藏，折节而推上坐焉。岂中国辉山媚水者，萃在人身，而天地菁华止有此数哉？

珠

凡珍珠必产蚌腹，映月成胎，经年最久，乃为至宝。其云蛇腹、龙颔、鲛皮有珠者，妄也。凡中国珠必产雷、廉二池。三代以前，淮扬【菅本作扬】亦南国地，得珠稍近《禹贡》"淮夷玭珠"，或后互市之便，非必责其土产也。金采蒲里路【疑蒲与路误】，元采扬村【疑即杨村】直沽口，皆传记相承之【菅本脱之字】妄，何尝得珠。至云忽吕古江出珠，则夷地，非中国也。

凡蚌孕珠，乃无质而生质。他物形小而居水族者，吞噬弘多，寿以不永。蚌则环包坚甲，无隙可投，即吞腹，囫囵不能消化，故独得百年千年，成就无价之宝也。凡蚌孕珠，即千仞水底，一逢圆月中天，即开甲仰照，取月精以成其魄。中秋月明，则老蚌犹喜甚。若彻晓无云，则随月东升西没，转侧其身而映照之。他海滨无珠者，潮汐震撼，蚌无安身静存之地也。

凡廉州池自乌泥、独揽沙至于青莺，可百八十里。雷州池自对乐岛斜望石城【陶本作石成】界，可百五十里。蜑户采珠，每岁必以三月，特【菅本误时】牲杀祭海神，极其虔敬。蜑户生啖海腥，入水能视水色。知蛟龙所在，则不敢侵犯。凡采珠舶，其制视他舟横阔而圆，多载草荐于上。经过水漩，则掷荐投之，舟乃无恙。舟中以长绳系没人腰，携篮投水。凡没人以锡造弯【菅本误湾】环空管，其本缺处，对掩没人口鼻，令舒透呼吸于中，别以熟皮包络耳项之际。极深者至四五百尺，拾蚌篮中。气逼则撼绳，其上急提引上，无命者或葬鱼腹。凡没人出水，煮热毳急覆之，缓则寒栗死。宋朝李招讨设法以铁为构，最后木柱扳口，两角坠石，用麻绳作兜如囊状，绳系舶两傍，乘风扬帆而兜取之。然亦有漂溺之患。今蜑户两法并用之。

凡珠在蚌，如玉在璞，初不识其贵贱，剖取而识之。自五分至一寸五分经者为大品。小平似覆釜，一边光彩微似镀金者，此名珰珠，其值一颗千金矣。古来"明月""夜光"，即此便是。白昼晴明，檐下看有光一线闪烁不定，"夜光"乃其美号，非真有昏夜放光之珠也。次则走珠，实平底盘中，圆转无定歇，价亦与珰珠相仿。化者之身，受含一粒，则不复朽坏，故帝王之家，重价购此。次则滑珠，色光而形不甚圆。次则磥砢【菅本作螺蚵】珠，次官、雨珠，次税珠，次葱符珠。幼珠如粱粟，常珠如豌豆。琕而碎者曰玑。自夜光至于碎玑，譬均一人身而王公至于氓隶也。

凡珠生止有此数，采取太频，则其生不继。经数十年不采，则蚌乃安其身，繁其子孙而广孕宝质。所谓"珠从珠还"，此煞定死谱，非真有"清官"感召也。我朝弘治中一采得二万八千两，万历中一采止得三千两，不偿所费。

宝

凡宝石皆出井中。西番诸域最盛，中国惟出云南金齿卫与丽江两处。

凡宝石自大至小，皆有石床包其外，如玉之有璞。金银必积土其上，韫结乃成。而宝则不然，从井底直透上空，取日精月华之气而就，故生质有光明。如玉产峻湍，珠孕水底，其义一也。

凡产宝之井即极深无水，此乾坤派设机关。但其中宝气如雾，氤氲井中，人久食其气多致死。故采宝之人，或结十数为群，入井者得其半，而井上众人共得其半也。下井人以长绳系腰，腰带叉口袋两条，及泉近宝石，随手疾拾入袋。宝井内不容蛇虫。腰带一巨铃，宝气逼不得过，则急摇其铃，井上人引絙提上。其人即无恙，然已昏瞢【陶本作瞎】。止与白滚汤入口解散，三日之内不得进食粮，然后调理平复。其袋内石大者如碗，中者如拳，小者如豆，总不晓其中何等色。付与琢工镊错解开，然后知其为何等色也。

属红黄种类者，为猫精、靺鞨芽、星汉砂、琥珀、木难、酒黄、喇子。猫精黄而微带红。琥珀最贵者名曰瑿，音依，此值黄金五倍价。红而微带黑，然昼见则黑，灯光下则红甚也。木难纯黄色。喇子纯红。前代何妄人，于松树注茯苓，又注琥珀，可笑也。属青、绿种类者，为瑟瑟珠、珇母绿、鸦鹘石、空青之类。空青既取内质，其膜升打为曾青。至玫瑰一种，如黄豆、绿豆大者，则红、碧、青、黄数色皆具。宝石有玫瑰，如珠之有玑也。星汉砂以上，犹有煮海金丹。此等皆西番产，亦间气出，滇中井所无。时人伪造者，唯琥珀易假，高者煮化硫黄，低者以殷红汁料煮入牛羊明角，映照红赤隐然，今亦【菅本误易】最易辨认。琥珀磨之有浆。至引灯【菅本引下无灯字，原校谓引草间疑脱本字】草，原惑人之说，凡物借人气能引拾轻芥也。自来《本草》陋妄，删去，毋使灾木。

玉

凡玉入中国，贵重用者尽出于阗汉时西国号，后代或名别失八里，或统服赤斤蒙古，定名未详。葱岭。所谓蓝田，即葱岭出玉别地名，而后世误以为西安之蓝田也。其岭水发源名阿耨山，至葱岭分界两河：一曰白玉河，一曰绿玉河。晋人张匡邺作《西域行程记》，载有乌玉河，此节则妄也。

玉璞不藏深土，源泉峻急激映而生。然取者不于所生处，以急湍无着手。俟其夏月水涨，璞随湍流徙，或百里、或二三百里，取之河中。凡玉映月精光而生，故国人沿河取玉者，多于秋间明月夜，望河候视。玉璞堆聚处，其月色倍明亮。凡璞随水流，仍错杂乱石浅流之中，提出辨认而后知也。白玉河流向东南，绿玉河流向西北。亦力把力地，其地有名"望野"者，河水多聚玉。其俗以女人赤身没水而取者，云阴气相召，则玉留不逝，易于捞取。此或夷人之愚也。夷中不贵此物，更流数百里，途远莫贷，则弃而不用。

凡玉唯白与绿两色。绿者中国名菜玉。其赤玉、黄玉之说，皆奇石、琅玕之类，价即不下于玉，然非玉也。凡玉璞根系山石流水，未推出位时，璞中玉软如棉絮，推出位时则已硬，入尘见风则愈硬。谓世间琢磨有软玉，则又非也。凡璞藏玉，其外者曰玉皮，取为砚托之类，其值无几。璞中之玉，有纵横尺余无瑕者，古者帝王取以为玺。所谓连城之璧，亦不易得。其纵横五六寸无瑕者，治以为杯斝，此已当世重宝也。此外惟西洋琐里有异玉，平时白色，晴日下看映出红色，阴雨时又为青色，此可谓之玉妖，尚方有之。朝鲜西北太尉山，有千年璞，中藏羊脂玉，与葱岭美者无殊异。其他虽有载志，闻见则未经也。

凡玉由彼地缠头回，其俗，人首一岁裹布一层，老则拥肿之甚，故名缠头回子。其国王亦谨不见发。问其故，则云见发则岁凶荒，可笑之甚。或溯河舟，或驾橐驼，经庄浪入嘉峪，而至于甘州与肃州。中国贩玉者，至此互市而得之，东入中华，卸萃燕京。玉工辨璞高下定价，而后琢之。良玉【陶本误工】虽集京师，工巧则推苏郡。

凡玉初剖时，冶铁为圆盘，以盆水盛沙，足踏圆盘使转，添沙剖玉，逐忽划断。中国解玉沙，出顺天玉田与真定邢台两邑。其沙非出河中，有泉流出，精粹如面，藉以攻玉，永无耗折。既解之后，别施精巧工夫，得镔铁刀者，则为利器也。镔铁亦出西番哈密卫砺石中，剖之乃得。凡玉器琢余碎，取入钿花用。又碎不堪者，碾筛和灰涂琴瑟。琴有玉音，以此故也。凡镂刻绝细处，难施锥刃者，以蟾酥填画而后锲之。物理制服，殆不可晓。凡假玉以砆砆充者，如锡之于银，昭然易辨。近则捣舂上料白瓷器，细过微尘，以白敛诸汁调成为器，干燥玉色烨然，此伪最巧云。

凡珠玉、金银，胎性相反。金银受日精，必沉埋深土结成。珠玉、宝石受月华，不受寸土【菅本、陶本并误土寸】掩盖。宝石在井上透碧空，珠在重渊，玉在峻滩，但受空明、水色盖上。珠有螺城，螺母居中，龙神守护，人不敢犯。数应入世用者，螺母推出人取。玉初孕处，亦不可得。玉神推徙入河，然后恣取，与珠宫同神异云。

附：玛瑙　水晶　琉璃

凡玛瑙非石非玉，中国产处颇多，种类以十余计。得者多为簪篦钩音扣。结之类，或为棋子，最大者为屏风及卓【陶本作棹】面。上品者产宁夏外徼羌地砂碛中，然中国即广有，商贩者亦不远涉也。今京师货者，多是大同、蔚州九空山、宣府四角山所产，有夹胎玛瑙、截子玛瑙、锦红玛瑙，是不一类。而神木、府谷出浆水玛瑙、锦缠玛瑙，随方货鬻，此其大端云。试法以砑木不热者为真。伪者虽易为，然真者值原不甚贵，故不乐售其技也。

凡中国产水晶，视玛瑙少杀。今南方用者多福建漳浦产。山名铜山。北方用者多宣府黄尖山产，中土用者多河南信阳州黑色者最美。与湖广兴国州潘家山。产。黑色者产北不产南。其他山穴本有之而采识未到，与已经采识而官司厉禁封闭如广信惧中官开采之类。者尚多也。凡水晶出深山穴内瀑流石罅之中。其水经晶流出，昼夜不断，流出洞门半里许，其面尚如油珠滚沸。凡水晶未离穴时如棉软，见风方坚硬。琢工得宜者，就山穴成粗坯，然后持归加功，省力十倍云。

凡琉璃石，与中国水精、占城火齐，其类相同，同一精光明透之义。然不产中国，产于西域。其石五色皆具，中华人艳之，遂竭人巧以肖之。于是烧瓴甋转泑【菅本误锈，陶本作釉】成黄绿色者，曰琉璃瓦；煎化羊角为盛油与笼烛者，为琉璃碗；合化硝铅写珠铜线穿合者，为琉璃灯；捏片为琉璃瓶袋。硝用煎炼上结马牙者。各色颜料汁，任从点染。凡为灯、珠，皆淮北齐地人，以其地产硝之故。

凡硝见火还空，其质本无，而黑铅为重质之物。两物假火为媒，硝欲引铅还空，铅欲留硝住世，和同一釜之中，透出光明形象。此乾坤造化，隐现于容易地面。天工卷末，着而出之。

掷荐御漩

没水采珠船

没水採珠船

竹笆沉底

扬帆采珠

宝气饱闷

宝井

葱嶺阴

绿玉河

于阗国

白玉河

琢玉

附录：野议

序

春将暮矣，游憩铃山。令长曹先生挈清酒，负诗囊，为寻松影鹏声，以永今日，不愿他闻来混耳目也。乃视沥数行，而松抵报者至，则见有立谈而得美官者，此千秋遇合奇事也。取其奏议一再读之，命词立意，亦自磊落可人。惜其所闻未尊，游地不广，无限针盲灸瘘，拯溺救焚，急着浑然未彰，空负圣明虚心采择之意，识者有遗恨焉。

今长啸谈间，愿闻寡识。数归冷署，炊灯具草，继以诘朝，胡成万言，名之曰"野议"。夫朝议已无欲讷之人，而野复有议，如世道何？虽然，从野而议者无恶，于朝议何伤也。人生胆力颜面，赋定洪钧。尝思欲伏阙前，上痛哭之书，而无其胆；欲参当道，陈夏天之说，而无其颜。则斯议也，亦以灯窗始之，闾巷终之而已。

东汉仲崔两君子所为"昌言""政论"，亦野议也，然诵读之余，法脉宛见毫端。今时事孔棘，岂暇计文章工拙之候哉，故有议而无文，罪我者其原之！时崇祯丙子暮春下弦日，分宜教谕宋应星书于学署。

世运议

语曰："治极思乱，乱极思治。"此天地乘除之数也。自有书契以来，车书一统，治平垂三百载而无间者，商家而后，于斯为盛。议者有暑中寒至之惧焉，不知今已乱极思治之时也。西北寇患延燎中原，其仅存城郭，而乡村镇市尽付炬烬者，不知其几。生民今日死于寇，明日死于兵，或已耕而田荒于避难，或已种而苗槁于愆阳，家室流离，沟壑相枕者，又不知其几。城郭已陷而复存，经焚而复构者，又不知其几。

幸生东南半壁天下者，即苟延岁月，而官愁眉于上，民蹙额于下，盗贼叙午，水旱交伤，岂复有隆、万余意哉！此政乱极思治之时，天下事犹可为，毋以乘除之数自沮惑也。

进身议

从古取士进身之法，势重则反，时久必更。两汉方正贤良，魏、晋九品中正，唐、宋博学弘词、明经、诗赋诸科，最久者百年而止矣。垂二百年，归重科举一途而不变者，则惟我朝。非其法之至善，何以及此！

圣主见州邑之间，攻城城破，掠民民残，钱粮则终日开复报完，而司农仰屋如故；盗贼则终日报功叙赏，而羽书驰地更猖。凡属制科中人，循资择望而建节者，偾坏封疆，纷纷见于前事。保举一法，欲复里选之旧，以济时艰，岂得已哉！然荐人之人，与人所荐之人，声应气求，仍在八股文章之内，岂出他途？且残破地方，待守令之至，如拯溺救焚。而荐举中人，必待部咨促之，抚按劝驾，而后就道，铨部核试，而后授官，动淹岁月，事岂有济？以寇乱之时，而州县之缺不补者，三百有余。此铨政之坏，于人才何与也？

人情谁不愿富贵，然先忧后乐，滋味乃长。隆、万重熙而后，读书应举者，竟不知作官为何本领。第以位跻槐棘，阶荣祖父，荫及儿孙，身后祀名宦、入乡贤，墓志文章夸扬于后世。至奴虏蠢动，水蔺狂凶，方始知建节之荣，原具杀身之祸。即今四海之内，破伤如是，而小康之方，父望其子、师勉其弟者，只有纂集时文，逢迎棘院，思一得当之为快。至于得科聊第之后，官职遇寇逢艰，作何策应，何尝梦想及之！且得第之人，也已两受隆恩，不奋志请缨，迁延观望，有怀时平而仕之想，思以残危之地，付之荐举中人，与乡贡之言弱者，国家亦何借有制科为！司铨法者，一破情面，大公至正，掣签而授之，即暂受愤怨，而制科增光，实自此始矣。

至兼通骑射法，在所必不行。驰捷挽强，自是行伍中事，文士百十中，即选得一能者，亦何济于事。先年辽、广两经略，一以善射名，一以善骑名，非已然之验哉？颜真卿在唐，虞允文在宋，彼知骑射为何物？方张强虏，直樽俎谈笑而摧之。由今况昔，何胜慨叹哉！

民财议

普天之下，"民穷财尽"四字，蹙额转相告语。夫财者，天生地宜，而人功运旋而出者也。天下未尝生，乃言乏。其谓九边为中国之壑，而奴虏又为九边之壑，此指白金一物而言耳。

财之为言，乃通指百货，非专言阿堵也。今天下何尝少白金哉！所少者，田之五谷、山林之木、墙下之桑、洿池之鱼耳。有饶数物者于此，白镪黄金可以疾呼而至，腰缠箧盛而来贸者，必相踵也。今天下生齿所聚者，惟三吴、八闽，则人浮于土，土无旷荒。其他经行日中，弥望二三十里，而无寸木之阴可以休息者，举目皆是。生人有不困，流寇有不炽者？所以至此者，蚩蚩之民何罪焉！

凡愚民之所视效者，官有严令而遵之。世家大族、显贵闻人，有至教唱率而听从之。百年以来，守令视其□□为传舍，全副精神尽在馈送邀誉，调繁内转。迩来军兴急迫之秋，又分其精神，大半拮据，催征参罚，以便考成。知畎亩山林之间，穷檐蔀屋之下，为何如景象者！富贵闻人，全副精神只在延师教子，聊绵科第，美宫室，饰厨传；家人子弟，出其称贷母钱，剥削耕耘蚕织之辈，新谷新丝，薄帐先期而入橐，遑恤其他。用是，蚩蚩之民，目见勤苦耕桑，而饥寒不免，以为此无益之事也。择业无可为生，始见寇而思归之。从此天下财源，遂至于萧索之尽；而天下寇盗，遂至于繁衍之极矣。

说者曰："富家借贷不行，隐民无取食焉。"夫天赋生人手足，心计糊口，千方有余，称贷无路，则功劳奋激而出。因有称贷助成慵懦，甚至左手贷来，右手沽酒市肉，而饘糜且无望焉。即令田亩有收，绩蚕有绪，既有称贷重息，转眄输入富家；铚镰筐箔未藏，室中业已悬罄。积压两载，势必子母皆不能偿，富者始闭其称贷而绝交焉。其时计无复之，有不从乱如归也？夫子母称贷，朘削酿乱如此，而当世建言之人，无片语及之者何也？盖凡力可建言之人，其家未必免此举也。材木不加于山，鱼盐蜃蛤不加于水，五谷不加于田畴，而终日割削右舍左邻以肥己，兵火之至，今而得反之，尚何言哉！

士气议

国家扶危定倾，皆借士气。其气盛与衰弱，或运会之所为耶？

气之盛也，刀锯鼎镬不畏者，有人焉；其衰也，闻廷杖而股栗矣。气之盛也，万死投荒，怡然就道者，有人焉；其衰也，三径就闲，黯然色沮矣。气之盛也，朝进阶为公卿，暮削籍为田舍，而幽忧不形于色者，有人焉；其衰也，台省京堂，外转方面，无端愠恨矣。气之盛也，松菊在念，即郎衔数载，慨然挂冠者，有人焉；其衰也，即崇阶已及，耄期已届，军兴烦苦，指摘交加，尚且麋之不去，而直待贬章之下矣。气之盛也，班行考选，雍容让德，有人焉；其衰也，相讲相嚷，贿赂成风，甚至下石倾陷同人而夺之矣。气之盛也，庭参投刺，抗志而争者，有人焉；其衰也，屈己尊呼，非统非属，而长跪请事，无所不至矣。气之盛也，布衣适体，脱砺饭宾，而清操自裳者，有人焉；其衰也，服裳不洁，厨传不丰，即醴颜发赫而以为耻矣。气之盛也，一令之疏，一师之败，一节之怠慢欺误，上章自首者，有人焉；其衰也，掩败为功，侥幸存为大捷，而侥幸胧胧之暇矣。气之盛也，领郡之邑，艰危不避者，有人焉；其衰也，择缺而几，祝神央分，遍挈重债，贿赂滋彰，既欲其靖，又欲其膻，然后快于心矣。气之盛也，蕃兵虏骑攻城掠野，宰官激洒忠义，冒矢撄锋而成功者，有人焉；其衰也，疲弱亡命，斩木揭竿，谍报邻寇入疆，而当食不知口处，妻子为虏而不能保者，不一而足矣。

夫气之衰者，上以功令作之，下以学问充之，兄勉其弟，妻勉其夫，朋友交相勖，可返而至于盛。不然，长此安穷也？

屯田议

时事兵苦无饷，议屯田者何其纷纷也！夫屯田何为乎？求其生谷以省飞挽之劳耳。以至粗之事而求之精，以至易之事而求之难，以至简之事而求之猥琐，世可谓无人也。

今天下剥腹之患，寇在中而虏在外，议屯田以制虏则似矣。至有议平流寇而并策屯田者，可姗笑也。流寇朔在千里之东，望在千里之西，飘忽无定，即有许下之粟，焉能赢粮而从之？

若夫制虏之策，最先屯田。今之议者，先议清屯。夫北方自云中抵山海，东方自成山抵蓬莱，荒闲生谷之地，广者百里，促者十里，弥望而是。近年又增以兵过之地，室庐墟而田亩芜者，间亦有之。即亿万牛耟，垦之不尽，必区区求百年以前经历数主影占形改之田，而始议耕，何其愚也。

次议牛种，夫给种则似矣，议牛何为者？凡责成一卒之身，上食九人，中食八人，则牛诚不可少。若一卒之身，只望其醉饱一人，充饲一马，则一锄足矣。昔年枢辅在关外给牛数万，兵士日夕椎以醋酒，而日以病死报，岂知冶铁为锄为不病不死之牛乎？天下事上作而下从，贵行而贱效，是必为督镇者，躬行三公九推之法；为偏裨者，不耻从官负薪之劳。一卒之身，昼地五亩而界之。一区五十亩，则十人共垦其中；一区五百亩，则百人共垦其中。宛然井田，友相助之意。先访习知土宜与谷性者，授衔百户，分队立为田畯之长。五亩皆稻耶，得米必十石；五亩皆麦耶，得面必千觔；五亩皆黍稷耶，得小米亦如米之数；五亩皆菽耶，得豆粒亦敌面之值。其室庐之侧，陇塍之上，遍繁瓜蔬，寸隙荒闲，并治不毛之罪，此法一行，岂忧枵腹？

盖计五亩功力：使锄开荒，以二十日；播种以二日；粪溉以十日；耨草以十日；收获燥干以十日。一年之内只费五十二日以足食，其余三百一十余日，尚可超距投石，命中并枪。每逢播种之初，成熟之日，督镇亲巡而验之，其获多而苗秀者，犒以牛酒；其草茂而实劣者，罚以蒲鞭。行见半载之间，不惟囷瓮之盈，而且神气亦壮，士有不饱而马有不腾者？此至易之事，而舌干唇敝二十年于止，世可谓无人也。

催科议

自军兴议饷，搜括与加派两者，并时而兴。司农之策，止于此矣；节铖之计，亦止于此矣。已经寇乱之方，乱不可弭；未经寇乱之方，日促之乱。

夫使倍赋而得法，民犹可堪。今赋增而法愈乱，纳广而欠转多。上有告示下行，山民未见影形，而已藏于高阁；下有解批投上，岳牧甫经目睫，而即擢抵旧逋。夫小民即贫甚。但使头绪不分，昔日编银一两者，今编一两五六钱，昔日派米一石者，今流一石二三斗，并入一册之中，追完共解，藩司分款而支应之。倘雨旸不愆，竭脂勉力，犹可应也。乃今日功令不然，逐件分款而造。牙役承行，最利其分款而追，则点卯、润笔常规，可逐项而掠取也。于是一里长之身，甲日条鞭，乙日饷辽，丙日蓟饷，丁曰流饷，戊曰陵工，己曰王田，庚曰兑米，辛曰海米，壬曰南米，癸曰相逢甲乙日，去年、前年、先前年旧欠，追呼又纷起。一年之中，强半在城；一家之中，强半受楚。津口城门，往来如织，光景及此，有不从乱如归者哉！凡身充里长，必非膏腴坐享之人，皆食力耕作之人也。杖疮呼痛，狱疠沾身，即暂息室庐，亦呻吟卧起。麦佳禾秀，何处得来？一里长之身，有应管不多，如辽饷、流饷之类，有其数止于十两，而每限挨监点卯，遂用去一两，历点十卯，已用十两，而其数仍全欠十两者；所收散户，今日几分，明日几钱，因称贷无门，皆扯为用费；又或缺少前甲里长纳数，及此消擢。此郑侠图中描画不尽者。不惟小民扯为浪费，而已自朝廷，狱及方伯。上司火票频流，承舍捧来，势同缇骑。区区馈送百金，不满溪壑之望。今长任从该管书吏敛贿求宽，甚且掩耳助其不足。此金不自书史家产，锱铢取之百姓钱粮之中。一度百金，十度千金，泥沙何处诘问？又不惟书吏扯为浪费而已。为今长者，清人则橐丙必肘捉而矜见，墨人则身责必侈用而广偿。军兴，派来动辄大邑三百，小邑二百，而税契间架摧提，中官王府骚扰又日新而月盛。茧丝无术，鸡肋难弃，即惧鼎器之轻投，又恐迟吝之贾罪，挪借现在钱粮，以解燃睫之火，何日何项，以作补还。且压欠之多，总由天启初年，有司急欲行取，尽挪次年、今年之数，以足前年、先前年之额，相承十六七年。累官累民，病痛尽由于些。

因挪移考满而升召者，大者棘槐，小者□面。其人已多，收此语秘不告之至尊。不知治乱人关系，皆因此事之蒙蔽。缙绅忌伤同类，自同寒蝉，官也；乃席藁舆衬则疏入九阍者，竟无一言及此，可胜叹惜哉，使此言达于天听，势必云霄洒涕，嗟我小民，将旧欠追呼，一概停止。惟从今日伊始，金华辽饷、流饷分文不完者，治以重罪。究竟所得之数，视终日棰楚旧欠，而所得无几何者反过之，何也？膏血止有此数，而舍旧追新，人情有乐输之愿也。至北方种麦，以五月为麦上，六月开征，犹曰麦已登场圃。南方皆稻国，立秋收获者十之四，而霜降、立冬收获者十之六。今方春二月，新谷尚未播种，而严征已起者纷纷矣。天运人事，一至此极耶！

军饷议

军兴措饷，其策有五：因敌取粮，为上上策；酌发内帑，节省无益上供，修明盐、铁、茶、矾，为中上策；暗行加派，事平即止，搜括州邑无碍钱粮，增益税关货钞，为中策；搜括之外，又行搜括，裁官裁役，而后再四议裁，为中下策；加派一不足而二，二不足而三，算及间架、舟车，强报实官纳粟，为下下策。

夫因敌为粮，以议于制奴虏，则诚难矣；若流寇乌合之众，其勇几何？我有良将劲兵，能杀一人，则一人之金，我金也；能克一营，则一营之粟，我粟也。即云兵荒而后，粟不甚多，然其中堆积金钱，取来奚不可易粟者？太祖云："养兵十万，不费民间一粒米。"盖谓此也。若云我兵必不能战，即多方措置，只赍盗以粮，又安用议饷为哉？

内帑之发，诚未易议矣。然十年议节省，谁敢议及上供者，微论仪真酒缸十万口，楚衡岳、浙台严诸郡，黄丝绢解充大内门帘者，动以百万计，诸如此类，不可纪极，解至京师，何常切用？即就江西一省言之，袁郡解粗麻布，内府用醮油充火把，节省一年，万金出矣。信郡解楮纱纸，大内以糊窗格，节省一年，十万金出矣。光禄酒缸，岂一年止供一年之用，而明年遂不可用？黄绢门帘，窗楮糊纸，岂一年即为敝弃，而明年必易新者？圣主辛未张灯，元宵仍用旧悬挂，遂省六十余万，此胡不可省之？有川中金扇之类，又可例推矣。

凡物所出，不如所聚。京师聚物之区也，倘以官价千金，市纸糊窗，经年用之不尽，岁费一二十万何为？茶之佳者，价值一斤数钱而止；而外省州邑，解茶一斤入御，所费岂止十两？崇安先春、探春，闽省额费不赀。黄柑、冬笋之类，以此推之。当此之时，无论京师必有之货，不必驿马奔驰，即必无如鲥鱼之类，亦当暂却贡献之秋矣。此司农或不敢言，而有言责者，亦未必将普天贡赋全书一细心研究也。内使靴价，节慎一发，动辄一百三十万。夫京靴之价，每双七钱而止耳，将焉用之？

昔者辽饷增十之二，百姓悬望事平而止。奈天运如此，民亦何辞？无碍钱粮，凡可节者，辛未兜查赋役书，已搜尽矣。宰官从此无润，亦安苦而为之？税关不增，落地商犹未甚因，故数者附之中策。苦乃搜无可搜，括无可括，而功令日以下焉，全省青衿优免，破面刮来，止敌楺纱纸张数匦。一员教官俸禄，尽情裁去，不敷一军匹马刍粮。民快革半，而令长之仪卫已单；驿马抽三，而邮卒之疲癃更甚。免颁历于缙绅，克冬花于乞丐，其与皆能几何而未已也！前者追呼未完，而后者踵至矣。夫邻国兵火之祸如此，即倍赋义当乐轮，然此语可为贤者道，难为俗人言。愚民闻诏赦之有捐免也，欢声哄然；及闻所免在崇祯四五年间事也，蹙额而返。民情如此，国计奈何！

从古国家穷困，无如宋室靖康以后。然张浚一视师，宗泽一招抚，动以十万、二十万。年年括马，处处用兵。史册所载，未尝见士马伤饥，而措饷窘乏。今天下难困，然视南宋富强，犹数倍焉。奈何窭态酸情，不可使闻于寇虏。不知建炎诸将措饷之法，有可考证而仿求者否？学古有获，肉食者勉之。

练兵议

人类之中，聪明颖悟，生而为士者则有之，未有生而为兵者也。愚顽稚鲁，生而为农者亦有之，亦未有生而为兵与生而为寇者也。兵与寇，其名盖以时起也。一将立，而众卒从之，是名为兵；一魁竖，而众胁从之，是名为寇。遇宗泽、岳飞，则昨日之寇，今日即兵。逢朱泚、姚令言，则辰刻之兵，巳刻即寇。是故用武之道，与衡文绝不相同。文章一途，实有风气集于此方，而彼方风气未开，则即延昌黎为师、眉山作侣，而人才寥落之乡，不能速化为大雅。兵异于是。所需者，抛石射矢之人，轮戈舞槊之人，引火爇炮之人，驰马侦探之人，护持辎重、炊米挫刍、击斗巡捆之人，堪用者举目而是。从来成功名将，何尝招兵越国？矧扰乱之秋，敢建调遣客兵之议乎？凡兵勇怯无定形，强弱无定势经一阵获数级，则弱者立化而强矣；将军无死绥之心，士卒萌溃逃之想，营已立而令纷，阵未交而先乱，则强者尽成死弱矣。经阵获级，而后朝有重赏，而幕府不吝不克，私获寇盗甲仗金钱，而主将不诘不追，则逗遛逃走之情，尽化而为争先迈往之志矣。

时事至此，总之未尝求将，而扼腕兵不可用。呜呼！浙兵调矣，川兵调矣，狼兵调矣，御营遣矣，秦、晋诸省主兵又不待言，然则必借西戎、北狄之兵而后可用耶？为将之道无他，志在为国，则不惟功成，而身亦富贵；志在贪财好色，则不惟师徒丧，而首领亦岂能全？求将之道无他，精诚在家国与封疆，则奇才异能之人崛起而应之，结习在馈送邀名与报功升爵，则外强中干与性贪才拙之人丛集而应之。连敖坐法，而仰视滕公；秉义将刑，而缘逢忠简。皆精诚之所召致，今古岂相远哉？

今日大将副将，悉从本兵差遣。试问职位何以至此？盖自袭荫初官以至今日，其间卑污手本到部与科者，动称"门下走狗"，自固者方称"门下小的"。终年终日，打点苞苴，以金代银，以珠玉代方物。守把以下写贴，兵部书办送礼，细字"沐恩晚生"。劣陋相承，百有余岁。偷息闲功，则歌童舞女、海错山珍，以自娱乐。此等人岂能见敌捐躯，舍死而成功业者？吾人驭兵制虏，全在气概，设有韩、岳诸人，即故园贫困老死，忍以"走狗"自呼哉！夫既以阃外付之经略、督抚，则求将者经略、督抚之事也。且人亦何难知哉！文官庭参讲话之时，有立见其才能警敏与蒙昧，而预料其他日或堪行取或罹降调者。面试将才，即此可以例推也。凡人情小利不贪者，大敌必不怯；身图不便者，趋媚必不工。此何莫非知人之法哉？从来大将多从行伍中出，犹从来师相多从络笔砚穿、草扉青衿应举中出也。至于惟圣知圣，惟贤知贤，即云天之所授，而苟能勿欺勿私，则知人种性自然，天牖之而渐造开明。古人有一旅之败，而即上章自劾者，至今犹有生气，此即勿欺良能而立功之本也。今破残遍天下，而日日掩败为功。夺获达马一匹，斩获首级二颗，箭竿三枝，公然上报而不知羞涩汗下。甚则城下牢闭，幸敌不攻，以他邑之破陷相比况，而思叙功。人情及此，欺日甚而私日炽脸颊日厚，而方寸日昏，岂有拨乱之期哉！

庚午寇炎，初起神木之间，星星之火，此时扑灭，一百夫长之事耳。燎原之日，乃庭推才望，得一人而总督五省，谓将指愿而勘定之。所推总督，不惟兵法不知也，即世法亦一毫不知。陇右惨杀通天，而巧借蜀藩之奏，欲以汉南无恙之功而赎其罪，败形尽见，乃丧辱国之大僇也。而且投揭长安，辨明商人诬枉，放饭流啜，而问无齿决。昏愚至此，可胜叹息哉！

嗟夫！用兵何常之有？守城之兵，妇人孺子可与焉，他无论矣。出战之兵，一村之内，必有勇过百人者；一邑之中，必有智过千人者。遇合招揽，总在一将之身。昔者张宪、牛皋不逢武穆，一庸人之有膂力者耳；扈再兴、孟宗政不遇赵方，一土豪之能自立者耳。倘今经略、督抚，日摩栋焚剥肤于怀，不染功名富贵之想，血诚达于上帝，格言誓于军前，而草泽英雄不起而之应者，岂气声感召之理哉！

若客兵之议，使其统领无节制，则未出境而已化为贼矣。登州去吴桥行程几何？此已然之覆辙也。平奴议足十八万，而激成重庆之乱；勤王西兵赴阙，而酿成今日遍地之残，从此犹不知戒。即令安行而至，无济无及，矧未至而蠢然思变者不一而足哉！痛哭长言，话从何处起止，有心国计，刍荛之言，圣人择焉，则幸矣！

学政议

国家建官，大至于秉轴统均，平章军国，小至于宰邑百里，司锋簧官，皆从一途出，学政顾不重哉！

国初大乱之后，人民稀少，州邑青衿，数目多者不过百人，设立教官，得熟识而勤课之。今则郡邑大者已溢二千人矣。大郡大邑，教官识面者不及十之一，小者不及三四分之一，勤惰、贤不肖何由稽焉？即能稽，而教官之权业已轻甚。欲议一不肖，而县可沮格，府可平翻，其他无论已。所恃学使者，至优劣间一行，虽然行亦何所惩创哉？劣而闾冗者，举一二以塞责；劣而强梁者，不惟门役惴焉有报复之惧，即眇尔广文亦远祸而姑置之矣；劣而素封者，举一二以塞责；劣而父兄缙绅、亲戚要路者，不惟教职惴然幸一衔之留，即郡邑之长，亦权衡时势而姑置之矣。

自有军兴以来，乡人惧报富丁马户，又惧缙绅兼并，为子弟计，不惜倾倒赀囊，典卖田产，营分买入庠中。而十余年来，人情大变，乡绅居官居家，以荐人入学为致富足用真正径路，金饱者取来心欢，铜臭者绝无汗下。势要乡绅子弟，儿齿未毁，而襕衫业已荣身。呜呼！古道古风势已矣。群习读书之乡，有文章极其佳熟，而再三应考不得一府县名字为进身之阶，流落求馆。计无复之，则窜入流寇之中，为王为佐；呈身夷狄之主，为谍为官，不其实繁有徒哉？

试就今日青矜而概数之，百人之中，贯通经书旨趣成文可观者，十人而止；未成而可造者，又十人而止；而书旨、文字一隙不通者，百人之中，不下三十人。倘沙汰数苟，则繁言必起，一番黜数，不过百分之一，生人何所惩戒而不倾赀买入耶？岁考文书一至，有渴望丁忧而不得者，有假捏丁忧而避考者。夫丁忧服官，谓不便衣锦临民耳，丁忧作文字，何相妨碍？此法一变，则足以消人不孝之私，而增上以去赝之政，何难行也？至学使者通情容隐之弊，亦风会所为，上禁愈严，下营日甚。槐棘衙门，不惜降为置书邮，矧其下哉！我生之初，山乡朴实，居民有子弟业已成章应考，而冠同庶人，直待入泮而后易者。城邑之内，世宦之家，有童冠自异于秀冠，而不峨然角竖者。曾几何时，而总角突弁，儒童高官，概无分别也。欲返天下醇风，则在铁面学使者何法以谢请托。百姓见不慧子弟，空费重赀，而莫冀进身，而转眄岁考，辱荣立判，乃始返思务本。从此百室盈，而王道之始成矣。

至有力童生，传文营分而横占府名，黄堂可严复试，宪署可罪父兄。行法美而严，一行而百效，齐唱而鲁随，则不通子弟请客与曳白者，不敢躁进，而贫士方无沦落之嗟。今天下缙绅举子，不能勤生俭用以自竖立，而以荐进名字为无伤之事。不知逼能文贫士而为渠魁寇盗，朘无识之富室而为负债窭人，皆由于此。此治乱大关系，而人特不觉耳。

盐政议

食盐，生人所必需，国家大利存焉。政败于弊生，商贫于政乱。夫人情之趋利也，走死地如惊。使行盐有利，谁不竭蹙而趋？夫何同一为商也，昔年积玉堆金，今日倾囊负债，盖至商贫而盐政不可为矣。

国家盐课，淮居其半，而长芦、解池、两浙、川井、广池、福海共居其半。长芦以下虽增课，犹可支吾，而淮则窘坏实甚。淮课初额九十三万，而今增至一百五十万。使以成、弘之政，隆、万之商，值此增课之日，应之优然有余也。商之有本者，大抵属秦、晋与徽郡三方之人。万历盛时，资本在广陵者不啻三千万两，每年子息可生九百万两。只以百万输帑，而以三百万充无端妄费，公私具足，波及僧、道、丐、佣、桥梁、梵宇，尚余五百万。各商肥家润身，使之不尽，而用之不竭，至今可想见其盛也。

商之衰也，则自天启初年。国则珰祸日炽，家则败子日生，地则慕膻之棍徒日集，官则法守日隳，胥役则奸弊日出。为商者困机方动，而增课之令又日下，盗贼之侵又日炽，课不应手，则拘禁家属而比之。至于今日，半成婺人债户。括会资本，不尚五百万，何由生羡而充国计为？尝见条陈私盐者，一防官船，再防漕舫。夫漕舫自二十年来，回空无计，则折板货卖，典衣换米。旗军有谁腰锾余一贯者，迤迤临清道上，实盐一二百斤，量本罄矣。官船家人夹带，一引入仓，万目共见，冠绅一惩而百戒焉，岂复有裂闲射利之人，不绳其仆者哉？

所谓私盐者，乃当官掣过按，淮使者瓜期已满，而尚未之详也。祖制每引重八百斤，多一斤则注割没银一分，多十斤则注一钱，多至四十斤，则割没而外，另拟罪罚。今每引轻者千二百斤，重者千四五百斤。食盐之人，止有此数，而称过关桥，盐数则倍之。关桥一验，仪真再验，皆虚应故事，而牢不可革，积壅不行，弊由于此矣。万历以前，充役运司者，皆有家之人。夫稍有家私，犹怀保身妻子之虑，后因课不足，则访拿之法日峻日严，一入运司，则追赃破产，卖妻鬻子以完者，不一而足。自是稍有生活者，视此为死路，而投入其中者，皆赤贫猾手，弃命攫金，诛之不可胜，而究之不可详。弊坏及此，尚可言哉！盐政变革之秋，有一最简最易法，国帑立充而生民甚便者，长芦以下不具论，第论淮盐。夫计口食盐，一人终岁必盐五十斤，价值贵时五钱而溢，贱时四钱而饶，而场中煎炼资本四分而止，则一口在世，每岁代煮海，生发子息四钱有余。食淮盐者亿万口，则每岁出本四千万两，以酬煮海之费，此非彰明易见者哉？

朝廷将前此烦苛琐碎法，尽情革去，惟于扬州立院分司，逐场官价煎炼，贮于关桥，现存厅内。各省买盐商人，多者千金万金，少者十两二十两，径驾各方舟辑，直扣厅前，甲日兑银，乙日发引，一出瓜、仪闸口，任从所之。一带长江，百道小港，再无讥呵逼扰。各省盐法道、巡盐兵，尽情撤去，大小行商贩盐之便，同贩五谷。此法一行，则四方之人奔趋如鹜。不半载，而丘山之积成矣。区区百五十万，何俗今日议直指，明日摘度支，前月罚巡兵，后月访胥吏，比较商人，拘禁家属，而日有不足之忧哉？使以刘晏得扬州，必镇日见钱流地面。从来成法，未有久而不变者。盐行已千里，入于山僻小县，而销票缴册又有私盐之罚，何为者哉？浙中责令盐兵每年每月限捉获私盐若干，此非教民为盗耶？其题目犹可姗笑。此直截简便通商惠民一捷径大道，世有善理财者，愿与相商略焉。

风俗议

风俗，人心之所为也。人心一趋，可以造成风俗；然风俗既变，亦可以移易人心。是人心风俗，交相环转者也。

大凡承平之世，人心宁处其俭，不愿穷者；宁安于卑，不求夸大；宁守现积金钱，不博未来显贵；宁以余金收藏于窖内，不求子母广生于世间。今何如哉？有钱者奢侈日甚，而负债穷人，亦思华服盛筵而效之，至称贷无门，轻则思攘，而重则思标矣。为士者，日思官居清要，而畎亩庶人，日督其稚顽子儒冠儒服，梦想科第，改换门楣，至历试不售，稍裕则钻营入泮，极窘则终身以儒冠飘荡，而结局不可言矣。

吾人是为贫而仕，使其止足在念，即卑官润泽，原可俭用娱老；而昼夜计度，括其所得，多方馈送，营求荐章。不代直指思人满之数，不为国家想功令之严，馈送而外，尽其所有，央托贵绅。使其得也，再任未必有偿还之日；其不得也，则数年心力膏血，付之东流，而归林萧索，不可言矣。缙绅素封之在太平之世也，稍有羡金，必牢藏，为终身与子孙之计。其在今日有钱闲住者，惟恐子息不生，耽耽访问故宦之家，子孙产存而金尽者，与行商坐贾有能而可信者，终朝表放以冀子钱，转眄及期，破颜催并，究竟原本，不知何处出办，何况子钱？在我为本伤心，在彼求人无路，郁怀思乱，谁执其咎？

我生之初，亲见童生未入学者，冠同庶人；妇人之夫不为士者，即钱有万金，不戴梁冠于首；缙绅媵妾，冠亦同于庶人之妇，以别于嫡。三十年来光景曾几何哉？今则自成童，以至九流艺术，游手山之，角巾无不同，妇人除宦家门内执役者，若另居避主而不见，亦戴梁冠，庶人之家，又何论矣！

京官名帖大字，事体原无妨碍。然嘉靖中业已大极，而隆、万复降而小，未必非熙明安盛之兆。长安好事之家，有存留历年名帖者，以相比对，直至天启壬戌方大极，而无以复加。自省垣庶常而上，凑顶止空一字，则壬戌之柬也。外官坚守旧规，其式仍故。然制科为推知者与中行科道一间耳目，见行柬方寸不宁静，未必非大字为之祟。且学问未大，功业未大，而只以名姓自大，亦人心不古之一端也。

　　纳粟得官，效劳尺寸，归家而有司以礼优待，此固然也。山城远乡，专出白丁、猎手，一副肝肠只为夸吓乡人宗族。入京空走一度，或买虚谍长单，或行顶名飞过海，或贿托前门卖"便览"者刊名于上，使刊京卫、外卫、经历、鸿胪、光禄、序班署丞，归来张盖乘舆，拜谒有司，结交衙役，劝令送程回拜。彼乡人宗族之见至，纱帽罗衣，抗礼县庭，以为荣耀之极。无主见者，视田园为无用低下之物，日夜心痒，思聚金而走国门。此又人心不古，而引人穷困归乱之一端也。嗟夫！人心定而职分安，职分安而风俗变，风俗变而乱萌息。是操何道以胜之？尺幅之间，焉能绘其什一哉？

乱萌议

　　治乱，天运所为，然必从人事召致。萌有所自起，势有所由成，谁能数若列眉者？

　　夫寇盗即半天下，其真正杀人不厌，名盗不羞，斩绝性善之根者，百人之中三五人而止。起初犹怀不忍之心，习久染成同恶之俗，并为不善，终不可反者，又二十余人而止。其余胁从莫可如何，中悔无因革面者，尚居十分之七也。

寇起巩、延之间，逃兵倡之，饥民和之，此生秦未入晋之寇也。逃兵饥民，群聚无主，渠魁舞智而君之，从者日众，分立酒色财气四寨，恣饱淫乐。当事敛兵议抚，群盗肆志笑呵。三秦子女玉帛，群盗桑梓之产，有不忍掠尽之意，乃始渡河而东，此入晋之寇也。

晋抚无能，只怨秦盗之祸邻，不思晋兵自堪战。河东州邑，贵如公卿世宦，富如盐粟巨商，锦绣繁华，垂涎远迩。受辖受窘，百姓经年恨怒，乘寇至而思反之，或自起一队，或投入彼中。今日百而明日千，盗日增而民日减。名埋姓没，火与兵连，此晋地初繁之寇也。

秦抚南征川戎，北戍西安，崛起寇盗，促入栈中。朝中会推才望，得一人而督五省。乃五省总督之兵法，有抚无征，意谓坐待功成。不期汉中掠尽，突栈而出，五省之寇，气合声连，此秦、晋再繁之寇也。

晋天绅缙势焰，人情日无足饫，封君公子主人，家人子弟和之，亲戚傍依，门客假借，乡人受賅逢骗，咫尺朦胧。显宦官舍，家居一门，远于万里，而中州风俗为尤甚。凡素封存中人之产者，群宦仆从一削，御骨立寒，欲求残喘苟延，唯有望门投献，贫士初得一举，林立已遍阶前，一正主仆之名，便可畜使房使，甚则微其妻子，饿其体肤，甚于世仆。其人懊悔无及，愤怨不堪，又望寇至而勾连归附，此豫省再繁之寇也。众已合于五省，患未息于六年。东结西连，分魁立帅，而全楚沿带长江，遂无一块干净土。

催微之法，日责里长。凡国家役法轮流，一里管催十排。假如十排之中，内有一排为显宦，一排为青衿之贵重者，此其家粮数必多。此八排之中值充里长，各项加派额征。有司严刑追并，膏疮负痛，来到绅贵青衿之家，五尺应门，不与报通揪采，计无复之，相劝投入寇中，夫里长本良名，一旦为寇盗而不恤，挺而走险，急何能择也！十载饥寒并至，强盗鼠窃，遍地纷纭。捕官捕兵，能觉察而获真盗者，百中不过一二。其余惧官司责比，急取影响之人，苦刑逼认真贼。一人扳连，必有数十。一人受扳，一家不靖。望大寇之至，而思从之，苟以纾死，遑恤其他也！至于贫士，失馆业而计日无粮，游手鲜生涯而经旬绝粒者，不可枚举。不然，人皆有是四端，既名寇盗，则恻隐羞恶两皆澌灭。此方五万，彼方十万，果从何等色目变化？

大凡使民不为盗，道存守令之心；而降盗化为民，权在元戎之令。守令轻视功名，则势要不能逼细民。从此畎亩有生存之乐，而寇盗何自生？元戎不惜身命，则士卒不敢避锋镝，指日旄麾，有招降之捷，而寇盗何由广？乱萌之起也，则守令畏显绅如厉鬼，而宁以草菅视子民；乱势之成也，则将军畏狂寇如天神，而宁以逗留宽卒伍。野议及此，涕泣继之，不知所云矣！